Springer

大气科学 经典译丛

平流层与对流层
相互作用引论

Stratosphere Troposphere
Interactions: An Introduction

■ [印] K . Mohanakumar 著

■ 郭 栋 译

U0304363

电子工业出版社

Publishing House of Electronics Industry

北京·BEIJING

内 容 简 介

本书描述了平流层与对流层相互作用的辐射、动力、化学过程，并将其与天气、气候联系在一起。第 1 章介绍了对流层和平流层的气候特征及平流层与对流层的一些特殊天气、气候现象。第 2～6 章对平流层与对流层的辐射、动力、化学过程的基本原理做了详细介绍。因为波动和臭氧在平流层与对流层相互作用中极为重要，所以单独在第 4 章对波动理论和波动在平流层准两年振荡和爆发性增温中扮演的角色进行了描述，并在第 6 章对臭氧损耗的现象、机制和应对进行了介绍。第 7 章和第 8 章介绍了平流层与对流层的传输和交换过程。第 9 章介绍了平流层对对流层天气、气候的影响。

本书可作为本科生和研究生大气科学、中层大气、平流层和对流层物理学、大气动力学课程的教材，也可作为气象学、大气物理学、大气化学及环境科学领域研究人员的参考书。

Translation from English language edition:
Stratosphere Troposphere Interactions
by K. Mohanakumar
Copyright©2008 Springer Science+Business Media B.V.
All Rights Reserved

版权贸易合同登记号 图字：01-2016-4002

图书在版编目（CIP）数据

平流层与对流层相互作用引论/（印）K.莫罕那库马尔（K. Mohanakumar）著；郭栋译. —北京：电子工业出版社，2019.7
（大气科学经典译丛）
书名原文：Stratosphere Troposphere Interactions: An Introduction
ISBN 978-7-121-30265-7

I. ①平…　II. ①K…　②郭…　III. ①平流层—相互作用（物理）—对流层—研究　IV. ①P421.3

中国版本图书馆 CIP 数据核字（2016）第 264040 号

责任编辑：李　敏
印　　刷：涿州市京南印刷厂
装　　订：涿州市京南印刷厂
出版发行：电子工业出版社
　　　　　北京市海淀区万寿路 173 信箱　邮编 100036
开　　本：787×1 092　1/16　印张：20.75　字数：531 千字
版　　次：2019 年 7 月第 1 版
印　　次：2019 年 7 月第 1 次印刷
定　　价：89.00 元

前　言

● ● ● ● ● ● ● ●

平流层过程对调制地球系统的天气和气候有至关重要的作用。太阳辐射是对流层天气系统能量的基本来源，而太阳辐射通过平流层时被臭氧吸收，因此平流层调制了进入对流层并作用于对流层的太阳辐射。在低层大气中，对辐射敏感的温室气体，如水汽、二氧化碳、臭氧，通过平流层与对流层的相互作用维持了大气的辐射平衡。

平流层是包含天气系统的下层大气与富含带电粒子的上层大气相互作用的过渡区域。因此，该层大气存在很多值得探究的基础科学问题，涉及热力结构、能量、大气成分、动力过程、化学过程及数值模拟等领域。尽管下平流层与上对流层的温度特征存在差异，但两者还是通过动力、辐射和化学过程紧密地耦合在一起。

平流层的大气干燥、稳定、富含臭氧，温度随着高度上升而增高。下平流层的臭氧吸收了太阳紫外辐射，保护了地球上的生命。对流层大气湿润、臭氧含量低，温度随高度上升而降低，对流活动旺盛。

平流层变化可以通过与对流层的复杂辐射和动力相互作用影响气候，入射和出射的辐射通量改变可以导致气候变化。臭氧变化也可能导致平流层风场和温度场的变化，从而通过动力过程影响平流层与对流层的相互作用。

虽然平流层和对流层存在截然相反的特征，但它们的变化均能影响气候变化。在气候变化研究中，平流层臭氧减少和对流层臭氧增加是非常重要的。平流层臭氧可以通过平流层与对流层的交换过程输送至上对流层。臭氧在下平流层吸收紫外辐射，使地气系统保持辐射平衡。因此，研究平流层与对流层的相互作用对理解气候变化是十分重要的。

在认识到上述过程对气候系统的重要作用后，世界气候研究计划（World Climate Research Programme，WCRP）在 1992 年设立了一个研究项目来研究平流层过程及其对气候的影响（Stratospheric Processes and their Role in Climate，SPARC）。SPARC 的研究包括建立平流层的气候参考状态，加深对温度、臭氧和水汽变化趋势的理解。该项目的基本目标是帮助平流层研究人员聚焦气候热点问题。本书涵盖了 SPARC 中的大部分主题，可以作为 SPARC 相关研究人员的参考书目。

本书描述了平流层与对流层相互作用的辐射、动力、化学过程。本书可用于本科生和研究生大气科学、中层大气、平流层物理学、大气动力学等课程中，还可作为气象学、大气物理学、大气化学、环境科学领域研究人员的参考书目。当前的研究热点，如极地臭氧洞、全球变暖对平流层的冷却作用、平流层对气候变化的影响，在本书中也有涉及。另外，平流层与对流层的交换、上对流层和下平流层的输送过程，以及平流层对对流层天气系统的影响在书中也进行了描述。本书对大气科学的其他分支，如气候变化和极端天气事件，甚至对流层天气系统的预测，也有参考价值。

K. Mohanakumar

译者序

· · · · · · · ·

2008 年，中国南方出现了大规模的冰冻雨雪灾害。其中的 4 次天气过程均被气象部门预报出来了，然而 4 次过程的连续出现出乎了气象部门的预料。由于受灾范围广，灾情严重，气象部门备受指责。后来有许多学者分析了原因，有些学者认为 4 次过程连续发生，可能与平流层异常下传有关。当时，我正在中国气象局客座学习，攻读博士学位。因此，很自然地，我对平流层与对流层相互作用产生了兴趣，并一直持续到现在。

平流层与对流层的相互作用非常重要，也非常复杂。平流层与对流层通过辐射、动力、化学、微物理等多种过程相互耦合、相互影响。很多平流层现象，如极地臭氧洞、青藏高原臭氧低谷、爆发性增温等都受到对流层的影响，而平流层也可以在某种程度上影响对流层的天气和气候。该领域一直是国际大气科学界的前沿，而我国在该领域的研究相对薄弱，亟需更多的学者加入。

以往涉及平流层的书籍有不少，国内有《中国地区大气臭氧变化及其对气候环境的影响》《二维全球动力、辐射和光化耦合模式研究》《平流层大气环流及太阳活动对大气环境影响的研究》《大气环境化学》《平流层气候》等，国外有《中层大气动力学》（Middle Atmosphere Dynamics）、《太阳紫外辐射变率对平流层的影响》（Effects of Solar UV Variability on the Stratosphere）、《平流层物理》（The Physics of the Stratosphere）、《平流层在全球变化中的作用》（The Role of the Stratosphere in Global Change）等。这些书籍从不同角度展示了科学界对平流层辐射、动力、化学过程及气候变化方面的认识。然而，这些书籍均侧重于平流层和对流层相互作用的某个侧面，鲜有书籍全面地介绍平流层与对流层相互作用的所有过程。

为了揭示青藏高原对全球气候及其变化的影响机制，把我国青藏高原大气科学研究进一步推向世界舞台。最近几年，国家自然科学基金委员会发布了"青藏高原地气耦合系统变化及其全球气候效应重大研究计划"，其中"青藏高原对流层—平流层大气相互作用"是重点研究方向之一。该重大研究计划支持了重点项目"夏季南亚高压区臭氧和水汽的时空变化及向平流层输送的物质通量"和"夏季亚洲季风区对流层大气向平流层输送过程的研究"。相关研究人员在工作中也迫切需要该领域的参考书籍。

幸运的是，2008 年 K. Mohanakumar 教授的《平流层与对流层相互作用引论》（*Stratosphere Troposphere Interactions: An Introduction*）在 Springer 出版社出版。我读完后就萌生了翻译该书的念头，但是当时学术基础还不扎实，也没有大量的时间，就一直搁置了。直到 2015 年，我赴美留学，这时自己已经做了 7 年相关研究工作，也有了一些可支配的时间，于是决定翻译此书。我相信中文简体版的出版一定会对大专院校、科研院所相关专家学者、教师和学子有所帮助，也会对平流层与对流层相互作用方向在国内的发展和繁荣起到一定的积极作用。

在翻译本书时，我得到了许多的帮助和鼓励，非常感激。感谢施春华老师介绍了本书！感谢施春华老师、刘仁强老师、张峰老师、陈丹老师和胡定珠老师在本书翻译过程中的大量讨论！感谢周秀骥先生、李维亮先生、刘煜老师、徐建军老师和郭彩丽老师在本书翻译出版过程中给予的鼓励和指导！感谢覃皓、金鑫、刘琨、罗无边、付焱焱、苏昱丞等的帮助！感谢我所有家人的支持和付出，特别是爱人冷莹，照顾好了整个大家庭，并一直鼓励我，直到翻译工作的完成！感谢编辑李敏老师付出的大量辛劳。

另外，本书还得到了自然科学基金（41675039、41305039、91537213、41375047、41641042）、江苏高校"青蓝工程"、江苏高校优势学科建设工程项目（PAPD）的支持，在此也一并表示感谢。

郭栋

2019 年 6 月

原著者致谢

• • • • • • • •

在研究生的课程教学中，我试图去寻找涵盖中层大气物理学、动力学、气象学和化学等基础知识的书籍作为学生的参考书，但是可用于该领域的参考书并不多。虽然有些书籍涉及高层大气的动力、化学过程，然而没有一本书能够全面地描述中低层大气的基本知识，特别是能将其与天气、气候联系起来。

在过去的 20 年间，人们发现了南极臭氧洞、平流层冷却和全球变暖，也逐渐认识了赤道平流层准两年振荡、高纬度平流层爆发性增温和北极涛动对对流层天气、气候的影响。因此，使大气科学界认识到平流层对对流层变化起着重要作用是非常有意义的。这也是促使我撰写一本涵盖平流层与对流层相互作用的物理、化学、动力、气象过程基础知识的入门书籍的主要原因。

我很感激科钦科技大学能够给我一年的休假时间来完成这个具有挑战性的项目。在这一年里，我完成了本书的框架。在休假结束后，虽然常规教学、指导研究生、科研项目等工作减缓了本书的写作速度，但本书最终得以成稿。

在完成本书的初稿后，我联系了一些国际出版机构，询问本书出版的可能性。Springer 出版社很快给出了肯定的答复。我特别感谢 Springer 出版社的出版编辑 Robert. Doe 博士，他持续不断地鼓励我、支持我，并迅速解答我的疑问。我也十分感谢 Springer 出版社的执行编辑 Chritian Witchel 博士及其助理 Nina Bennink 女士，还有为本书设计出漂亮封面的设计师。

我衷心地感谢特里凡得琅的维克拉姆萨拉巴伊太空中心空间物理实验室 B. V. Krishnamurthy 教授、印度气象局原局长韩国釜庆大学访问学者 P. N. Sen 教授、班加罗尔印度空间研究组织科学家、艾哈迈达巴德物理研究实验室 B. H. Subbarayya 教授、印度气象局原局长科钦科技大学荣誉教授 P. V. Joseph 教授。他们花费了宝贵的时间，耐心地审阅了本书的不同章节，并为我完善本书提供了有价值的建议和意见。没有他们不断的鼓励和全力的支持，我无法按时完成本书的写作。

在 Robert. Doe 博士的帮助下，Springer 出版社在本书出版前安排了一位审稿人通读了全文，并做了最后的审稿。我对这位匿名审稿人表示深深的感谢，感谢其对定稿给出的有价值的评论和中肯的建议。

衷心感谢 NCAR 的 Bill Randel 博士提供的书中高分辨率气象图！感谢多伦多大学 SPARC IPO 的 Victoria De Luca 女士提供的《SPARC 时事通信》上的高分辨率图片！还要感谢出版商们和作者授权本书复制已发表的图表！

衷心地感谢我的同事们，特别是 H. S. Ram Mohan 教授、K. R. Santosh 博士、Baby Chakrapani 先生、V. Madhu 博士、K. S. Appu 先生，感谢他们的支持与鼓励！非常感谢我的学生 S. Abhilash 先生，他在使用 Latex 准备所有的文稿及编辑图片时吃了很多苦，没有他的奉献和不懈努力，我不可能按时交稿。还要衷心感谢 Shuaib、Liju、Prasanth、Nithin、Sabeer、Sabeerali、Resmi、Mrudula、Venu G. Nair 博士，感谢他们对于本书所需图表、材料及数据提供的支持！

最后，我要衷心地感谢我的妻子 Ajitha 和我的女儿 Meera、Meenu 的包容。因为许多夜晚、假期和周末我都忙于本书的写作，许多个人和家庭事务由于写作而推迟。没有家人的全力合作与鼓励，我是绝对无法按时完成写作任务的。

在本书准备过程中，我感到科技图书写作真是一个困难的体验。写作过程需要聚精会神，在身体和精神上都要全力以赴。即使现在，我仍认为本书中应该包含更多的信息。当然，对本书的完善是永无止境的。我希望本书在再版时，能够对其进行更新。

K. Mohanakumar

目 录

· · · · · · · · ·

第 1 章

低层大气和中层大气的结构和成分

●●●●●●●●

1.1 地球大气的进化

　　地球大气的形成可以追溯到 10 亿年前，现在人们对它的认识还不是很清楚。学者们通过分析化石和岩层来探索生命进化的历程，并形成了很多的理论。其中一种理论认为，在亿万年内，生命的进化存在两个阶段。

　　第一个阶段，死亡的星球们在爆炸，爆炸的碎片和炙热的气体四处飞散并形成了跨越达万亿千米的旋转云系。云系渐渐地冷却下来，这些碎片逐渐聚集起来。40 亿年前，云系变成了旋转的、扁平的圆盘。云系中的碎片在不断的碰撞、聚合中逐渐变成了几个星体。在这个圆盘的中心，形成了太阳，在其周围形成了地球和其他的行星。最开始，地球是一堆融化的物质。经过了数百万年，它才逐渐冷却，在其外围形成了一层薄薄的、坚硬的外壳——地壳。这时还没有大气和海洋。岩浆经常通过地壳喷发出来，在火山爆发时，水蒸气被释放了出来。接着，地球进一步降温，水蒸气凝结降水，形成了海洋，并几乎覆盖了大部分的地球。

　　第二个阶段，学者们假设在远古海洋不断上升的气泡里包裹了含有碳元素的分子和生命所需的其他化学物质。这些气泡在破碎时可能将这些化学物质输送到大气中。这些物质形成了有机物散落在早期的大气和海洋里。然而，没有人确切地知道，36～38 亿年前的第一批有生命的原始细胞是如何形成的。最终，这些原始细胞发展成了真正意义上的生命。

　　这些原始细胞在温暖的海洋里繁殖，进化为各种各样的单细胞生物和菌类。大约 6 亿年前，地球上形成了植物和动物。如果没有臭氧层吸收紫外辐射来保护早期生命的话，陆地上是不可能进化出生命的。23～25 亿年前，地球上出现了能够进行光合作用的细菌，它们能够利用阳光、二氧化碳和水合成碳水化合物。光合作用使得大气中的二氧化碳减少，并向海洋释放氧气，一部分氧气再从海洋逃逸到大气中去。

　　图 1.1 给出了自地球形成以来，在进化中地质学和生物学的大事件导致的地球大气中氧含量的变化。15～30 亿年前，海床岩石中的氧化铁带就是海洋里存在氧气的证据；而

15～20 亿年前陆地上的氧化铁带则是臭氧层形成的证据。生物学的大事件表明，能够进行光合作用的细菌在 30 亿年前开始制造氧气，而有氧新陈代谢则出现在 20 亿年前。如图 1.1 所示，多细胞动、植物的出现在约 10 亿年以前。

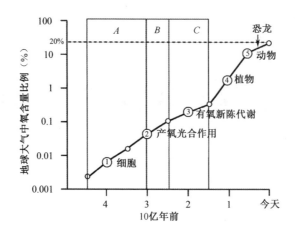

图 1.1　氧气浓度在地球大气中的演变：在 *A* 阶段，生物圈不能产生氧气；在 *B* 阶段，生物圈可以产生氧气，但氧气会被海洋和海床的岩石吸收；在 *C* 阶段，氧气被地表吸收，臭氧层形成（引自 Tameera，维基百科）

地球大气层的形成经历了将近 20 亿年。在低平流层，一些氧气转化成了臭氧，臭氧保护了生命免受紫外线辐射的伤害。这使得绿色植物可以生活在更接近海洋表面的地方，使得氧气更容易从海洋释放到大气。4～5 亿年前，地球上出现了第一批陆地植物，在接下来的几百万年里，各种各样的陆地动、植物进化出现。由于植物越来越多，氧气含量随之显著增加，而二氧化碳含量迅速减少。最初，这些增加的氧气和其他的一些物质化合在一起，如铁。但是，后来大气中的氧气积累起来，并导致了生物的进一步进化。臭氧层的出现使得生物对紫外线的防护能力进一步提升。目前的大气成分主要为氮气和氧气，为了将此大气成分与以前两种大气的成分相区别，如今的大气也被称为地球的第三种大气。

生机勃勃的地球

地球真是一个奇妙的星球。在我们的太阳系，只有它具备了生命存在所必需的一切条件。地球只是宇宙的一个极小部分，但是它是人类和许多生物的家。生物之所以能存活在地球上，正是因为地球有一层大气。

这层大气调节了白天和晚上温度的振荡。白天，大气过滤了辐射能量，防止地表过热；晚上，大气阻止了大量向太空的辐射，使地表保持温暖。大多数生物必须要有水才能生存，而地球表面的约 71% 被水覆盖。一些生物还需要氮气、氧气、二氧化碳，而地球这层薄薄的大气提供了所有这些成分。不仅如此，地球大气还屏蔽了致命的太阳紫外辐射。地球大气的存在恰恰是因为地球与太阳之间有合适的距离。

1.2　地球大气的成分

围绕地球的气体外壳被称为大气层。大气层是几种不同气体相对稳定的混合体。地球大气层的重量约为 5.15×10^{15} t，因地球引力而吸附在地球周围。地球大气的平均分子量为 28.966 g mol^{-1}。

大气是气体的混合物。一些气体的浓度几乎不变，另一些气体存在时空变化。此外，大气中还有悬浮的颗粒（如气溶胶、烟、灰等）和水凝物（如云滴、雨滴、雪、冰晶等）。表 1.1 给出了距地表 100 km 以下地球大气中干空气的主要成分。

表 1.1　距地表 100 km 以下地球大气中干空气的主要成分

成　分	体积百分比（%）	分子量（g mol^{-1}）
永久成分		
氮气 Nitrogen（N_2）	78.08	28.01
氧气 Oxygen（O_2）	20.95	32.00
氩气 Argon（Ar）	0.933	39.95
二氧化碳 Carbon Dioxide（CO_2）	0.033	44.01
氖气 Neon（Ne）	18.2×10^{-4}	20.18
氦气 Helium（He）	5.2×10^{-4}	4.02
氪气 Krypton（Kr）	1.1×10^{-4}	83.80
氙气 Xenon（Xe）	0.089×10^{-4}	131.29
氢气 Hydrogen（H_2）	0.5×10^{-4}	2.02
甲烷 Methane（CH_4）	1.5×10^{-4}	16.04
氧化亚氮 Nitrous Oxide（N_2O）	0.27×10^{-4}	44.01
一氧化碳 Carbon Monoxide（CO）	0.19×10^{-4}	28.01
可变成分		
水汽 Water Vapor（H_2O）	0～4	18.02
臭氧 Ozone（O_3）	$0\sim4\times10^{-4}$	48.02
氨气 Ammonia（NH_3）	0.004×10^{-4}	17.02
二氧化硫 Sulphur Dioxide（SO_2）	0.001×10^{-4}	64.06
二氧化氮 Nitrogen Dioxide（NO_2）	0.001×10^{-4}	46.05
其他气体	极少	—
气溶胶、粉尘	变化极快	—

氮气、氧气和氩气约占永久成分的 99.96%。在低层大气中，二氧化碳浓度有局地的

差异，也可以在某种程度上看作可变成分。水蒸气的变化很大，在最冷、最干燥的地区，其浓度几乎为零，而在湿热的气团中，其可占总体积的 4%。臭氧是一种主要的温室气体，其浓度变化也很明显。除这些可变成分外，气溶胶和水凝物也存在很大的时空变化。

除水蒸气和臭氧外，大气其他组分在地表以上 100 km 内几乎是均匀的。在地表以上 100 km 内，涡旋对气体的混合作用是很强的，这部分大气被称为均质层。超过大气总质量 99.9%的质量集中在地表以上 50 km 以内。

在海平面高度上，氮气、氧气占据了大气的 99%，剩下的是二氧化碳、稀有气体，以及多种痕量气体。对于痕量气体而言，常用的浓度单位是百万分比浓度（Parts per Million，ppm）。因为体积比和摩尔数比是等价的，所以以二氧化碳的摩尔数比为 3.55×10^{-4}，就等于二氧化碳的浓度为 355 ppm。越来越多的证据显示，由于自然和人为因素的影响，微量气体的比例正在发生变化。二氧化碳、氧化亚氮和甲烷来自化石燃料的燃烧，或者由生物排出，并通过土壤、湿地和海洋中的微生物代谢进行释放。大气温度和大气化学过程通常会受到微量气体的影响。

在地表以上 100 km 内，一些气体并没有均匀的混合比（如臭氧、水蒸气等）。在地表和大气中，它们存在源和汇。如果气体的寿命比它被输送的时间短，那么这种气体在大气中可能就无法均匀分布。

在地表以上 100 km 之外，气块的混合主要由分子扩散控制。这部分大气经受了来自太阳和外太空的辐射及高能粒子的轰击。这种作用对大气成分，特别是对外层的大气成分有重要影响。另外，气态分子还受到重力的影响，导致比较轻的分子更容易出现在靠外的大气层，而比较重的分子则更接近地球。因此，中层大气以外的大气成分是不均匀的，被称为非均质层。在约 1000 km 高的大气的上边界，气体向太空散逸。

均质层和非均质层的形成

大气中均质层和非均质层的形成可以通过如下公式解释。根据扩散的定义，分子的垂直通量可以表示为

$$F = -D(\nabla N) \tag{1.1}$$

式中，D 是扩散系数，N 是分子数密度，负号表示扩散的通量方向与梯度方向相反。

N 随时间的局地变化表示为

$$\frac{\partial N}{\partial t} = -D(\nabla N) = D\nabla^2 N \tag{1.2}$$

分子的垂直通量用 N 随高度的变化表示为

$$F = -D\frac{\partial N}{\partial z} \tag{1.3}$$

由涡旋导致的扩散可以估计为

$$F_{\text{eddy}} = -K_{\text{eddy}}\frac{\partial N}{\partial z} \tag{1.4}$$

当时间等于 $\langle X^2 \rangle/2D$ 时，由这个扩散方程的解可以求出扩散传输的时间尺度。

现在，让我们利用动力学理论来理解分子扩散系数 D。D 的表达式为

$$D = k_B \frac{T^{3/2}}{p(1/m)^{1/2}} \tag{1.5}$$

式中，k_B 是玻耳兹曼常数（1.38×10^{-23} J K^{-1}），T 是温度，p 是气压，m 是分子量。在地表，D 为 2×10^5 m^2 s^{-1}。当气压为 5×10^{-7} atm，而温度 T 为常数时，D 约为 40 m^2 s^{-1}。

当涡旋扩散过程强于分子扩散过程时，气体充分混合，形成均质层。当分子扩散过程居于统治地位时，气体则根据分子量的大小分散开来，这就是我们看到的非均质层。

1.3　大气压

大气压是由空气的重量导致的、在地球大气的任何区域都存在的一种压力。由于不同时间和地点空气的总量和质量存在差异，故大气压随空间和时间在不断变化。大气压还表现出半日的变化，这是大气潮汐所引起的。这种潮汐作用在热带地区较强，在极地几乎可以忽略。平均的海平面大气压约为 1013.25 hPa。

大气压强和密度的垂直结构

一些气象参数，如大气压强和空气密度，在大气中随高度变化剧烈。这种变化可以达到几个数量级，而且比水平变化和时间变化强得多。因此，有必要定义一个标准大气（又称参考大气）。在标准大气中，地球物理变量进行了水平、时间平均，因此仅随高度变化。由这种高度的幂指数与气压、密度的依赖关系可以推断，在半对数坐标下，气压和密度廓线接近于直线。

国际民航组织规定的标准大气为：①海平面气压（p）为 1013.2 hPa；②海平面密度（ρ）为 1.225 kg m^{-3}；③海平面温度（T）为 288.15 K；④p 和 T 的递减率为定值。

气压（p）随高度（z）的垂直变化可以近似表示为（Wallace and Hobbs，2006）：

$$p(z) = p(0)\exp(\frac{-z}{H}) \tag{1.6}$$

式中，$p(z)$是高于海平面高度 z 处的气压；$p(0)$是海平面气压；H 是大气的厚度尺度，为常数。气压随 H 的升高而成 e 指数不断下降。对于地球大气，H 约为 8.4 km。式（1.6）仅适用于温度不随高度变化的等温大气。

由海平面密度 ρ 推导出一个类似的表达式为

$$\rho(z) = \rho(0)\exp(\frac{-z}{H}) \tag{1.7}$$

由式（1.7）可知，ρ 也随高度 H 的升高而迅速减小。地球大气一半的质量集中在 500 hPa 以下，即距地表 5.5 km 以下。

图 1.2 给出了对流层和平流层的气压垂直廓线。随着高度升高，大气越来越稀薄。因此，气压随着海拔的增加成指数减小。到地表以上 5 km 高度时，气压降低了将近 50 %（见图 1.2）。在地表以上 50 km 之外，气压大约为 1 hPa，以至于在该层以上的大气只占大气总质量的大约 0.1%。类似地，因为在地表以上 90 km 处的气压约为 0.001 hPa，因此在该高度以上的大气仅占大气总质量的 0.01%。

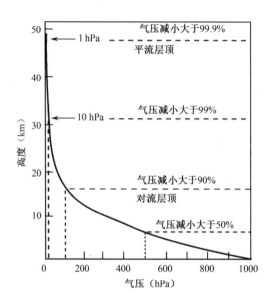

图 1.2　对流层与平流层的气压垂直廓线（引自美国标准大气）

1.4　大气的热力结构

大气中不同层次特征的主要区别在于温度垂直变化的差异，而这种差异主要是由不同高度的大气辐射和大气成分的差别造成的。随着高度的升高，大气成分与高度的关系变得更加密切，大气中比较轻的气体逐渐增加。根据温度随高度的变化，地球大气被划分为 4 层（Spheres），而层与层之间有很薄的过渡区域（Pauses）。在单层大气中，温度随高度的变化可视为常数。地球大气垂直方向划分的 4 层分别被称为对流层、平流层、中间层和热层。地球大气垂直热力结构如图 1.3 所示。

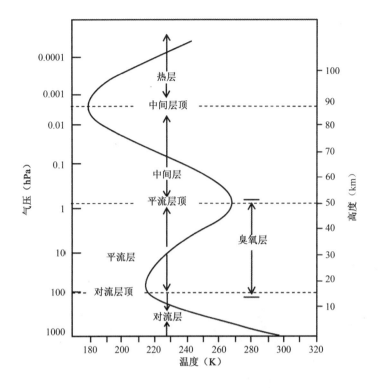

图 1.3　地球大气垂直热力结构（引自 G. Brasseur and S. Solomon，1984）

1.4.1　对流层

　　对流层是大气中最低的一层。它最接近地面，在极地对流层上界可延伸到约 8 km，在赤道则可达 18 km。对流层也是大气中密度最大的一层，集中了几乎所有的水汽、云和降水。在对流层中温度随高度升高是递减的，对流层下半层温度的递减率为 5～7 ℃ km^{-1}，对流层上半层温度的递减率为 7～8 ℃ km^{-1}。因为对流层温度一般随高度上升而递减，且包含了绝大部分的天气系统，所以对流层存在非常显著的局地垂直运动，尽管垂直运动一般比水平运动弱得多。有时，在对流层中会出现很薄的逆温层。在逆温层中，温度随高度上升而增加，并阻碍垂直运动。水汽、云、风暴和各种天气现象凸显了对流层的重要性。

　　由于能够吸收太阳辐射和地表辐射，水汽对气温有着重要的调制作用。对流层容纳了大气中 99% 的水汽。水汽含量随着高度的升高而急剧减小，这与温度的变化相反。水汽含量也存在经向变化，在热带最多，向极地逐渐减少。虽然有时湍流可以到达平流层底层，但几乎所有的天气现象都发生在对流层。对流层意味着对流和混合，强烈的对流运动是其被称为对流层的原因。

　　对流层的顶部被称为对流层顶。对流层顶的高度变化取决于其所在地区、天气系统的类型、纬度等因素。当某一地区盛行天气系统发生变化时，当地对流层顶的高度和温度可以迅速随之发生变化。

对流层顶被认为是一个巨大逆温层的底部。这个逆温层是平流层，它抑制了对流的发生。因此，在穿越对流层顶时经常会有很强的物质浓度梯度。例如，水汽主要是由地表的蒸发产生的，其在对流层顶以上的含量明显减少，而臭氧浓度则显著增加。湿润的、低臭氧的对流层空气很少和干燥的、高臭氧的平流层空气混合。

1.4.2 平流层

平流层是大气中第二重要的层次，它位于对流层顶之上一直到地表以上 50 km 左右，如图 1.4 所示。平流层的空气温度变化趋势发生了逆转，其空气温度随高度上升逐渐增加，在平流层顶（约 50 km）处达到最高，约 273 K。因为平流层的温度随高度上升增加，所以大气稳定，不会引起对流，湍流则被限制在对流层。由于平流层中水汽含量很低，臭氧在调制该层热力结构时扮演着主角。当臭氧分子吸收紫外辐射时，太阳能被转换成分子动能，加热平流层。

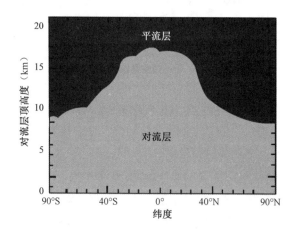

图 1.4 对流层和低平流层垂直范围随纬度的变化（引自 B. Geerts and E. Linacre）

与对流层相反，平流层的温度垂直梯度强烈地抑制了垂直混合。在 20～32 km 高度经常存在一个近似等温的层次，然而在其之上，温度随高度上升而增加。平流层大气的稳定性使其存在明显的层流特征，因此其中的气溶胶能够存在很长时间。由于水汽含量很低，潜热的吸收和释放变得不重要，天气现象和云也很少见。但是，在 20～32 km 高度有时能够看到贝母云。

在平流层，辐射、动力、化学过程强烈相互作用，气体成分的水平混合比垂直混合强得多。平流层的温度比对流层上部温度更高，主要是因为平流层臭氧吸收紫外辐射。

平流层的化学成分一般与对流层相似，但也有些例外，最明显的是臭氧和水汽。平流层相对较干，但由于是臭氧的生成区，臭氧含量很高。平流层空气密度较低、分子密度较小，所以臭氧吸收太阳紫外辐射并加热大气的作用更加高效。在平流层顶，紫外辐射的吸收率最高，是大气的热源，其中一部分热量通过物质和辐射向下传输。平流层顶温度最高，几乎接近地表气温，平流层底层温度最低，因此平流层非常稳定。

平流层上部的边界是平流层顶，高度为地表以上 50～55 km。平流层顶的温度基本不随高度变化。

1.4.3　中间层

中间层从地表以上 50 km 延伸至 80 km，其温度随高度上升而降低，在地表以上 80 km 可达 180 K。与平流层相比，中间层的臭氧、水汽含量可以忽略不计，因此中间层具有较低的温度。中间层的化学成分基本不变，气压非常低。中间层顶作为中间层的上边界，其温度随高度的变化趋势也存在逆转。然而，与对流层顶类似，中间层顶的温度也可以变化得很剧烈，甚至低至 150 K。有时，这里会出现夜光云。夜光云可以通过吸收和反射太阳辐射影响全球气候。大气中的最低温度经常出现在中间层顶。

中层大气与大气的中间层不同。中层大气是指介于对流层和热层之间的大气，包括平流层和中间层，垂直范围为地表以上 10～100 km。

1.4.4　热层

热层是中间层上面一个温度很高的区域。热层包含电离层，并一直延伸到地表以上几百千米。热层温度为 500～2000 K，空气密度非常低。热层是非均质层的一部分，它的化学成分随高度而发生变化。更确切地说，较重的物质集中在较低的高度上。

热层温度的升高是由有限的氧分子对太阳辐射的强烈吸收造成的。在地表以上 100～200 km，大气的主要成分仍然是氮气和氧气，尽管在这个高度上，气体分子非常分散。极光一般发生在地表以上 80～160 km。

热层顶的温度不随高度的上升而升高。热层顶的高度与太阳活动有关，位于地表以上 250～500 km。

1.4.5　外逸层

外逸层是离地表最远的一层。外逸层的上边界可能延伸至地表以上 960～1000 km。外逸层是地球大气和外太空的过渡层。

1.5　高层大气的结构

根据自由电子和其他带电微粒的数量和行为，高层大气被分为若干区域。高层大气的重要性不是其吸收或反射太阳辐射，而是其能使带电微粒发生方向偏转。

1.5.1　电离层

在电离层中存在大量的离子和带电微粒，它们可以影响无线电波的传播。电离层最低为地表以上 50 km，但是到地表以上 80 km 以上才最明显。离子化是由太阳辐射中的紫外辐射和 X 射线造成的。有了电离层，无线电的短波信号和广播电台才能长距离传播。

地球大气的几个电离层的垂直变化如图 1.5 所示，从图中可以看出地球大气具有明显的垂直结构。起初，人们认为电离层分为离散的几个区，有 D 区、E 区、F_1 区和 F_2 区。后来发现，这些层次相互融合在一起，因此现在一般不称它们为层次，而称为区。电离层高层的高温与地球大气上部的高温同位，因为二者均与太阳 X 射线的影响有关，即 X 射线电离和加热了地球大气最上面的部分。因此，电离层高层的剧烈变化与电动过程和等离子的制造有关。极光是最好的体现，极光是最壮观的自然现象之一。

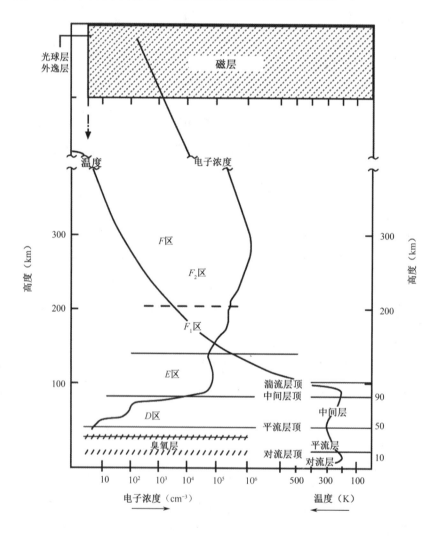

图 1.5　白天的电离层和中性大气电子浓度廓线、温度廓线（引自 University of Leicester）

在磁暴期间，极光有一个向极地和向赤道的边界。北极的居民可以在其南部天空看到北极光。极光可以围绕地球的两极形成两个亮环。当亮环增大或减小时，会有波动状的扰动在其上传播。

1.5.2　等离子层

等离子层并不是一个真正的球形，而更像个甜甜圈，中间的孔洞对应地球的磁轴。该层主要由氢离子（质子）和电子组成，是电离层的延续。等离子层有一个明显的上界，称为等离子层顶，其位于赤道上空，高度为地表以上 4～6 个地球半径（19000～32000 km）。处于支配地位的物质从氧分子向质子转换的位置就是等离子层的下边界，高度大约为地表以上 1000 km。

1.5.3　磁层

地球的磁场抵御了太阳高层离子化大气（超音速太阳风）持续的侵袭。在等离子层顶以下，地球磁力线与地球同步旋转。然而，在等离子层顶以上，由于太阳风所制造电场的强烈影响，地球磁力线不能与地球同步旋转。因此，磁层并非球形。在磁层中的磁场被太阳风和星际磁场所限制，也与地球的公转轨道有关。磁层的形状很像一个被拉长的泪珠，其尾部远离太阳，如图 1.6 所示。

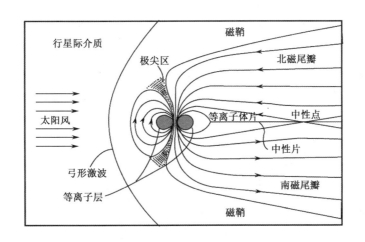

图 1.6　地球的磁层与主要离子区（引自 C. T. Russel，1987）

磁层的外边界称为磁层顶，它也是地球的外部边界。在地球白天一侧，磁层顶一般高约 10 个地球半径（距离地表 56000 km）。在地球夜晚一侧，磁层顶则变为很长的尾巴，称为磁尾，有几百万千米长，磁层顶一般高约 1000 个地球半径。夜晚，磁层顶可以穿越月球的轨道（约 60 个地球半径）。但是，除在满月的几天外，月亮本身一般不会在磁层中。

在磁层中的物理过程调制了吹向地球的太阳风的能量流。有时，磁层像一面盾牌使太阳风出现转向；有时，磁层又像加速器，使太阳风加速撞向中性大气，点亮极地美丽的极光。

由于本书的主题是平流层与对流层相互作用，因此后面的讨论将主要集中在地球低层大气和中层大气。

1.6 对流层顶

对流层顶是一个重要的气象概念。它将对流层和平流层这两个属性差异巨大的层次区分开来（Holton et al.，1995）。在这个区域，空气不再随高度升高而变冷，另外空气也变得非常干燥。大致来说，对流层顶是上对流层和下平流层的边界，其高度随纬度变化。

对流层顶是对流层为平流层的过渡层，在这里存在温度垂直递减率的强烈变化。世界气象组织（WMO）给出的对流层顶的定义为，在 500 hPa 等压面之上，温度递减率小于或等于 2 K km^{-1} 的最低高度，并且在此高度与其上 2 km 的气层内的平均温度递减率不超过 2 K km^{-1}。有时，用该定义确定的第一对流层顶以上的温度递减率超过 3 K km^{-1}，则称其为第二对流层顶。这种热力学定义的对流层顶可以通过一条温度垂直廓线确定。该定义既可以应用于热带，也可以应用于热带外。

对流层顶并不是一个确定的边界。热带辐合带（ITCZ）和夏季中纬度大陆上的强烈风暴在不断地推高对流层顶，加深对流层。对流层顶每升高 1 km，其温度降低约 10 K。因此，在一些特定的时间和地点，当对流层顶异常高时，对流层顶的温度会变得非常低，甚至低到 190 K。热带强烈的对流云经常穿越对流层顶到达低平流层，并伴随着低频的垂直振荡。

对流层顶高度随纬度和季节有较大变化，有时还存在较大的日际变化。对流层顶从极地到赤道随纬度的变化如图 1.7 所示。对流层顶在极地的高度为地表以上 7～10 km，在热带地区的高度为地表以上 16～18 km。热带对流层顶较高、较冷，而极地对流层顶较低、较热。表 1.2 显示了热带、中纬度地区和极地对流层顶的特征。在冷的槽上，对流层顶较低；在热的脊上，对流层顶较高。因为这些槽和脊能够传播，所以在中纬特定地区的冬季，对流层顶频繁地上下摆动。另外，大尺度天气过程，如高压系统、低压系统，会导致对流层顶高度的日变化。

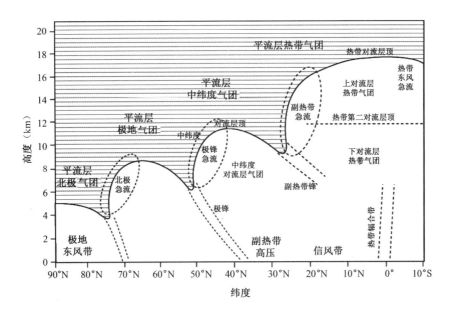

图 1.7　对流层顶随纬度的变化（引自 Shapiro et al.，1987，American Meteorological Society）

表 1.2　对流层顶在不同纬度地区的变化特征

特　征	热带对流层顶	中纬度地区对流层顶	极地对流层顶
位置	两个副热带急流之间的热带上空	热带和副热带急流之间的中纬地区	极地急流围绕的极地地区
海拔高度	约 18 km	约 12 km	6～9 km
气压	80～100 hPa	约 200 hPa	300～400 hPa
温度	约 190 K	约 210 K	约 225 K
位势温度	375～400 K	325～340 K	300～310 K
特点	边界清楚，高度最高，温度最低	夏季高度较高，冬季高度较低	一般很难发现

1.6.1　热带对流层顶

　　热带对流层顶层是位于积云出流区顶（距地表约 12 km）和热力对流层顶（距地表约 16 km）之间的区域。该层是对流层和平流层的过渡层。垂直物质输送在对流层被对流活动控制，在平流层被环流控制。热带对流层顶层是理解进入平流层后气团脱水过程的关键。热带对流层顶层温度的季节变化和平流层环流的季节变化影响着向平流层输送的水汽的季节变化。

　　热带对流层顶层的最低温度出现在北半球冬季的热带西太平洋地区。经过冷池区的水平输送，从其他经度进入冷池区热带对流层顶层的气团脱水，这可以解释为什么观测到的热带平流层水汽浓度通常比平均对流层顶温度下对应的饱和水汽浓度还要低。平流层水汽浓度主要由对流层顶的季节变化和平流层的抽吸控制，但热带准两年振荡（QBO）也起了一定的作用。

　　简单来说，热带对流层顶层可以定义为从热带大气的零静辐射加热率层（温度 355 K，气压 150 hPa，距地表 14 km）一直到对流可以达到的最高层（温度 420～450 K，气压 70 hPa，距地表 18～20 km）之间的区域。可以认为，热带对流层顶层是对流层和平流层的过渡层，其结构和气候特征对理解各种耦合过程极为重要。

1.6.2 对流层顶缩写

在对流层顶中存在复杂的动力、输送、辐射、化学、微物理等过程，特别是臭氧和水汽对该处的气候有很大影响。因此，对流层顶层被认为是气候的关键区。用于定义对流层顶的许多缩写如下（Haynesand and Shepherd, 2001）。

（1）垂直递减率对流层顶（Lapse-Rate Tropopause, LRT）：LRT 是传统的气象学定义。在热带和热带外至少 2 km 厚的气层中温度递减率小于 2 K km^{-1}。

（2）冷点对流层顶（Cold-Point Tropopause, CPT）：CPT 是最低温度所在的气层，其在热带最显著，也最有用。

（3）热带热力学对流层顶（Tropical Thermal Tropopause, TTT）：由于在热带 LRT 比 CPT 低，经常差不到 0.5 km，因此可以忽略两者的差异，统一称之为 TTT。TTT 一般距地表 16～17 km。

（4）热带次级对流层顶（Secondary Tropical Tropopause, STT）：STT 是最大的对流流出区对应的气层。在其以上的层次，垂直温度递减率与湿绝热递减率开始存在差别。SST 一般距地表 11～12 km。

（5）晴空辐射对流层顶（Clear-Sky Radiative Tropopause，CSRT）：CSRT 是晴空加热率为零的气层。在 CSRT 以下，在对流云外时平均晴空加热率下降；在 CSRT 以上，平均晴空加热率上升。CSRT 一般距地表 14～16 km。

热带对流层顶被认为是对流层的湿润空气进入平流层的源区。一些观测工作（Gettelman and Forster, 2002）指出，大多数的热带对流并没有到达冷点对流层顶，而是在其下方几百米处停止；而其附近相对稳定的空气可能会伴随着化学过程，缓慢地向上运动到平流层。

1.6.3 动力对流层顶

最近，动力对流层顶变得流行起来。动力对流层顶利用位势涡度（PV）梯度而不是温度梯度来定义。动力对流层顶还没有一个统一的定义，最常用的是定义其为 2 PVU（位势涡度的单位）或 1.5 PVU 对应的气层。这个阈值在北半球取正值（如 2 PVU），在南半球取负值（如-2 PVU）。由于用这种方式定义的对流层顶在赤道附近不适用，因此常使用其他的定义来替代，如使用一个等位势温度面来替代。

平流层空气入侵对流层上部时会产生 PV 异常（见图 1.8）。上层的 PV 异常可以向下对流到对流层中层，即对流层顶动力异常或动力对流层顶折叠。PV 异常可以导致位势温度和涡度垂直分布的变化。在随高度而加速的斜压流中，平流层入侵的 PV 异常可以产生垂直运动。等熵面的变形使得 PV 异常的前方有上升运动，后方有下沉运动。

　　动力对流层顶是一个物质层，这对讨论穿越对流层顶的物质输送是有好处的（Wirth，2003；Wirth and Szabo，2007）。尽管热力对流层顶和动力对流层顶有很多相似之处，但它们并不完全相同，在一些特殊情况下，两者差异明显。有时，可以通过使用一个适当的 PV 来确定动力对流层顶，使其和热力对流层顶在同一高度上。

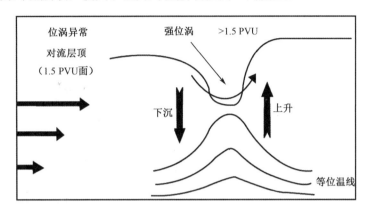

图 1.8　经典的动力对流层顶（引自 EUMeTrain）

1.6.4　臭氧对流层顶

　　除热力学对流层顶和动力学对流层顶外，对流层顶还可以根据臭氧含量来定义（Bethan et al.，1996），称为臭氧对流层顶。在多数季节，臭氧混合比与 PV 类似，在对流层顶附近有明显的正垂直梯度。臭氧对流层顶可以通过一条臭氧廓线来定义。另外，臭氧混合比与 PV 类似，在天气尺度上基本上是守恒的。因此，臭氧对流层顶的特征应该类似于动力学对流层顶。

1.6.5　对流层顶折叠

　　对流层顶折叠是指平流层入侵的空气进入了上对流层的斜压区，该区域倾斜于正常的对流层和对流层中层之间。对流层顶折叠是一种对应强对流层顶高度下降的中尺度现象。它是对流层上层锋面发展的一部分，而且伴随着对流层顶的波破碎现象。在气流辐合区，对流层顶可能会变形并发生折叠，折叠在 1～2 天后消亡（见图 1.9）。在对流层顶折叠的建立阶段，气流一般比较稳定；在其消亡阶段，气流非常不稳定，并会伴随非绝热加热和湍流混合。正是这些不稳定的过程产生了平流层和对流层的交换。

　　最强的对流层顶折叠发生在冬季和春季，其发生频率比气旋要低。它们经常出现在脊的下游，那里位于高空急流入口区，存在大尺度的下沉气流。高臭氧浓度的空气起源于平流层，位于高空急流的气旋一侧的槽线西侧。这部分高臭氧浓度的空气会以反气旋方向下降到低对流层地表高压的东侧，或者穿越槽线上升。

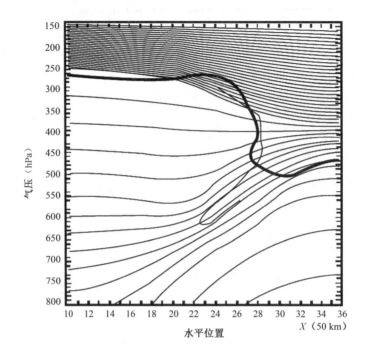

图 1.9　理想的对流层顶折叠的横截面（引自 G. Hartjenstein，1999）

有两类主要的对流层顶折叠值得注意。一类伴随着极锋急流，可以沿着极地锋面延伸至对流层。在一些极锋急流中，有明显的平流层空气入侵，而且入侵得很深。另一类伴随着副热带急流和副热带锋面。这类对流层顶折叠局限在上对流层，很少能够延伸到 500 hPa 以下。热带对流层顶、极地对流层顶的位置和副热带急流形成的示意如图 1.10 所示。

对流层顶折叠就是动力对流层顶向对流层的垂直入侵，是由熵平流的差额造成的。

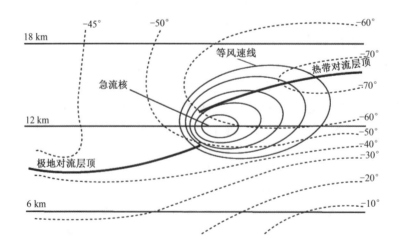

图 1.10　热带对流层顶、极地对流层顶的不连续和急流的形成（引自 The Green Lane，Environmental Canada）

1.6.6　对流层顶对对流层天气事件的重要性

对流层顶位于具有很强稳定性的平流层的底部。因此,它抑制了大尺度和小尺度的垂直运动。最明显的是,它就像一个盖子盖住了深对流,导致卷云的云砧向四周扩散。对流层顶标志着对流层的南北温度梯度要随高度上升而反转。由热成风原理可知,在对流层顶附近会产生急流(Asnani,2005)。

根据位势涡度理论,对流层顶折叠可能在气旋生成过程中起到重要作用。平流层的位势涡度非常大。如果高位势涡度的空气通过对流层顶折叠进入对流层,而对流层的稳定度比较低,位势涡度要保持守恒,相对涡度就要增加,因此就会影响对流层的环流形势。

1.7　低层大气和中层大气的气候状态

几十年来,科学家已经利用各种技术对低层大气和中层大气的温度场、风场的垂直结构进行了广泛的研究。为了观测其全球的时空变化,科学家利用了气球、飞行器、雷达、火箭和卫星等设备。根据全球观测和模拟结果,平流层过程及其对气候的影响(Stratospheric Process and Its Influence on Climate,SPARC)给出了中层大气的参考气候状态(SPARC,2002)。本节主要讨论对流层和平流层的温度场、风场的气候状态。

1.7.1　温度

图 1.11 展示了地表至 90 km 南极到北极 1 月纬圈平均温度。该图是根据 METEO 分析资料(1000~1.5 hPa)和 1.5 hPa 以上的 HALOE 和 MLS 资料共同得到的(Randel et al.,2004)。图 1.11 中的粗点线表示平均对流层顶(取自 NCEP 再分析资料)和平均平流层顶(50 km 附近局地温度的最大值)。

平均温度存在明显的纬度和季节变化。在对流层,温度随纬度升高而减小。冬季半球的温度纬向梯度大约是夏季半球的 2 倍。热带对流层顶比极地对流层顶更高、更冷。

低平流层的温度纬向分布更加复杂。夏季半球极地比赤道热,冬季半球赤道和极地都较冷,而中纬度地区较热。冬季极地平流层的冷池变化剧烈。有时,在冬季会出现爆发性增温,1 周内单站气温能够上升 70 K(Labitzke and van Loon,1999)。

在平流层顶,温暖的夏季半球的极地和寒冷的冬季半球的极地存在稳定的温度梯度。中间层顶的情况则恰恰相反,极地夏季冷而冬季热。在一些特定的地区,大气温度存在日变化。最强的日变化在热层上部,昼夜温差可以达到几百度。

在平流层也存在显著但不是很大的日变化。这些日变化造成了上层大气强烈的潮汐运动。潮汐运动表现为热带盛行的、规则的地表气压振荡。在对流层中层和高层,昼夜温差一般小于 1 K;然而,在地表附近,昼夜温差较大。在地表尤其是在陆地表面,昼夜温差可达 10 K 左右。在高纬度的沙漠地区,昼夜温差甚至能超过 20 K。

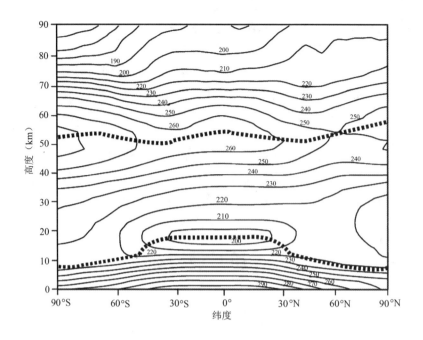

图 1.11 1月纬圈平均温度的气候状态（引自 Randel et al., 2004）

1.7.2 风

从地表到 90 km 纬圈平均风场的大尺度特征如图 1.12 所示。该图是 1 月平均纬向风的纬度—高度剖面。类似于图 1.11，图 1.12 也是根据 1000～1.5 hPa 的 METEO 分析资料和 1.5 hPa 以上的 HALOE 和 MLS 资料共同得到的（Randel et al., 2004）。图中的粗点线表示平均对流层顶和平均平流层顶。

冬季半球的最强西风位于纬度 40°，高度为 200 hPa，风速约 40 m s^{-1}。南半球冬季比北半球冬季最大风速所在位置向赤道偏移 2°～3°，最大风速也弱约 5 m s^{-1}。对流层上层的最大西风区一直延伸到 50°～60°S 的平流层，并且向极温度梯度也随高度上升而增加。风场的分布在夏季南北半球间相差很多。在南半球，对流层的西风极大值约为北半球的 2 倍，其中心更偏向赤道；北半球热带对流层上部的东风比南半球要强，副热带西风在南半球更强。

其中，最突出的特征是中纬度地区 10 km 处的西风急流，而最强的纬向风在 60 km 高度的中间层。在中纬度地区有两个急流核，一个较强的西风急流在冬半球，另一个东风急流在夏半球。在春分、秋分时，经向温度梯度反转，急流也出现突然的反转。一些重要的平均纬向风的特征并没有在图 1.12 中显示出来。例如，爆发性增温现象是与冬季纬向平均的高纬度纬向风相联系的；冬季增温通常伴随明显的平流层西风减速，有时甚至会变为东风。

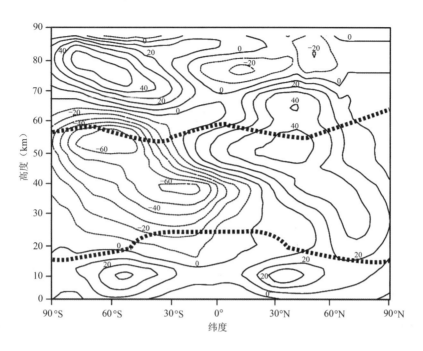

图 1.12　1 月平均纬向风的气候状态（引自 Randel et al.，2004）

1．热带平流层纬向平均风

热带纬向平均风场的方向和速度由准两年振荡控制（QBO）。准两年振荡是指热带 30 km 以上高度纬向风方向的转换，并且东、西风的位相转换会向下传播，因此导致在某个点，东风上是西风，西风上是东风。尽管准两年振荡的作用能够影响到 30°的副热带，甚至是高纬度地区，该现象本身还是仅能延伸至纬度 10°～15°。

准两年振荡的周期为 20～30 个月，平均为 28 个月。东风最大风速可达 30 m s^{-1}，西风最大风速一般为 20 m s^{-1}。西风一般在 7—8 月开始下传，但并不总是这样。详细情况将在 1.7.8 节及本书其他章节讨论。

2．中纬度地区平流层纬向平均风

冬季中纬度地区的纬向平均风是西风，在高度 65 km、纬度 40°上，风速可达 80 m s^{-1}。在夏季半球，纬向平均风则为东风，在高度 65 km、纬度 40°上，风速可达 50 m s^{-1}。

在北半球，纬向平均风在 5 月从西风转为东风。这种转变最先出现在高纬度地区的平流层上部，然后向下、向赤道传播。9 月东风转为西风也最先出现在高纬度地区的平流层上部。

与对流层的平均风相比，平流层的平均风有明显的经向分量。中纬度的平流层气团可以在 1～2 周绕地球一圈，其具体时间与位置、环境有关。

1.7.3　日循环

大气状态的时间变化有两个重要的组成部分，一个是日循环，一个是年循环，它们分别受地球自传和公转影响。日循环有海陆风、山谷风、热力潮汐，它们受到太阳局地和全球加热的日变化的影响。但是，与干季和湿季相关的季风气候则属于年循环。

1.7.4 全年振荡

全年振荡定义为，低平流层风场在夏季半球为东风，在冬季半球为西风。其主要为热带外的现象，基本不和热带的环流系统产生强烈的相互作用。

平流层环流的季节演变和年际变化在南北半球间存在显著差异。在北半球，月平均的行星波在冬季中期有最大的振幅，并伴随着爆发性增温。但一般来说，因为地形作用，1 波的东西位相是固定的。

南极的行星波在晚冬和早春具有较大的振幅，并伴随偏心的极地涡旋。也就是说，1 波的振幅和位相存在年变化，这点在南极臭氧洞的形态上也可以看出来。另外，南半球平流层的行星波的产生与维持与对流层的瞬变波密切相关（Hirota and Yasuko，2000）。

1.7.5 准半年振荡

低纬度地区上平流层的一个显著特征是纬向风的准半年振荡（SAO）。该振荡并不是由低纬度地区太阳赤纬的变化引起的，而是由上平流层和低中间层纬向风的角动量沉积造成的。

利用 ERA40 再分析资料分析热带对流层和平流层温度准半年振荡和准两年振荡发现，两者的振幅在垂直方向上的变化如图 1.13 所示。对于温度来说，在对流层准半年振荡和准两年振荡的振幅较小，但处于相同的位相。准两年振荡的振幅在平流层迅速增大，在下平流层约 25 km 高度处达到峰值，在此高度以上，其振幅随高度上升而减小。准半年振荡的振幅在下平流层稳步上升，在约 40 km 高度处达到最大值，在此高度以上，其振幅随高度上升而减小。另外，准半年振荡的振幅峰值比准两年振荡的振幅峰值要大。

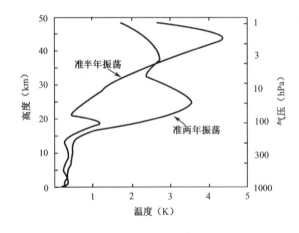

图 1.13　温度准半年振荡和准两年振荡振幅的垂直分布（引自 W. J. Randel）

图 1.14 是赤道平流层和对流层纬向风准半年振荡和准两年振荡振幅的垂直分布。类似于温度场，在对流层，两者的振幅较弱且处于同位相。准两年振荡的振幅在平流层迅速增大，在下平流层约 30 km 高度处达到峰值，在上平流层其振幅随高度上升而减小。另外，准半年振荡振幅在平流层中下层一直较弱，在上平流层迅速增强。在上平流层，准半年振荡和准两年振荡振幅位相相反。

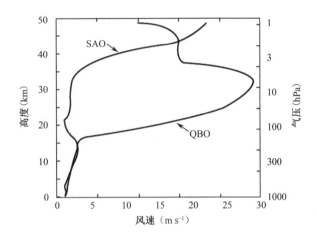

图 1.14　赤道上空纬向风准半年振荡和准两年振荡振幅的垂直分布（引自 W. J. Randel）

与准两年振荡类似，准半年振荡局限在热带地区，并存在位相的下传。这些特征暗示了准半年振荡的西风位相应该是由开尔文波的西风动量沉积造成的。较长时间尺度的开尔文波随高度升高迅速耗散，导致准两年振荡的西风位相。这表明较长时间尺度的开尔文波不能将能量和动量传输到中间层。然而，较短时间尺度的开尔文波并没有在下平流层被强烈吸收，这些小振幅的波动携带了大量的西风动量向上传播，造成了准半年振荡的西风位相。不过到目前为止，还没有一个较好的机制能解释上平流层和低中间层的准半年振荡。

1.7.6　年际变化与季节内变化

年际变化是去除气候状态的年循环后，气象要素年与年之间的变化。它可能是由大气环流系统外强迫变化导致的，也可能是系统内部产生的。另外，季节内变化是季节内的一种低频变化，它是内部过程导致的。在外强迫不变的情况下，季节内变化依然可能存在。

一般来说，季节内变化的时间尺度为周或月，而年际变化的时间尺度为年。其中，一些变化是对大气环流系统外强迫和边界条件变化的响应，另一些变化是在系统内部过程中产生的。

由于对流层和平流层的热力性质和边界的根本性差异，两者的时间变化一般会分开讨论。然而，近年来，平流层和对流层年际变化和季节内变化的相互作用对平流层气候的可能影响引起了人们极大的兴趣。

1.7.7 急流

在上层大气环流间的不连续地带，风速可达 30 m s^{-1}，称为急流。急流位于对流层顶的狭窄地带，在急流中空气绕地球以较高的速度运动。在急流周围存在强烈的垂直风切变。与其他随高度升高而增速的风场一样，急流也可以用热成风原理来解释，它们都位于强温度梯度地区上方，如锋区。在这些地区，随着高度升高，温度梯度方向保持不变，使得气压梯度和风速随高度升高而增大。一般来说，在到达对流层顶后，温度梯度会反转，风速开始减小。因此，急流通常出现在对流层上部（距地表 9～18 km 的地区），其位置如图 1.15 所示。

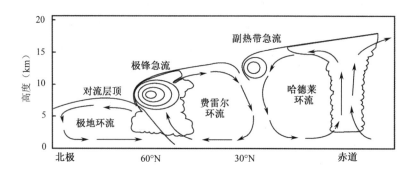

图 1.15　经圈环流中急流的位置（引自美国国家气象局）

根据强温度梯度产生原因的不同，急流也相应分为几种。

最常见的急流是极锋急流。正如前文所述，极锋是极地和中纬度地区空气的边界，在冬季其向赤道延伸至纬度 30° 地区，在夏季其后退至纬度 50°～60° 地区，并且冬季极锋比夏季极锋的温度梯度要强。所以，极锋急流在冬季比在夏季更靠近赤道，且强度更强，急流核风速可达 75 m s^{-1}。

第二种急流位于热带空气和中纬度空气的交界面上。这种副热带急流经常位于纬度 30°～40° 地区，盛行西风。这种急流不是由地表温度梯度造成的，而是由中平流层的强温度梯度造成的。另外，在极锋急流进入副热带后，极锋急流和副热带急流可能会合并为一体。

第三种特殊的高空急流位于北半球热带地区，称为热带东风急流。该急流位于 15° N 大陆地区上空，是由热带大陆的经向热力梯度造成的，因此并不出现在热带海洋上空。

这 3 种急流的位置与图 1.15 中平均经圈环流的特征有关。它们在南北半球都存在，并且结构相似。但是，由于南半球大陆面积较小，因此南半球的急流日变化较小。

1.7.8 准两年振荡

准两年振荡在 20 世纪 50 年代就被发现了，但当时很长一段时间并不清楚其成因。无线电探空发现，准两年振荡的位相和年循环并没有关系。20 世纪 70 年代，人们才认识到这种风场的周期性改变是由热带对流层产生的大气波动向上传播到平流层破碎造成的。

正如 1.7.2 节提到的，准两年振荡是平流层东西风的振荡，其周期并不固定，平均为

28 个月。在热带地区，准两年振荡处于支配地位，特征东风风速为 30 m s⁻¹，特征西风风速为 20 m s⁻¹。在 100～2 hPa 均能看到该现象，其最大振幅位于 10 hPa（Hamilton et al.，2004）。图 1.16 是 1953 年以来雷达观测资料的风场时间高度（Marquardt and Naujokat，1997）。热带风场被东西风交替控制，周期为 22～36 年。东西风的交替变换不规则地向下传播。其中，当西风转换为东风时，传播的速度更慢且更不规则。准两年振荡信号还出现在温度和臭氧总量中。

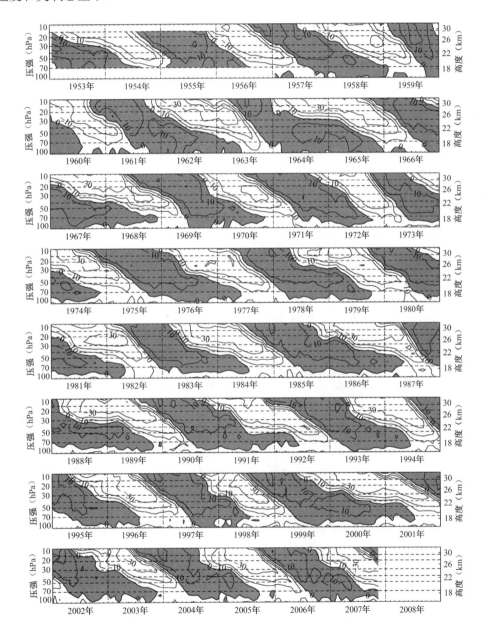

图 1.16　热带纬向风的时间—高度剖面显示了准两年振荡，等值线单位为 m s⁻¹（引自 Marquadt 和 Naujokat，平流层研究组，FSU Berlin）

图 1.16 中资料来源于 Canton 岛（1953 年 1 月至 1967 年 8 月、1967 年 9 月至 1975 年 12 月）、Gan 岛和 Maldive 岛（1976 年 1 月至 1985 年 4 月）及 Singapore（1985 年 5 月至 1997 年 8 月）。

准两年振荡的振幅在离开赤道后迅速减弱。然而，观测和理论研究均指出准两年振荡可以影响大气中更大的区域。通过波的耦合，准两年振荡可以在冬季影响热带外大气，特别是在行星波强盛的北半球。对热带外的影响还体现在大气成分上，如对臭氧的影响。在北半球冬季的高纬度地区，准两年振荡调制着极地涡旋，并向下影响对流层。热带对流层的准两年振荡信号也和平流层的准两年振荡有关（Baldwin et al.，2001）。准两年振荡还和上平流层、中间层和电离层 F 区的变率相互联系。

1.7.9　平均经向风

经圈环流如图 1.17 所示，箭头表示哈德莱环流、费雷尔环流和极地环流的空气运动方向；热带东风急流、副热带急流和极地急流的位置和方向在图上也有显示。

哈德莱环流位于 30°S～30°N。其在动力上很不稳定，容易产生涡旋，因此在中纬度地区存在很多天气扰动。这些涡旋使得南北纬 40°～60°产生上升运动，形成费雷尔环流；这些涡旋还导致西风向下发展直到地表。

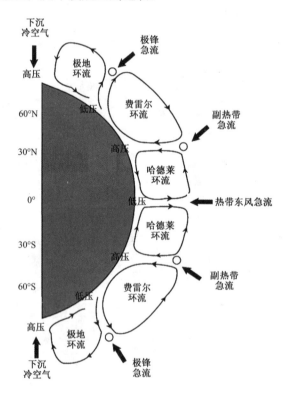

图 1.17　大气的平均经圈环流（引自 RMIT 大学）

1.7.10　纬向平均质量环流

年平均的大气纬向质量环流如图 1.18 所示，箭头表示在子午面上的空气运动方向。每个环流的总质量输送是用 1958—2007 年的 NCEP 再分析资料中每个环流输送的最大值确定的。

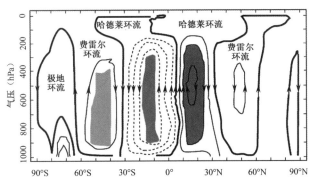

图 1.18　纬向平均质量环流，箭头指示了子午面上的空气运动方向（引自 NCEP 再分析资料）

由于平流层温度随高度上升而增加，大气稳定，热带的上升运动在到达平流层后被限制，质量守恒使得该处的大气向南北移动，因此该处的上升运动导致了上层空气质量的辐散。另外，质量守恒要求辐散的空气必须返回地面，并在赤道附近产生辐合（Andrews et at.，1987；McPhaden，1998）。北半球夏季平均经圈环流和对应风场的经典模态如图 1.19 所示。

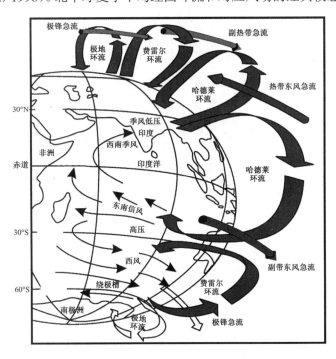

图 1.19　北半球夏季平均经圈环流（粗箭头）、急流（管状箭头）、地表风场（细箭头）示意

（引自 RMIT 大学）

经向风比纬向风弱得多。在下平流层,空气块从热带地区输送到极地要几个月的时间。对流层空气并非直接从热带到达极地,而是在热带从对流层顶进入平流层,再在 60° 以上的高纬度地区离开平流层。因此,在更高的高度上,输送要花费更多的时间。

平流层纬向平均风速约为 20 m s^{-1},也就是 1700 km d^{-1},因此大约 10 天就可以绕地球一周。另外,平流层经向平均风速相对较弱,大约为 0.1 m s^{-1},大约 3 年才能传输 6000 km。下平流层垂直方向的平均风速约为 2×10^{-4} m s^{-1},也就是 5 km y^{-1}。

1.7.11 极地涡旋

在冬季极夜期间,阳光不能到达南极。在平流层中低层,很强的绕极纬向风发展成为极地涡旋(见图 1.20),其风速能达到 100 m s^{-1}。由于缺少阳光,极地涡旋中空气温度非常冷,并将冷空气锢困其中。极地旋涡的温度可以低至-80 ℃以下,因此可导致一些特殊云系生成。

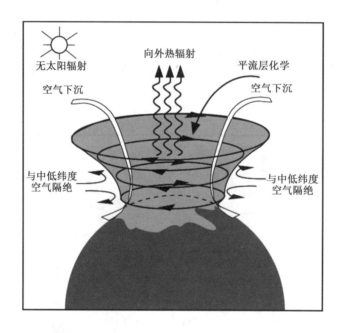

图 1.20 极地涡旋示意(引自 J. Hays and P. deMenocal)

在北极地区的极地涡旋并没有在南极地区的极地涡旋那么强盛,因此北极的平流层也较南极温暖。

在极夜期间,平流层没有太阳辐射吸收,却存在温室气体冷却,并且随高度升高冷却增强,这种冷却效应可能有利于极地涡旋的维持和收缩。极地涡旋的变化会影响半球际天气的变化(Kodera and Kuroda,2000)。1970 年以前,极地涡旋是变化无常的,它的强度每周、每月都会发生变化。20 世纪 70 年代以后,极地涡旋显著增强。

南极涡旋在平流层上部最强,其强度在冬季逐渐增强。南极涡旋外围的极夜急流能够阻碍极地和中纬度地区的空气传输，就像一个屏障阻碍了极地涡旋内外空气的混合（Baldwin et al.，2003）。因此，富含臭氧的中纬度空气很难被输送到极地。

隔绝的极地空气使得臭氧损耗过程没有中纬度地区臭氧的补充和中纬度地区化学过程的影响。北极的极夜急流强度较弱，不能完全隔绝温暖的、富含臭氧的中纬度地区空气的入侵。因此，在北极地区比在南极地区存在更多的波活动和南北空气混合。

1.8　主要的平流层与对流层相互作用事件

除了平流层大气环流和热力结构的变化外，平流层中还有一些特殊的天气、气候事件可以影响对流层。其中一些事件可以延伸到很大的区域，甚至达到全球尺度，并影响对流层的天气系统。以下将介绍几种主要的平流层和对流相互作用事件。

1.8.1　极地平流层云

极地平流层云（Polar Stratospheric Clouds，PSCs）是极地臭氧损耗过程的重要组成部分。极地平流层云滴和冰晶的表面可以进行臭氧损耗反应。通过这些反应可以从氯氟烃和其他臭氧损耗物质中分离出自由的氯和溴。

因为平流层非常干燥，故该平流层生成的云和湿润的对流层生成的云有很大不同。在极地冬季极冷的条件下，可以形成两种极地平流层云。常见的是 I 型云，其由硝酸和硫酸组成；II 型云比较少见，只有在-90 ℃以下才能形成，其包含水和冰。极地平流层云的照片如图 1.21 所示。

图 1.21　瑞典基律纳上空的极地平流层云（H. Berg 拍摄）

由于极地平流层云位于高纬度地区，在地球曲率的作用下，这些云可以将地平线下的太阳光反射到地表，所以在黎明前和黄昏后这些云仍然闪闪发光。

1.8.2 爆发性增温

在爆发性增温（Sudden Stratospheric Warming，SSW）发生时，几天之内极地平流层温度可上升几十度，极地涡旋西风风速突然减弱，甚至转向为东风。Scherhag（1952）第一次观测到了该现象，Matsuno（1971）第一次提出了它的理论解释。

在北半球冬季，环流有时会产生很多扰动，并伴随着行星波活动。这些扰动导致纬向西风减弱甚至转为东风。同时，极地平流层温度骤升，甚至可以升高 50 K，因此黑暗的冬季极地反倒变得比明亮的热带更加温暖。

图 1.22 显示，2001 年 11 月至 2002 年 3 月，10 hPa 上 50°～90°N 地区平均的平流层极冠温度突然变化。在 2001 年 12 月的强爆发性平流层增温事件中，温度升高了 50 K，在增温事件结束后温度又恢复正常。在北半球冬季，这种强爆发性增温事件在发生时一般会伴随一些弱爆发性增温事件。因为北半球的地形和海陆热力差异能形成对流层波数为 1 和 2 的罗斯贝波，所以强爆发性增温事件经常发生在北半球。这些波动向上传播至平流层并破碎，导致了增温和基本气流的减速（Matsuno，1971）。由于仅在北半球观测到了爆发性增温，因此可以推断地形强迫对能量的垂直传播起到重要的作用。在南半球，中纬度地区地形差异相对较小，因此只能形成振幅较小的行星波。

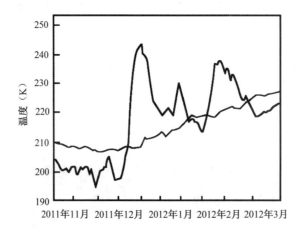

图 1.22　在一起爆发性增温事件中，10 hPa 上 50°～90°N 地区平均的平流层极冠温度突然变化。粗线表示该事件中温度的日变化，细线表示 NCEP 再分析资料 1958—2002 年平均温度的变化（引自 A.J. Charlton and L. Polvani）。

在强爆发性增温事件中，北极迅速增温，伴随着经向温度梯度的反转，极地涡旋崩溃，该地区的极地涡旋被阻塞高压取代。10 hPa 的北极西风转为东风，所以在极地涡旋崩溃时，其中心南移至 60°～65°N。有时，极地涡旋仅有一个中心，有时又分裂为两个中心。除了 2002 年，这种类型的增温事件只在北极观测到。较弱的增暖有时能够反转温度梯度，但是不能导致 10 hPa 环流的反转。较弱的增温在南极、北极都存在。

平流层冬季增温与热带平流层温度变化也存在耦合关系。南北半球的平流层增温都伴随着热带平流层的轻微降温。这个现象最早是 Fritz 和 Soules 于 1972 年在 Nimbus 卫星的辐照度资料中发现的。另外，根据卫星资料，一些其他的研究也发现了该现象（Houghton，1978）。热带地区［Thumaba，（8°N，76°E），印度］的火箭资料揭示，在强爆发性增温达到峰值时，热带平流层的强烈降温甚至穿透到对流层（Appu，1984），此时平流层的温度达到全年的最低温度。

爆发性增温和准两年振荡也存在联系（Labitzke and van Loon，1999）。如果准两年振荡位于东风位相，则大气波导被调制，行星波上传被局限在极地涡旋，加剧了波流相互作用。爆发性增温事件往往和平流层低层的准两年振荡相对应（Holton et al.，1995；Baldwin et al.，2001）。高纬度爆发性增温事件的频数和热带准两年振荡的位相确实存在显著的统计关系。

1.8.3 北极涛动

北极涛动（Arctic Oscillation，AO）是一种大气环流模态。在该模态中，极地上空和中纬度地区（大约 45°）的气压变化呈现反位相关系。北极涛动的时间尺度为几周到几十年，并充斥于整个对流层。在晚冬和早春（1—3 月），当北极涛动可以延伸到平流层，并调制极地涡旋的强度。

当北极涛动负位相时，极地气压相对较高，中纬度地区气压相对较低；当北极涛动正位相时，情况相反。当北极涛动正位相时，中纬度地区较高的气压驱动海洋风暴向更北方推进，环流变化导致阿拉斯加、苏格兰和斯堪迪纳维亚更加湿润，而使美国西部和地中海地区更加干燥。当北极涛动负位相时，冬季的冷空气可以推进到北美中部，而当北极涛动正位相时，冷空气不能推进得这么远。因此，当北极涛动正位相时，美国落基山以东地区更加温暖，而格陵兰和纽芬兰则更加寒冷；当北极涛动负位相时，天气形势恰好相反（见图 1.23）。

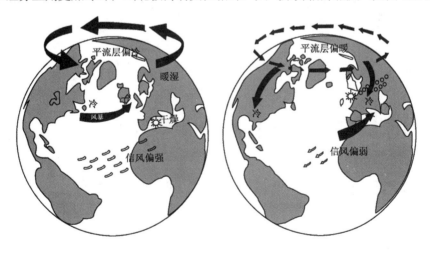

图 1.23 北极涛动正位相、负位相的作用（引自 R. R. Stuwart and J. M. Wallace）

20 世纪初，北极涛动在正、负位相间转换。从 20 世纪 70 年代开始，北极涛动主要维持在正位相，导致北极的异常低压，以及美国大部地区和亚欧大陆北部的异常高温（Kodera and Kuroda，2000）。

1.8.4 北大西洋涛动

北大西洋涛动（North Atlantic Oscillation，NAO）是亚速尔附近的大西洋副热带高压和冰岛附近的副极地低压之间的气压大尺度波动。地表气压驱动地表的风场及冬季从西向东穿越北大西洋的风暴，可影响从西欧到西伯利亚东部、从地中海东部一直向南到西非的区域。

在中纬度地区，北大西洋涛动是大西洋地区气候变率的主要模态，它与整个北半球气候变率的主要模态（北极涛动）有极为密切的关系。北极涛动和北大西洋涛动可描述同一现象的不同侧面。

1.9 大气潮汐

大气的气压、温度、密度和风场存在 24 小时和 12 小时的变化。微小但可以被测量到的大气参量的半太阳日变化是由月球和地球间的引力造成的。但是，大气参量的全太阳日变化和半太阳日变化主要是由对流层水汽、平流层和中间层臭氧吸收的太阳辐射导致的大气加热引起的。大气加热导致了气压变化在纬度、经度和高度上的独特模态。特别是，在任意高度上，最大加热率及与其相关的气压变化随着日下点移动。这种现象也被称为迁移潮。

迁移的经向、纬向气压梯度使气块因相应的科氏力产生了加速。除了静力平衡、质量守恒和热力学能量守恒，随之而来的气压、风场、潮汐的全球平衡都以地极作为边界条件。地极这个自然边界条件导致每个潮汐时期均具有特殊经向结构的涛动模态。

潮汐基本上是由大气加热的日变化产生的，而大气加热是由平流层、中间层臭氧对太阳紫外辐射的吸收，以及对流层水汽对近红外波段辐射的吸收引起的。

1.10 对流层和平流层中主要的温室气体

臭氧、水汽、二氧化碳是主要的温室气体，控制着地球大气的辐射平衡。这些温室气体很容易吸收太阳辐射，并调制大气温度。本节将讨论这些温室气体的特征和分布情况。

1.10.1 平流层臭氧

平流层臭氧是当前地球大气最重要的微量成分。平流层温度随高度上升持续增加或减少主要是由最大值位于 25 km 的臭氧层中臭氧分子对太阳紫外辐射的吸收造成的。尽管臭氧在大气中含量较少，但它对 200～300 nm 的紫外辐射吸收很强烈。臭氧的这个性质保护了地球的生命免受太阳紫外辐射的侵害。

臭氧的英文单词"Ozone"来源于希腊文"Ozein"，有发臭的意思。臭氧有刺鼻的气味，因此，即使其含量很低，也容易被探测到。臭氧可以和许多化学物质迅速发生反应，如果其浓度达到一定程度还会发生爆炸。

图 1.24 给出了臭氧在大气中的垂直分布。平流层中的臭氧含量超过大气中臭氧总含量的 90%，平流层中的臭氧通常被称为臭氧层，其余的臭氧主要位于对流层。

大气中的臭氧分子相对稀薄。在平流层中的臭氧层中，臭氧浓度峰值达到每 10 亿个空气分子中有 12000 个臭氧分子，而空气中主要的分子是氧分子和氮分子。在地表附近，臭氧浓度相对较小，一般每 10 亿个空气分子中有 20～100 个臭氧分子。地表臭氧浓度的高值区是由人类活动产生的污染气体形成的。

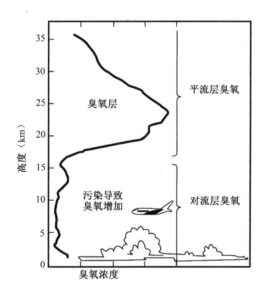

图 1.24　臭氧在大气的垂直分布（引自 WMO，2007）

平流层臭氧对太阳紫外辐射的吸收是平流层的热源，这使得平流层的温度随高度上升而升高，并成为一个稳定的区域。因此，臭氧对地球大气的温度结构有重要的控制作用。

由于吸收太阳紫外辐射，平流层臭氧对人类和其他生物是有益的。如果没有臭氧层，大量的紫外辐射会到达地表，并对生态圈造成破坏。对人类来说，当照射的紫外辐射增加时，患皮肤癌和白内障的概率就会增加，并使人类免疫力下降。过量的紫外辐射也会损害陆地上的植物、单细胞生物和水中的生态系统；而其他波长的、未被臭氧吸收的紫外辐射仅造成皮肤的衰老（WMO，2007）。

由自然的化学反应和人类排放的污染气体产生的反应均能在地表附近形成臭氧。因为更多的臭氧可以与人类和动物、植物直接接触，所以由污染物产生的臭氧是有害的。这种臭氧的增加一般会对生态系统造成损害，因为臭氧可以与其他的分子强烈地发生反应。过量的臭氧会导致作物减产和森林退化；对人类来说，过量的臭氧会导致胸腔疼痛、喉咙瘙痒和咳嗽，因此会损害与心肺有关的身体机能。另外，对流层臭氧的增加还使地表进一步增暖。对流层臭氧增加的负面效应和平流层臭氧的正面效应产生了鲜明的对比。

臭氧是自然大气中的一种成分。不管地表是否有人类活动，臭氧都会出现在地表、对流层和平流层。自然产生和人类活动释放的臭氧在大气中的化学作用会去除一些气体成分。如果底层大气中的臭氧都被清除出去，那么其他的气体如甲烷、一氧化碳和一氧化氮的浓度就会增加。

臭氧被制造又被破坏，存在一个自然的循环，臭氧总量基本保持稳定。但是，平流层氯和溴的大量增加打破了这个平衡，臭氧开始减少。氯在平流层的主要来源是氯氟烃。氯氟烃非常稳定，雨水不能将其清除。当氯氟烃和臭氧损耗物质泄漏出来时，臭氧损耗就开始发生了。经过很长一段时间，臭氧损耗物质到达了平流层，并被强紫外辐射分解，生成氯原子和溴原子，接着氯原子和溴原子对臭氧进行破坏，而并非臭氧损耗物质对臭氧进行直接破坏。一个氯原子在被清除出平流层以前，大概能够破坏 10 万个臭氧分子。

臭氧的光化学反应、传输过程，以及臭氧洞及其对对流层天气系统的作用在后面的章节会进行详细讨论。

1.10.2　二氧化碳

二氧化碳在大气中有相对稳定的混合比，基本不随高度变化。二氧化碳的源主要是化石燃料的燃烧、人类和动物的呼吸、海洋和火山活动。二氧化碳的汇主要是光合作用及海洋、陆地中石灰岩的沉积。观测发现，二氧化碳的清除要比它的产生弱，大气中二氧化碳的浓度在 20 世纪以后稳定增加（见图 1.25）。

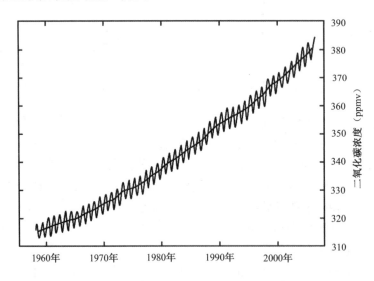

图 1.25　在 Mauna Loa 和 Hawaii 观测到的地球大气中二氧化碳的浓度（引自 Robert A. Rhode，

Global Warming Art）

地球上大约 99% 的二氧化碳溶解在海洋中。因为二氧化碳的溶解度和温度相关，所以二氧化碳会随温度变化而溶于海洋或从海洋中释放出来。由温度变化导致的大气中二氧化碳含量的年变化大约是大气中二氧化碳总量的 1/10。

1.10.3　水汽

水汽经常处于饱和状态。这种特性控制了水汽在大气中的分布。在对流层，水汽浓度随高度的变化达到 4 个数量级。在平流层，水汽浓度的变化要小得多，但是仍然非常显著（见图 1.26）。

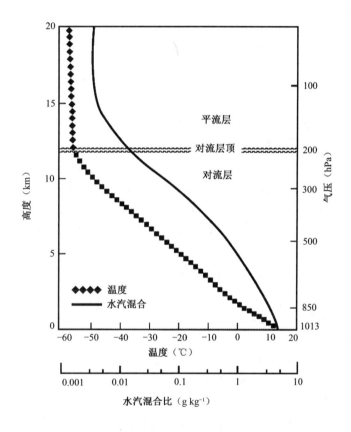

图 1.26　水汽的垂直分布（引自 D. Siedel）

水汽在大气中的辐射吸收、释放过程有极为重要的作用。水汽在大气中的浓度变化很大。在有些地方水汽含量几乎为零，而在热带水汽体积能达到空气总体积的 3%~4%。气温对水汽浓度有很大影响。例如，在 40 ℃，1 kg 干空气可以容纳 49.8 g 水汽；而在 5 ℃，1 kg 干空气只能容纳 5.5 g 水汽。

大气中水汽凝结释放的潜热对全球能量平衡和气候是至关重要的。由于水汽含量的变化和凝结潜热的释放，相对少量的水汽就可以造成强烈的天气变化，特别是在 6 km 以下富含水汽的地区。

水汽的源主要是水面的蒸发和植物的蒸腾，水汽的汇主要是云中的凝结。尽管水汽的时空变化很剧烈，但平均而言大气中的水汽浓度还是随高度的上升而减小的。

1.10.4 平流层水汽

在平流层 100 hPa 以上地区，从热带对流层顶进入的干空气与从上平流层甲烷氧化的湿空气平衡。平流层环流、波驱动下的混合与对流层环流的向上延伸共同决定了平流层的水汽分布。水汽分布的纬向变化会因为混合而迅速减小。几乎所有从对流层进入 100 hPa 以上平流层的空气都要经过热带对流层顶。在这里，由于冻干和其他过程的共同作用，水汽浓度迅速减小到 3.5～4 ppmv 的年平均值；部分干空气在热带继续缓慢上升，但是大部分干空气向极地运动或和中纬度地区的空气混合，特别是在平流层低层。因此，平流层水汽浓度随高度上升和纬度的增大而增大。

在 100 hPa 以下，少量对流层湿润空气主要通过副热带水平输送到对流层顶，使热带外的下平流层湿润起来。这种水平输送在夏半球比较强，并存在半球际的不对称。夏季，北半球南亚季风区的水平输送明显比南半球的季风环流输送强。平流层水汽的另一个重要季节变化与冬季、春季的极地涡旋有关。特别是在南极，低温冻干过程产生的冰云对春季臭氧催化损耗起到至关重要的作用。

在热带和副热带，哈德莱环流和沃克环流强烈影响着上对流层的水汽浓度。热带和副热带水汽最主要的来源是对流活动。一般来说，湿润区分布在强对流层区域，如西太平洋、南美和非洲。季节性的湿润区出现在亚洲的夏季季风区、热带和南太平洋辐合区。

地表温度、对流和季风环流的季节变化导致了对流层水汽相应的季节变化。水汽还会受到不同时间尺度波动的影响，包括平流层的准两年振荡、对流层的厄尔尼诺和南方涛动及热带季节内振荡。

在高纬度地区上平流层，水汽浓度变化较大。该区域的水汽可以通过中尺度对流或热带外气旋从热带输送供应。干空气来自副热带和热带外下平流层。这些输送都是间断发生的，而不是持续存在的，所以该地区水汽浓度变化剧烈。

热带对流层顶的复杂混合过程导致空气在进入平流层时脱水。在大尺度上升运动背景下，脱水过程包括更小尺度的上升运动、云中的辐射和微物理过程、波驱动的温度波动。这些过程的位置、强度和相对重要性存在季节变化。但是，热带对流层顶层水汽的季节变化受到对流层顶温度季节变化的影响。水汽浓度的季节变化是空气通过对流层顶上升的体现，而上升运动使得水汽浓度变化迅速向极地扩展并较缓慢地向平流层传播。

1.11 上对流层和下平流层

上对流层和下平流层（Upper Troposphere and Lower Stratosphere，UT/LS）是一个复杂的区域。平流层与对流层之间的交换过程发生在这里。因为辐射、化学过程的时间尺度较长，所以输送非常重要。大气中水汽的辐射特性和相变与地球系统的水循环、能量循环相联系。由于水汽在大气中的平均滞留时间是 10 天，大气又是全球水循环中循环相对较快的一个组成部分，因此热带降水是大气大尺度环流和气候特别重要的一个外强迫。

UT/LS 在影响地球气候时，有一些与众不同的特征，如图 1.27 所示。DT/LS 的气压仍然很高，足以影响化学反应和光化过程。该区域在臭氧层以下，因此太阳辐射的波长超过 290 nm。UT/LS 包含了低层大气最冷的部分，因此一些非常活跃的微粒可以在其中存在。这些微粒使发生在固体上的非均相反应和发生在液滴里的多相化学反应更容易发生，从而改变了 UT/LS 的化学成分。这些微粒特别是卷云中的微粒也直接与辐射相互作用。另外，这些地区化学反应的时间尺度和动力输送的时间尺度没有明显区别。因此，化学过程、微物理过程和动力过程均对臭氧浓度和大气辐射平衡起着重要作用。

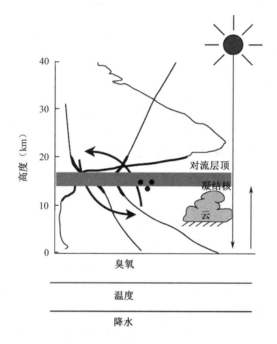

图 1.27　上对流层和下平流层的若干重要问题（引自 A. R. Ravishankara and T. Shepherd，2001）

UT/LS 包含了动力、输送、辐射、化学、微物理过程的复杂相互作用（见图 1.28）。动力过程和辐射过程导致的低温使微粒容易通过微物理过程凝聚在一起，微物理过程又影响了化学过程，温度、太阳辐射和化学物质的输送也影响了化学过程；而化学过程产生的成分变化又通过辐射影响气候（Ravishankara and Liu，2003）。

许多气候和环境问题涉及平流层和对流层的分界面。上对流层和下平流层通过化学物质的输送联系起来，它们之间的相互作用非常强烈。生成臭氧的反应源物质和消耗臭氧的物质都要通过 UT/LS 输送至平流层；同时，一些平流层的物质也要通过 UT/LS 输送到对流层进行清除，从而影响 UT/LS 这个敏感的区域（Ravishankara and Liu，2003）。

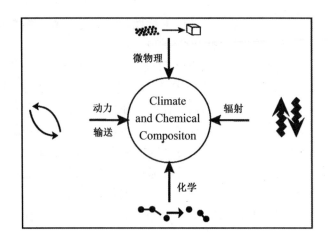

图 1.28　上对流层和下平流层的动力、输送、辐射、化学和微物理过程的复杂相互作用

（引自 A. R. Ravishankara and T. Shepherd，2001）

当前，模式在 UT/LS 的表现还不够好。人们对一些与辐射相关的重要痕量气体（如臭氧和水汽）趋势的认识还不足。要认识平流层对气候的作用，就要讨论 UT/LS 的输送、混合、辐射、化学和微物理过程，然而这些耦合过程的时间尺度相似，难以被区分。另外，在此区域的观测也存在一些困难，因而观测资料非常不足。

1.12　气溶胶

气溶胶是由各种不同化学成分组成的悬浮在大气中的小颗粒。有的气溶胶是自然生成的，有的气溶胶源于人类活动。人类活动产生的气溶胶约占全球气溶胶光学厚度的 50%，人为气溶胶主要来自化石燃料和生物质燃烧。

大气气溶胶在很多方面都很重要。气溶胶含量可以影响地球的反照率，在全球辐射平衡和气候变化中起着重要的作用。有很多种气溶胶可以作为云滴的凝结核，对成云致雨非常重要。另外，气溶胶的散射特性可以用于下一代的主动遥感仪器来反演许多地球的物理参量。

大多数的气溶胶来自扬尘、烟、火山和海洋。氯化钠和氯化镁组成的微粒有吸湿性，因此它门是水汽凝结形成云滴的优良载体。气溶胶含量的变化很显著，但一般来说海洋上空约为 10^3 cm^{-3}，乡村上空约为 10^4 cm^{-3}，城市上空约为 10^5 cm^{-3}。气溶胶的浓度一般随高度升高而减小。

假设气溶胶颗粒为球形，其大小常常以其直径表示。大气中不同气溶胶颗粒的大小如图 1.29 所示。气溶胶通常分 3 类：①爱根（Aitken）颗粒或核模（直径 0.001～0.1 μm）；②大颗粒或积聚模（直径 0.1～1 μm）；③巨颗粒或粗模（直径大于 1 μm）。

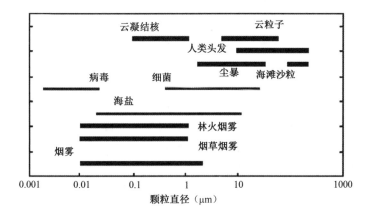

图 1.29　不同气溶胶颗粒的大小（引自 Bruce Caron，New Media Studio）

核模和积聚模体现了气溶胶颗粒生成的机制及其化学过程。最小的大气气溶胶属于核模，主要是由气体向颗粒物转换产生的。积聚模一般是由更小的颗粒凝聚和蒸气向已有的颗粒凝聚产生的。

1.12.1　水溶性气溶胶

气溶胶中含有水溶性成分，如硫酸盐、硝酸盐和海盐，是云的高效凝结核。在没有污染的大陆上，较小的颗粒物更有可能是水溶性的。大约 80% 的直径为 $0.1 \sim 0.3\ \mu m$ 的颗粒物是由水溶性颗粒组成的。另外，在海洋上空，很多粗模的海盐颗粒也是水溶性的。水溶性气溶胶有吸湿性，能够吸收空气中的水分。相对湿度变化使吸湿性颗粒物的大小产生变化，也使光学厚度产生变化。有机气溶胶的极性官能团，特别是羧基和二羧基酸使许多气溶胶的有机化合物易溶于水，从而能参与云滴的聚合。

1.12.2　气溶胶的滞留时间

气溶胶的滞留时间与颗粒大小、化学属性和所在高度有关。气溶胶的滞留时间从几分钟到几百天不等。积聚模（直径为 $0.1 \sim 1\ \mu m$）在大气中能滞留较长时间；更小的气溶胶颗粒（核模）会进行布朗运动，因此有更高的概率碰并从而增长成为更大的粒子，脱离核模状态；粗模（直径大于 $1\ \mu m$）沉积率较高，因此滞留时间较短。

1.12.3　对流层气溶胶

对流层气溶胶可以通过沉降和降水很快清除，其滞留时间约为 1 周。因此，气溶胶在对流层的空间分布非常不均匀，并与其源区密切相关。当前，人们对对流层气溶胶光学厚度和时空演变特征的认识还很缺乏。在无云时，常规卫星监测对流层气溶胶不但可以增加其光学厚度、时空演变特征方面的认识，还可以了解其改变云的光学厚度的方式。

1.12.4 平流层气溶胶

平流层气溶胶有更长的滞留时间，一般约为 1 年，所以其空间分布较均匀。因此，当火山爆发时，一些气溶胶能够进入平流层，并在几年的时间内影响全球气候。卫星和探空仪器观测发现，在上一个 10 年，平流层硫酸盐气溶胶的背景浓度稳定增加了 40%～60%。这个结果应该不是由火山气溶胶造成的，而是由对流层气溶胶向平流层输送造成的。亚音速飞行器在平流层的排放也增加了平流层气溶胶的含量。考虑到未来空中交通运输量的增长，对平流层气溶胶趋势的全球常规监测是非常必要的。

 **思考题**

1.1 如果大气质量为 5.10×10^5 m² s⁻¹ kg，计算全球平均地表气压。假设平均重力加速度为 9.807 m s⁻²，那么全球平均地表气压与标准海平面气压相差多少？

1.2 确定空气的分子量。空气中主要包含氮气、氧气、氩气，它们的分子量分别为 28.01、32.00、39.85。

1.3 把一个充了气的气球放进飞机里，飞机飞上 8 km 的高空。如果机舱里没有加压的话，气球会怎样？为什么？

1.4 如果地表气压和地表密度分别为 1013.25 hPa 和 1.225 kg m⁻³，埃菲尔铁塔高度为 330 m，那么埃菲尔铁塔上的气压是多少？

1.5 假设气压和密度以幂指数下降，大气的标高是 7.5 km，地表气压为 1013 hPa，地表密度为 1.225 kg m⁻³。当密度下降到 0.5 kg m⁻³，气压下降到 5 hPa 时，高度是多少？

1.6 如果对流层平均温度递减率是 6.5 ℃ km⁻¹，地表温度为 30 ℃，那么 8848 m 高的珠穆朗玛峰上温度是多少？

1.7 一个热气球沿着 30° N 向东运动，开始时以 12 m s⁻¹ 的速度飞行，半圈之后以 16 m s⁻¹ 的速度飞行。如果盛行风是静止的，则气球环绕地球一周需要多长时间？

1.8 假设有一架飞机在 12 km 的高空以 800 km h⁻¹ 的速度从巴黎飞向东京。两个城市的距离约为 10000 km。如果飞机进入了副热带急流中心，而急流核的平均风速为 50 m s⁻¹，则到达目的地需要多长时间？

1.9 对流层顶在赤道处距地表 18 km，温度为-87 ℃；在 30° N 对流层顶距地表 14 km，温度为-66 ℃。如果不考虑地球的曲率，假设温度随高度的递减率为 6.5 ℃ km⁻¹，请计算赤道与 30° N 的温度递减率。

1.10　2007 年 1 月，热带地区距地表 30 km 处的纬向风是西风，强度为 15 m s⁻¹。2008 年 1 月，热带地区距地表 30 km 和 18 km 处的纬向风是什么方向？为什么？

1.11　有理论称，在地球起源时，大气中有大量的氢气，但是现在的大气中并没有很多的氢气，氢气都去哪里了？

1.12　热带对流层顶的温度比热带外对流层顶的温度低得多，而在地表，热带的温度比较高，原因是什么？

1.13　对流层和平流层从极地到高纬度地区的平均温度梯度是怎样变化的？在对流层，经向温度梯度在夏天强还是在冬天强？为什么？

1.14　为什么不同纬度带上对流层顶的高度会存在差异？如果对流层顶的高度在全球是一致的，低层大气风场和温度场会有什么变化？

1.15　如果热带对流层顶升高到地表以上 25 km，试讨论对流层天气系统的变化。请描述对流层顶在大气环流维持中的作用。

1.16　如果没有臭氧，大气温度的垂直结构会如何变化？为什么平流层臭氧是有益的，而对流层臭氧是有害的？

1.17　臭氧浓度的最大值在地表以上 25 km 左右，平流层温度最高的平流层顶不在地表以上 25 km，而在地表以上 50 km，原因是什么？

1.18　北半球和南半球冬季平流层温度结构有什么区别和相似之处？平流层温度最低的区域在什么地方？

1.19　在什么纬度上，纬向风变化最强和最弱？原因是什么？地球大气的大尺度环流主要是由什么机制导致和维持的？

1.20　什么导致了热带大气的准半年振荡？为什么在热带外没有这样的现象？

1.21　请描述北半球和南半球平流层增暖的特征。这些平流层高纬度现象是否会影响其他高度和其他地区呢？如果有影响是如何影响的？

1.22　大气中有哪些气溶胶的源？气溶胶如何到达平流层？如果把大气中所有的气溶胶都清除掉，气候会有什么变化？

参考文献

Andrews DG, Holton JR, Leovy CB (1987) Middle Atmosphere Dynamics, Academic, New York.

Asnani GC (2005) Tropical Meteorology, Second Edition, Vol. 2, Pune, India.

Appu KS (1984) On perturbations in the thermal structure of tropical stratosphere and mesosphere in winter, Indian J Radio Space Phys, 13: 35–41.

Baldwin MP, Gray LJ, Dunkerton TJ, Hamilton K, Haynes PH, Randel WJ, Holton JR, Alexander MJ, Hirota I, Horinouchi T, Jones DBA, Kinnersley JS, Marquardt C, Sato K, Takahashi M (2001) The quasibiennial oscillation, Rev of Geophys, 39: 179–229.

Baldwin MP, Stephenson DB, Thompson DWJ, Dunkerton J, Charlton AJ, ONeil A (2003) Stratospheric memory and skill of extended range weather forecasts, Science, 301: 636–640.

Bethan S, Vaughan G, Reid SJ (1996) A comparison of ozone and thermal tropopause heights and the impact of tropopause definition on quantifying the ozone content of the troposphere, Quart J Royal Met Soc, 122: 929–944.

Brasseur G, Solomon S (1984) Aeronomy of the Middle Atmosphere, D Riedel Publishing Company, Dordrecht Caron B, What are aerosols, New Media Studio, The National Science Digital Library (http://www.newmediastudio.org/Data Discovery/Aero Ed Center/Charact/ size of aerosols.gif).

Charlton A, Polvani L (2006) Algorithm for identifying sudden stratospheric warming, Dept. of Applied Physics and Applied Mathematics, Columbia University EUMe Train, Vertical cross sections, PVanomaly (http://www.zamg.ac.at/eumetrain/CALModules/VCS/Content/images/ pv2.jpg).

Frits S, Soules S (1972) Planetary variations of stratospheric temperatures, Mon Wea Rev, 100: 582–589.

Geerts B, Linacre E (1997) The height of the tropopause, University of Wyoming (http://www-das/~geerts/cwx/notes/chap01/trop-height01.gif).

Gettelman A, Forster PM. de F (2002) A climatology of the tropical tropopause layer, J Met Soc Japan, 80 (4B), 911–924.

Hamilton K, Hertzog A, Vial F, Stenchikov G (2004) Longitudinal variation of the stratospheric quasi-biennial oscillation, J Atmos Sci, 61: 383–402.

Hartjenstein G (1999) Tropopause folds and the related stratosphere troposphere mass exchange, Project Report of University of Munich (http://www.lrz-muenchen.de/projekte/hlr-projects/ 1997-1999/cd/daten/pdf/uh22102.pdf).

Haynes P, Shepherd T (2001) Report on the SPARC Tropopause Workshop, Bad Tolz, Germany, 17–21 April 2001.

Hays J, deMenocal P, Lecture Notes on the Seasonality of ozone, Section 1.5, Columbia University (http://www.ideo.columbia.edu/edu/dees/V1003/lectures/ozone/index.html).

Hirota I, Yasuko H (2000) Interannual variations of planetary waves in the Southern Hemisphere stratosphere, 2nd SPARC General Assembly 2000, 26–30 October, Mardel Plata, Argentina.

Holton JR, Haynes PH, McIntyre ME, Douglass AR, Rood RB, Pfister L (1995) Stratosphere-troposphere exchange, Rev Geophys, 33: 403–440.

Houghton JT (1978) The stratosphere and mesosphere, Quart J Roy Met Soc, 104: 1–29.

Kodera K, Kuroda Y (2000) Tropospheric and stratospheric aspects of the Artctic Oscillation, Geophys Res Lett, 27: 3349–3352.

Labitzke K, van Loon H (1999) The Stratosphere, Phenomena, History and Relevance, Springer, Berlin.

Marquardt C, Naujokat B (1997) An update of the equatorial QBO and its variability. 1st SPARC Gen. Assembly, Melbourne Australia, WMO/TD-No. 814: 87–90.

Matsuno T (1971) A dynamical model of stratospheric warmings, J Atmos Sci, 28: 1479–1494.

McPhaden MJ, Busalacchi AJ, Cheney R, Donguy J, Gage KS, Halpern D, Julian M Ji, Meyers PG, Mitchum GT, Niiler PP, Picaut J, Reynolds RW, Smith N, Takeuchi K (1998) The tropical ocean-global atmosphere observing system: A decade of progress, J Geophys Res, 103: 14169–14240.

National Weather Service, Northern hemisphere cross section showing jetstreams and tropopause elevations, NOAA (http://www.srh.noaa.gov/jetstream/global/image/jetstream3.jpg).

Randel WJ, Udelhofen P, Fleming E, Geller MA, Gelman M, Hamilton K, Karoly D, Ortland D, Pawson S, Swinbank R, Wu F, Baldwin M, Chanin ML, Keckhut P, Labitzke K, Remsberg E, Simmons A, Wu D (2004) The SPARC Intercomparison of Middle Atmosphere Climatologies. J Climate, 17: 986–1003.

Ravishankara AR, Liu S (2003) Highlights from the Joint SPARC-IGAC Workshop on Climate-Chemistry Interactions, held at Giens, France, during April 02–06, 2003.

Ravishankara AR, Shepherd T (2001) Upper tropospheric and lower stratospheric processes, SPARC/IGAC Activities, SPARC Brochure——The SPARC Initiative RMIT University, Jetstreams, Current Global Climates (http://users.gs.mit.edu.caa/global/graphics/jetstreams.jpg).

RMIT University, Vertical circulation cells, Current Global Climates (http://users.gs.rmit.edu.au/caa/global/graphics/hadley.jpg).

Russel CT (1987) The magnetosphere, in The Solar Wind and the Earth, edited by S.-I Akasofu and Y. Kamide, Terra Scientific Publishing Co., Tokyo.

Shapiro MA, Hampel T, Kruger AJ (1987) The tropopause fold, Mon Wea Rev, 115: 444–454.

Sherhag R (1952) Die explosion sartigen stratospharener warmungen des spatwinters 1951–1952, Ber Deut Wetterd, 6: 51–53.

Siedel D, Annual cycles of tropospheric water vapor, Air Resource Laboratory, NOAA Stuwart RR (2005) The oceanic influence on North American drought, in Oceanography in the 21st Century–An Online Textbook, Department of Oceanography, Texas A&M University.

Tameeria (2007) Oxygen buid up in Earth's atmosphere, Wikipedia (http://en.wikipedia.org/wiki/User.tameeria/images).

The Green Lane, Environmental Canada (http://www.qc.ec.gc.ca/Meteo/images/Fig 5-9 a.jpg).

University of Leicester, Medium frequency radio frequency theory notes (http://www.k1ttt.net/technote/kn41f/kn41f8 files/ionosphereprofile.gif).

US Standard Atmosphere (1976) US Government Printing Office, Washington D.C.

Wallace JM, Hobbs PV (2006) Atmospheric Science–An Introductory Survey, Second edition, Elsevier, New York.

Wirth V (2003) Static stability in the extratropical tropopause region. J Atmos Sci, 60: 1395–1409.

Wirth V, Szabo T (2007) Sharpness of the extratropical tropopause in baroclinic life cycle experiments, Geophys Res Letts, 34: L02809, doi: 10.1029/2006GL028369.

WMO (2007) Scientific Assessment of Ozone Depletion: 2006, Global Ozone Research and Monitoring Project, WMO Report No. 50, Geneva.

第 2 章

低层大气和中层大气中的辐射过程

• • • • • • • •

2.1　引言

地球大气的环流和动力学特征主要依赖于大气系统净辐射加热的强度与分布。在对流层，地表向大气的热传导和大气向太空辐射的不平衡决定了净非绝热加热率。潜热是地表向大气传导热量的主要部分，云则在大气向外辐射中起着重要作用。

在平流层，净加热率仅由局地的太阳紫外辐射吸收和红外辐射放射的不平衡决定。在这个地区，臭氧是主要的吸收物，二氧化碳则是主要的放射物。臭氧和水汽放射的红外辐射，以及水汽、氧分子、二氧化碳和二氧化氮吸收的太阳辐射次之。以上气体导致的辐射源汇分布控制了平流层大尺度平均温度和纬向平均风场的季节变化（Andrews et al.，1987）。因此，这些辐射过程对于理解平流层与对流层相互作用至关重要。

本章主要讨论辐射的基本原理、太阳辐射，以及它们在平流层和对流层中的传输过程。关于大气辐射过程的详细信息可参见 Chandrasekhar（1950）、Goody（1964）、Kondratyev（1972）、Liou（1980）、Paltridge and Platt（1976）及 Smith（1985）等。

2.2　辐射的基本原理

辐射是能量不需要介质在空间传输的过程。辐射源一般将其他的能量转换为辐射能。有的辐射源，在转化为辐射能之前，将能量储存在物质里，如太阳和放射性物质；有的辐射源仅起到转化的作用，需要输入其他的能量才能产生辐射。大部分的辐射都能够穿透一部分物质，但最终还是会被物质吸收或转化为其他能量。

2.2.1 电磁能

太阳辐射由在空间中传播的电磁波构成。电磁波是在电场耦合磁场时形成的，电磁波的电场、磁场与波传播的方向正交。自然界中的所有物体都能发出电磁辐射，对应的能量为电磁能。

电磁能有宽广的谱带，以谐波形式传播，传播速度和光速（$3×10^8 \, m \, s^{-1}$）相同。辐射是电磁能以波的形式发射、传播的术语，也就是说，辐射可以定义为能量在有介质或没有介质的空间中传输的过程。

表 2.1 和图 2.1 列出了电磁波频谱中的波长、频率和不同区域的能级。

在电磁波频谱中，无线电波的波长很长（>0.1 m），广播、电视和雷达通信都使用这种类型的电磁波。

微波位于超高频无线电波和红外辐射之间，常用于产生热量及通信，还可能会导致组织的热损伤。

红外辐射的波长很长，足以使大分子振动，可以增加分子温度，是一种热能。

在可见光区，光子（见 2.2.2 节）落在人类视网膜上，能量大到能使色素分子相互作用，从而使人类能看见物体；该区域也是太阳辐射输出最强的区域；彩虹中的所有颜色都落在这个小区域，范围从紫色（波长为 400 nm）、靛蓝色、蓝色、绿色、黄色、橙色到红色（波长为 700 nm）。

在紫外辐射区，光子有足够改变原子和分子状态的能量，有时甚至能分裂它们；紫外线能破坏一些生物组织，而臭氧能吸收太阳中特定类型的紫外辐射，保护地球上的生命。

X 射线是具有更高能量的光子，在核反应、太阳风暴，以及当高速移动的电子撞击金属表面时产生。X 射线能改变电子在原子中的能级，甚至能改变原子核中的能量。X 射线在医学领域也有应用。

γ 射线在电磁波频谱中是能量最高的光子，由恒星内部的核聚变反应产生。γ 射线能把普通的、离子化的分子和原子中的电子移出，产生非常活跃的离子。γ 射线对生物是有害的。

表 2.1　电磁波频谱中不同区域的波长、频率、能量和黑体温度

电磁波区域	波长（nm）	频率（Hz）	能量（eV）	黑体温度（K）
无线电波	$>1×10^8$	$<3×10^9$	$<10^{-5}$	<0.03
微波	$1×10^6 \sim 1×10^8$	$5×10^9 \sim 3×10^{11}$	$10^{-5} \sim 10^{-2}$	$0.03 \sim 3$
红外线	$7×10^2 \sim 1×10^6$	$3×10^{11} \sim 4×10^{14}$	$10^{-2} \sim 2$	$3 \sim 4100$
可见光	$4×10^2 \sim 7×10^2$	$4×10^{14} \sim 7.5×10^{14}$	$2 \sim 3$	$4100 \sim 7300$
紫外线	$10 \sim 4×10^2$	$7.5×10^{14} \sim 3×10^{16}$	$3 \sim 10^3$	$7300 \sim 3×10^5$
X 射线	$1×10^{-2} \sim 10$	$3×10^{16} \sim 3×10^{19}$	$10^3 \sim 10^5$	$3×10^5 \sim 3×10^8$
γ 射线	$<1×10^{-2}$	$>3×10^{19}$	$>10^5$	$>3×10^8$

注：引自美国自然历史博物馆。

99%的太阳电磁波波长为 100 nm（深紫外线）～10000 nm（远红外线）。太阳光谱的辐亮度与 5700 K 的黑体辐射类似，但并不完全相同，其差异是主要是因为太阳大气中化学成分对太阳辐射的吸收，以及光球层温度的不均匀性。根据太阳大气中的成分，其吸收线出现在 700 nm 左右。

尽管太阳电磁波频谱种类很多，但它们只是整个电磁能频谱中的一部分。太阳光能被人眼感知的部分是可见光，其波长为 400～700 nm，其他是人眼不可见的电磁辐射。

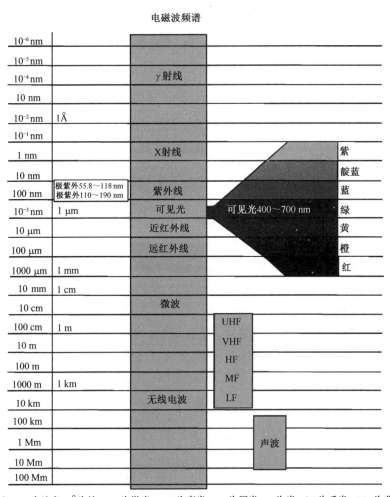

注：nm为纳米，Å为埃，μm为微米，mm为毫米，cm为厘米，m为米，km为千米，Mm为兆米。

图 2.1　电磁辐射频谱说明（引自科罗拉多大学）

2.2.2　辐射能

电磁波中含有辐射能。辐射能的量可以通过辐射通量对时间的积分得出。通常认为辐射是由源向周围发射的。辐射能的具体形式包括电子空间放电、可见光、真空能量和其他类型的波。辐射能还可以通过放射性物质自发衰变而产生。

光子是一种基本粒子，它是所有波长的电磁辐射的载体，它最重要的特性是包含了能量。单个光子的能量决定了其电磁辐射的种类，如可见光、X射线、无线电波等。

光子能量最显著的特征之一是，它通常决定了辐射的穿透能力。低能量的光子通常被称为弱穿透辐射，而那些在光谱末端的、高能量的光子被定性为强穿透辐射。通常高能量的光子比低能量光子更具穿透性。与光子相关的能量为

$$W = h\nu = \frac{h}{\lambda} \tag{2.1}$$

式中，h 是普朗克常数（6.626×10^{-26} J s^{-1}），ν 是光频率，λ 是波长。由此可知光子的能量与辐射的波长成反比。

2.2.3 光度测定和辐射测定

光度测定是指以人眼感知到的亮度为依据测量光度的科学；辐射测定是以光的绝对功率为依据测量光度的科学。在光度测定中，不同波长的辐射功率由光度函数衡量，它能模拟出人对亮度的感知。辐射测定在天文学特别是射电天文学中很重要，在遥感方面也有重要的应用。

基本辐射量

辐射测定研究了辐射场及与辐射、物质相互作用系数有关的物理量。常用的辐射量如下。

（1）辐射通量（Φ）是能量通过电磁辐射传输的速率，单位是 J s^{-1}（焦耳/秒）或 W（瓦特）。太阳的辐射通量是 3.9×10^{26} W。

（2）单色辐射强度（I_λ）是单位时间、单位面积、特定波长、特定角度通过电磁辐射传输的能量（Wallace and Hobbs，2006）。单色强度在电磁波频谱中一个有限的区域积分，就是我们熟知的辐射强度或辐亮度，单位是 W m^{-2} sr^{-1}，即

$$I = \int_{l_1}^{l_2} I_l \mathrm{d}l = \int_{\nu_1}^{\nu_2} I_\nu \mathrm{d}\nu \tag{2.2}$$

另外，尽管 I_λ 和 I_ν 都被称为单色辐射强度，但它们的单位不同，其转换关系为

$$I_\nu = \lambda^2 I_\lambda \tag{2.3}$$

（3）单色辐亮度（E_λ）是特定波长、单位面积上辐射能量传输的速率，其单位为 W m^{-2} nm^{-1}。当辐射在水平面以法线方向入射时，单色辐亮度可以表示为

$$E_\lambda = \int_{2\pi} I_\lambda \cos\theta \mathrm{d}\omega \tag{2.4}$$

式中，2π 表明是对整个半球积分，θ 是太阳天顶角，ω 表示立体角的弧度。

（4）辐射通量除以所通过的面积就是辐亮度（E），被定义为

$$E = \int_0^\infty E_\lambda \mathrm{d}\lambda \tag{2.5}$$

当上式与普朗克函数有关时，$B_\lambda(T)$ 会代替 E_λ。一般来说，辐亮度是无限个不同方向辐射贡献的总和。

2.2.4 黑体辐射

黑体辐射是指一个对象或系统能吸收的所有入射辐射。它是辐射系统本身的特性，与入射辐射的类型无关。物理上的黑体是一种理想的完全辐射体和吸收体。所有落在黑体上的入射辐射都能被完全吸收，因此被称为黑体。黑体向外辐射的最大值可能出现在任意波长和任意方向上，因此它的辐亮度不取决于方向，是各向同性的。

黑体辐射定律

所有物体在得到足够的能量后，都会以热的形式发出辐射。这种电磁辐射是物体在比它们温度低的环境中失去能量的途径之一。辐射能可以连续光谱的所有频率发射，但黑体辐射频谱的能量分布只取决于物体的温度。黑体温度和发射频谱之间的辐射基本定律简述如下。

1) 普朗克定律

普朗克定律定义了一个理想黑体的向外辐射。黑体向外辐射的功率随着温度的升高而增加。随着温度升高，最强辐射对应的波长逐渐变小。普朗克定律将黑体辐射的单色辐亮度（E_λ）描述为关于温度 T 的函数，表示为

$$E_\lambda = B_\lambda(T) = \frac{c_1}{\lambda^5 \left[\exp(c_2)/\lambda T \right] - 1} \tag{2.6}$$

式中 c_1 和 c_2 为常数。

图 2.2 为普朗克函数在不同温度下的形态。可以看出，随着温度的升高，黑体辐射曲线峰值所对应的波长以线性趋势减小。单色辐照度在波长较短时很小，随着波长增大又急剧增加到最大，接着随着波长的增大又缓慢减小。这就解释了为什么较热的物体向外辐射的能量在波长较短的部分较强，也解释了随着黑体温度的降低，向外辐射为什么会减弱。

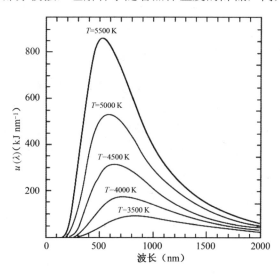

图 2.2 基于普朗克定律的黑体光谱，温度是波长的函数（引自维基百科）

2）维恩位移定律

维恩位移定律是指黑体向外辐射强度峰值的波长与温度成反比。令普朗克函数对波长求微分等于零，得出向外辐射强度峰值的波长为

$$\lambda_{max} = \frac{b}{T} \tag{2.7}$$

式中，λ_{max} 是峰值波长，单位为 m；T 是黑体温度，单位为开尔文（K）；b 是比例常数，也称为维恩位移常数，其值为 2.8978×10^6 nm K。

维恩位移定律解释了物体在不同温度时发射光谱中峰值对应不同波长的原因。较热的物体以较短的波长发射大部分的辐射，因此趋向于蓝色；较冷的物体以较长的波长发射大部分的辐射，因此趋向于红色。例如，太阳表面的温度为 5788 K，峰值时的波长为 502 nm，相当于在可见光的中间区域。由于大气中白光有所分离，大气对蓝光有瑞利散射，这才有了蓝色的天空和黄色的太阳。

图 2.3 描述了标准化的太阳和地球黑体光谱。超过 99% 的太阳辐射波长小于 4000 nm，而地球辐射发射的波长主要为 5000~50000 nm，峰值波长为 10000~15000 nm。此外，在任何波长下，较热的物体比较冷的物体会更明亮。根据维恩位移定律，地球大气在温度为 255 K 时，向外辐射最强，波长为 11000 nm。

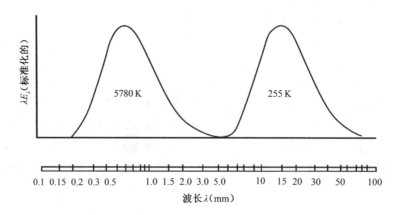

图 2.3 太阳和地球黑体光谱（引自 Wallace and Hobbs，2006，Elsevier）

太阳表面温度约为 5778 K，由维恩位移定律可知，其向外辐射的峰值对应的波长为 502 nm，该波长正落在陆地生物最敏感的可见光的中间区域，甚至在夜间或黎明捕食的动物也能感知到太阳光和月光。此外，月光是反射的太阳光，因此与太阳光有类似的频谱。因为太阳温度处于常见恒星温度的平均水平，所以星光最大功率的平均波长也位于这个区域。

3）瑞利—金斯辐射定律

瑞利—金斯辐射定律用来描述黑体在给定温度的所有波长下的电磁辐射强度（I）。对于波长 λ，有

$$I_\lambda = \frac{2ckT}{\lambda^4} \tag{2.8}$$

式中，T 是温度，单位为开尔文；k 是玻尔兹曼常数。

当电磁波谱的微波波段的波长为 5×10^6 nm，温度为地面温度时，普朗克函数可以近似为

$$I_\lambda = \frac{c_1 T}{c_2 \lambda^4} \tag{2.9}$$

在此波段，普朗克的单色辐亮度是关于温度的线性函数。

4）斯蒂芬—玻尔兹曼定律

斯蒂芬—玻尔兹曼定律，也就是斯蒂芬定律，表明了黑体表面单位面积在单位时间内辐射出的总能量 E。E 与黑体的热力学温度的 4 次方成正比，即

$$E = \sigma T^4 \tag{2.10}$$

式中，辐亮度 E 具有功率密度的量纲，为 W m^{-2}；T 为绝对温度；σ 是斯蒂芬—玻尔兹曼常数，它可由自然界其他已知的基本物理常数计算得到，因此它不是一个基本物理常数，该常数的值为

$$\sigma = \frac{2\pi^5 k^4}{15 c^2 h^3} = 5.6704 \times 10^{-8} \text{ W m}^{-2} \text{ K}^{-4} \tag{2.11}$$

式中，k 是玻尔兹曼常数，h 是普朗克常数，c 是光速。

太阳表面温度约是地球表面温度的 21 倍，因此太阳每平方米释放的能量是地球的 190000 倍。地球到太阳的距离是太阳半径的 215 倍，能量以每平方米 46000 的系数衰减。当太阳辐射到达地球时，其约衰减为地球释放能量的 4 倍。地球接受的太阳辐射强度约为 1370W m^{-2}，而地球发射的辐射强度为 342W m^{-2}。此外，地球球体横截面积是球体表面积的 1/4，因此地球发射和吸收的辐射能量近似达到平衡，这就是地球温度 T 大约保持在 300 K 的原因。

如果我们假设地球是完全黑体，把地球反照率定为 30%，就可以估算出地球表面的平均温度为 255 K。但是，实际测量的地球表面温度为 288 K，这 33 K 的差异是由水汽、二氧化碳、甲烷等的温室效应造成的。

2.2.5　大气散射

散射是指入射电磁辐射路径上的粒子将入射能量提取出来，再向四面八方辐射出去的过程。在散射过程中，能量没有发生转换，只是在空间分布上发生变化。太阳光进入大气后可以被散射到任意方向。由于散射光的方向是四面八方的，因此我们看不到直线的光束。

在大气中，进行散射的粒子小到气体分子（直径为 10^{-8} cm），大到雨滴和冰雹粒子（直径为 1 cm）。不同的散射类型主要取决于粒子大小和入射辐射波长的比例。有 3 种不同类型的散射：瑞利散射、米散射和非选择性散射。

（1）瑞利散射主要是大气中的气体散射。当散射粒子尺度比入射辐射的波长更小时，发生瑞利散射。因此，瑞利散射的散射强度取决于波长，随着波长的减小，散射强度逐渐增加。天空呈现蓝色是由于瑞利散射的缘故，因为蓝光的散射强度约是红光的 4 倍，而紫

外线的散射强度是红光的 16 倍。

（2）花粉、沙尘、烟雾、水滴和其他低层大气中的粒子会导致米散射。当散射粒子的尺度接近或大于入射辐射的波长时，会产生米散射。云是白色的原因就是米散射。

（3）在低层大气中，当散射粒子的尺度远大于入射辐射的波长时，会出现非选择性散射。非选择性散射的散射强度与入射波长关系不大，它是雾霾看上去灰蒙蒙的原因。

2.2.6 吸收和发射

任何物体在一定温度下可能发射的最大辐射强度是由普朗克定律控制的。一个真实的物体，并不是绝对黑体，它所发射的辐射强度要比黑体辐射强度小。对于波长为 λ 的辐射，发射率（ε）可以定义为实际发射辐亮度 I_λ 与黑体辐亮度 B_λ 的比率，即

$$\varepsilon_\lambda = \frac{I_\lambda}{B_\lambda} \tag{2.12}$$

真实物体的发射率为 0～1，它衡量了一个物体在给定波长下的辐射能力。如果物体的发射率不取决于波长，那么这种物体被称为灰体。云和气体的发射率与波长强烈相关。海洋表面的发射率，在可见光波段趋近于 1。

绝对黑体的发射率是 1，而灰体的发射率是个常数。对于选择性辐射来说，发射率是波长的函数。高发射率（发射率接近于最大值 1）说明一个物体吸收和辐射大部分的入射能量；而低发射率（发射率接近于 0）说明一个物体吸收和辐射很小部分的入射能量。在自然界中，除水以外的大多数物体都是选择性辐射体，它们的发射率都与波长密切相关。

类似地，我们可以将单色吸收率 a_λ、反射率 r_λ 和透射率 t_λ 分别定义为与黑体的吸收、反射、透射与入射单色辐射强度 I_λ 相关的分数形式，即

$$a_\lambda = \frac{I_\lambda\left(吸收\right)}{I_\lambda\left(入射\right)} \tag{2.13}$$

$$r_\lambda = \frac{I_\lambda\left(反射\right)}{I_\lambda\left(入射\right)} \tag{2.14}$$

$$t_\lambda = \frac{I_\lambda\left(透射\right)}{I_\lambda\left(入射\right)} \tag{2.15}$$

基尔霍夫定律

基尔霍夫定律是指，在局域热力学平衡下的物体，会发射和吸收等量的能量。也就是说，物体不会被加热或冷却。假设一个物体能够吸收并发射辐射，如果 I_λ 是入射光谱辐亮度，则发射光谱辐亮度 E_λ 为

$$E_\lambda = \varepsilon_\lambda = a_\lambda I_\lambda \tag{2.16}$$

式中，$a_\lambda I_\lambda$ 是吸收光谱辐亮度，a_λ 是在给定波长下的吸收率。

在热力学平衡状态下，发射辐射和吸收辐射是相同的，因此对于黑体有

$$I_\lambda = B_\lambda = 1 \tag{2.17}$$

可以得到

$$E_\lambda = a_\lambda \qquad (2.18)$$

这就是著名的基尔霍夫定律。基尔霍夫定律说明，在给定波长下，弱的吸收体也是弱的发射体；相反，强的吸收体也是强的发射体。在一般热力学平衡态下，基尔霍夫定律是关于受热物体吸收与发射平衡关系的通用表达式。

假设一个物体在非零温度下辐射电磁能量。如果这是一个绝对黑体，那么它吸收所有入射辐射，并根据黑体辐射公式辐射能量；如果这是一个灰体，其向外辐射的能量为发射率乘以黑体辐射能量。基尔霍夫定律阐明了在热力学平衡下物体的发射率等于吸收率。

吸收率是被物体吸收的入射辐射与总入射辐射的比值。在一般情况下，发射率和吸收率是对所有波长和所有角度的积分。但是，有时发射率和吸收率由波长和入射角决定。

基尔霍夫定律有一个推论，通过能量守恒可知，发射率和吸收率不能超过 1，所以在热力学平衡状态下的向外辐射不可能比黑体辐射更强。对于"负发光"现象来说，所有波长和所有角度积分的吸收率会超过发射率，但是该系统能量来源于外部，因此不满足热力学平衡。

2.2.7　反射和透射

假设光谱辐亮度为 I_λ 的辐射入射在一种吸收材质上，并满足局地热力学平衡。图 2.4 总结了辐射能量发生反射、吸收、再发射和透射的过程。从图 2.4 可以看出，反射辐射为 $r_\lambda I_\lambda$，透射辐射为 $t_\lambda I_\lambda$，吸收辐射为 $a_\lambda I_\lambda$，发射辐射是温度 T 的函数，为 $\varepsilon_\lambda B_\lambda$。

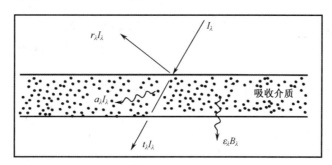

图 2.4　单色辐射入射在一种吸收介质上的辐射传输过程（引自 Wallace and Hobbs，2006，Elsevier）

地球表面、厚云可以近似为黑体，有 $t_\lambda = r_\lambda = 0$，所以吸收率为 1。在局地热力学平衡状态下，物体能量守恒，即吸收辐射等于入射辐射减去反射辐射和透射辐射，有

$$a_\lambda I_\lambda = I_\lambda - r_\lambda I_\lambda - t_\lambda I_\lambda \qquad (2.19)$$

或

$$a_\lambda + r_\lambda + t_\lambda = 1 \qquad (2.20)$$

在任意大气窗区都有

$$t_\lambda = 1,\ a_\lambda = 0,\ r_\lambda = 0 \qquad (2.21)$$

单色辐射入射在一个不透明表面，有 $t_\lambda = 0$，该辐射一部分被吸收了，另一部分被反射了，即

$$a_\lambda + r_\lambda = 1 \tag{2.22}$$

在任意给定波长下，强反射体是弱吸收体，而弱反射体是强吸收体。因为大气分子直径比红外辐射的波长要小，所以大气对红外辐射的反射是微不足道的。因此，对于低层大气有

$$\varepsilon = 1 - t_\lambda \tag{2.23}$$

2.2.8　亮温

亮温，有时也被称为亮度温度或黑体温度。亮温是卫星可以观测的温度，通常可以用辐照率来表示。但是，亮温可以用给定的波长和普朗克函数转换为温度，即

$$T = \frac{c_2}{\lambda \ln\left[c_1 / \lambda^5 E_\lambda \right] + 1} \tag{2.24}$$

式中，T 被称为亮温、亮度温度或等效黑体温度，λ 为波长，E_λ 为波长 λ 的辐亮度，c_1 和 c_2 是经验常数。

2.2.9　太阳常数

太阳到达地球大气层顶的能量被称为太阳常数。太阳常数的定义是：在日地平均距离条件下，在地球大气上界垂直于太阳光线的面上，单位面积、单位时间接受的太阳辐射通量。

太阳常数包含了所有类型的太阳辐射，而不只局限于可见光。因为精确地测量太阳常数存在困难，所以目前使用的太阳常数的精确值并不确定，其卫星测量结果约为 1366 W m^{-2}（1366 W m^{-2} 表明每分钟、每平方厘米上的能量为 1.96 Cal；Wallace and Hobbs，2006）。几个因素影响了太阳常数的变化，其中最重要的是日地距离。地球公转为椭圆轨道，因此在地球公转时日地距离发生明显变化，这也导致了太阳常数在一年内有 6.9% 的波动，从 1 月上旬的 1412 W m^{-2} 到 7 月上旬的 1321 W m^{-2}，太阳常数每天的变率为千分之几。地球的横截面积为 127400000 km^2，接受的总能量为 1.740×10^{17} W（±3.5%）。在更长的时间尺度上，太阳常数也并非恒定的。

地球得到的辐射总量由其横截面积决定（πR^2），但是由于行星自转，能量分布于整个球面上（$4\pi R^2$）。因此，考虑到没有得到任何太阳辐射的部分，平均入射的太阳辐射大约是 1/4 的太阳常数，即 342 W m^{-2}。在任意时间、任意地点，地球表面获得的太阳辐射的大小取决于纬度和大气状态。

2.2.10 反照率

反照率是对太阳辐射的反射率。反照率的定义为反射与入射电磁辐射的比例，它是一个无量纲值，常用百分比表示。这个术语的起源是拉丁语 Albus，意思是白色。一个理想白体的反射率为 100%，而理想黑体的反照率为 0%。地表反照率随着地表类型的变化而变化。典型的几种地表类型的反照率如表 2.2 所示，反照率最小为 3%，位于太阳天顶角较小的水域；最大可达到 95%，地表类型为新雪。地球和它的大气层大约反射 30%的太阳辐射，具体反照率强度取决于植被类型、地表特性、森林覆盖率、云层覆盖率和分布等因素（Ahrens，2006）。

表 2.2　不同地表类型的反照率

地表类型	详细说明	反照率（%）
土壤	湿—干	4～40
沙地	—	15～45
草地	长—短	16～26
农作物	—	18～25
冻土	—	18～25
森林	落叶林	15～20
	针叶林	5～15
水域	太阳天顶角小	3～10
	太阳天顶角大	10～100
雪	陈—新	40～95
冰	海冰	30～45
	冰川	20～40
云	厚	60～90
	薄	30～50

地表反照率表现出很大的地理差异，赤道和两极的年平均反照率差别很大，原因是高纬度地区地表的雪、冰盖及天上的云会大大增加反照率。大气反射主要随沙尘浓度、太阳天顶角、云量和云类型的变化而变化。深厚发展的对流云团对太阳入射能量的反射高达90%，所以在太空中厚云看上去很明亮。地表反照率也存在季节变化。在高纬度地区，寒冷季节里积雪和冰较多，显著增加了地表反照率；积雪和冰在春季融化，露出土壤，土壤能吸收一大部分太阳辐射，使地表反照率减小。

2.2.11 温室效应

温室效应是指大气发射的红外辐射使行星表面变暖的过程。温室内的空气比温室外的空气更热，因此用温室来进行类比。地球表面的平均温度大约为 33 ℃，这比没有温室效应时要更温暖。除地球之外，火星和金星也存在温室效应。

图 2.5 是太空、地球大气和地球表面的能量交换示意。大气对可见光的吸收率很小，因此可见光可以直接到达地表，而大量向外的红外辐射也被大气阻挡并返回地表，地表对可见光和红外辐射的吸收使得大气被加热。为了满足地球大气系统的辐射平衡，地表必须发射更多的辐射来补偿大气的能量亏损。水汽、二氧化碳、甲烷等温室气体的作用是像一个暖和的毯子围绕着地球。

地球以辐射的形式从太阳得到能量。地球和它的大气层反射约 30% 的入射太阳辐射，剩下的 70% 被吸收，使地表、大气和海洋变暖。地球温度处于一个稳定的状态，吸收的太阳辐射必须和返回太空的红外辐射保持平衡。由于红外辐射的强度随温度的升高而增加，因此可以认为向外的红外辐射通量和吸收的太阳辐射通量平衡决定了地球的温度（Bengtson et al.，1999）。太阳可见光通常加热地表，而不加热大气；大部分的红外辐射由上层大气发射逃逸到太空，而不是从地表发射。地表发射的红外辐射主要被大气中的温室气体和云层吸收，而不是直接逃逸到太空。

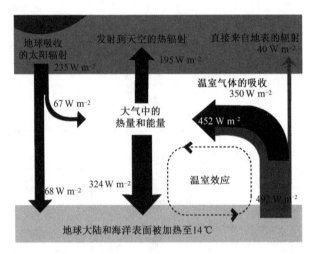

图 2.5　太空、地球大气和地球表面的能量交换示意［引自 R. A. Rhode (a)，Global Warming Art Project］

地表变暖的原因可以简单地理解为一个温室效应的简化模型，忽略由对流引起的大气中的感热输送，以及由水汽的蒸发和凝结引起的潜热输送。在这种情况下，我们可以认为大气同时向上和向下发射红外辐射。地表向上发射的红外辐射通量必须与地表吸收的太阳辐射通量、大气向下发射的红外辐射通量平衡。随着地表温度的升高，地表发射的红外辐射也增大，当其通量与入射的太阳辐射和大气红外辐射平衡时，地表温度不再升高达到平衡。

大气对红外辐射的透明度决定了在什么高度上大多数光子逃逸到太空。如果大气变得更加不透明，光子会在更高的高度上逃逸到太空。因为向外发射的红外辐射是温度的函数，所以在此高度上的大气温度主要是由向外的辐射通量和吸收的太阳辐射通量平衡决定的。

2.3　辐射传输

通过气溶胶的散射和气体分子的吸收，太阳辐射和地面辐射在穿过大气时都会产生衰减。辐射的衰减取决于：①在这一点上的辐射强度；②影响了吸收和散射的局地气体和气溶胶粒子的浓度；③吸收体和散射体的有效性。

2.3.1　比尔定律

比尔定律，也被称为布格定律或朗伯定律，它解释了单色辐射强度 I_λ 通过某层介质时随着路径长度的增加而单调递减。

假设一束平行辐射 I_λ，沿着特定的路径穿过包含吸收气体和气溶胶的大气薄层（见图 2.6）。通过大气薄层后减小的单色辐射强度可以写为

$$dI_\lambda = -I_\lambda \rho r k_\lambda ds \tag{2.25}$$

式中，ρ 是空气密度，r 是单位质量空气中吸收气体的质量，k_λ 是质量吸收或散射系数。

从图 2.6 可以看出，入射辐射的路径不同，路径长度也不同，有 $ds = \sec\theta dz$。把这个值带入式（2.25）中，可以得到：

$$dI_\lambda = -I_\lambda \rho r k_\lambda \sec\theta dz \tag{2.26}$$

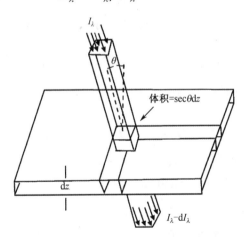

图 2.6　平行入射的辐射在穿过吸收介质时的衰减（引自 Wallace and Hobbs，2006，Elsevier）

辐射衰减是吸收和散射作用共同导致的，存在于顶层大气（$z = \infty$）和任意层（z）之间。对式（2.26）积分有

$$\ln I_{\lambda\infty} - \ln I_\lambda = \sec\theta \int_z^\infty k_\lambda \rho r dz \tag{2.27}$$

等式两边同时取逆对数有

$$I_\lambda = I_{\lambda\infty} \exp(-\tau_\lambda \sec\theta) = I_{\lambda\infty} t_\lambda \tag{2.28}$$

式中，$t_\lambda = \int_z^\infty k_\lambda \rho r \mathrm{d}z$ 是关于光学厚度的无量纲量，它用来衡量辐射光束以 0° 太阳天顶角直接向下穿过某层的累积衰减；$t_\lambda = \exp(-\tau_\lambda \sec\theta)$ 是透射率。

在没有散射时，单色吸收率为

$$a_\lambda = 1 - t_\lambda = 1 - \exp(-\tau_\lambda \sec\theta) \tag{2.29}$$

随着光学厚度的增加，单色吸收率逐渐接近常数。

在上面的例子中，在不考虑大气发射红外辐射的情况下，我们讨论了太阳辐射的散射和吸收。下面我们将在不考虑散射的情况下讨论红外辐射的发射和吸收。

2.3.2 史瓦西定律

下面推导红外辐射通过气态介质的传输方程。由大气薄层的吸收造成的地表向外辐射的单色辐射强度变化可以写为

$$\mathrm{d}I_\lambda(\text{吸收}) = -I_\lambda k_\lambda \rho r \sec\theta \mathrm{d}z = -I_\lambda a_\lambda \tag{2.30}$$

式中，k_λ 是质量吸收系数，a_λ 是该层的吸收率。

而相应的发射辐射的变化率为

$$\mathrm{d}I_\lambda(\text{发射}) = -B_\lambda(T)\varepsilon_\lambda \tag{2.31}$$

由基尔霍夫定律［见式（2.16）］，黑体的发射率等同于该层的吸收率，则式（2.31）可以写为

$$\mathrm{d}I_\lambda(\text{发射}) = -B_\lambda(T)k_\lambda \rho r \sec\theta \mathrm{d}z \tag{2.32}$$

该层辐射发射和吸收的共同作用造成了单色辐射强度的衰减，结合式（2.30）和式（2.31）可以得到

$$\mathrm{d}I_\lambda = [I_\lambda a_\lambda - B_\lambda(T)]k_\lambda \rho r \sec\theta \mathrm{d}z \tag{2.33}$$

式（2.33）就是史瓦西方程。当辐射在穿越等温层时，其单色辐射强度以指数形式接近该温度的黑体辐射强度（Wallace and Hobbs，2006）。

2.3.3 太阳辐射吸收和大气加热

大气层对太阳辐射的吸收可以用比尔定律解释。根据比尔定律，大气薄层对太阳辐射的吸收可以表示为

$$\mathrm{d}I_\lambda = -I_\lambda \sigma_{a\lambda} n \sec\theta \mathrm{d}z \tag{2.34}$$

式中，$\sigma_{a\lambda} n = k_a$ 是吸收系数，$\sigma_{a\lambda}$ 是吸收截面，n 是分子数密度。

沿某一路径穿过大气层，被吸收的辐射积分为

$$I_\lambda = I_{0\lambda} \exp\left[-\int \sigma_{a\lambda} n(z) \sec\theta \mathrm{d}z\right] \tag{2.35}$$

光学厚度可以表示为

$$\tau_{a\lambda}(z) = \int \sigma_{a\lambda} n(z) \sec\theta \mathrm{d}z \tag{2.36}$$

通过路径 s 的透射辐射强度为

$$t_\lambda(z) = \exp\left[-\tau_{a\lambda}(z) n(s) \sec\theta \mathrm{d}s\right] \tag{2.37}$$

太阳辐射的入射角取决于纬度、季节和当地时间。在球面几何中，太阳天顶角（θ）的余弦可以被写为

$$\cos\theta = \cos\varphi \cos\delta \cos(\mathrm{HA}) + \sin\varphi \sin\delta \tag{2.38}$$

式中，φ 是纬度，δ 是太阳赤纬角（夏至、冬至为 23.5°，春分、秋分为 0°），HA 是时角，0° 表示当地正午。

假设辐射平行进入大气，其路径 $\mathrm{d}s = \sec\theta \mathrm{d}z$，当 $\theta > 75°$ 时近似结果不错。在计算太阳天顶角的时候，我们需要考虑地球的曲率。

分子数密度 $n(z)$ 随海拔高度呈现指数变化。分子数密度表示了分子浓度，在任意高度 z 上它们的关系可以表示为

$$n(z) = n(z_0) \exp(-z/H) \tag{2.39}$$

式中，z_0 是在高度 $z = 0$ 的分子数密度，H 是大气特征高度，因此有

$$I(z) = I_\infty \exp\left[-\sec\theta \int_z^\infty \sigma_a n_0 \exp(-z/H) \mathrm{d}z\right] \tag{2.40}$$

$$I(z) = I_\infty \exp\left[-\sec\theta \sigma_a n_0 H \exp(-z/H)\right] \tag{2.41}$$

式中，I_∞ 是地球上界的太阳辐射强度。

辐射吸收造成的能量沉积速率与离子形成的速率、光解速率和产生热量的速率成正比，它们都与大气中辐射吸收的能量沉积速率直接相关。如果有荧光，则能量沉积速率会有所减小。

$$r = -\frac{\mathrm{d}I}{\sec\theta \mathrm{d}z} \tag{2.42}$$

$$r = \sigma_a n_0 I_\infty \exp\left[-\frac{z}{H}\right] + \tau_0 \exp\left[\frac{z}{H}\right] \tag{2.43}$$

其中

$$\tau_0 = \sigma_a n_0 H \sec\theta \tag{2.44}$$

最大吸收高度可以使 r 的微分等于 0，并求解 z 求得，即

$$z_m = H \ln(\tau_0) \tag{2.45}$$

$$z_m = H \ln(\sigma_a n_0 H \sec\theta) \tag{2.46}$$

在太阳天顶角为 0° 时，最大吸收高度为

$$z_m = H \ln(\sigma_a n_0 H) z_0 \tag{2.47}$$

所以，在任意太阳天顶角下的最大能量吸收高度为

$$z_m = z_0 + H \ln(\sec\theta) \tag{2.48}$$

最大能量吸收高度的能量沉积速率为

$$r_m = \sigma_a n_0 I_\infty \cos\theta \exp\left[-1 - \frac{z_0}{H}\right] \tag{2.49}$$

能量沉积速率的变化为

$$\frac{r}{r_0} = \exp\left[1 - Z - \sec\theta \exp(-Z)\right] \tag{2.50}$$

式中，$Z=(z-z_0)/H$，r_0 是在 $\theta=0°$ 时的能量沉积速率，有

$$r_0 = \sigma_a n_0 I_\infty \exp\left[-1 - \frac{z_0}{H}\right] \tag{2.51}$$

图 2.7 描述了太阳天顶角对最大能量沉积速率高度的影响。从图 2.7 中可以明显看出，最大能量沉积速率高度 z_m 并不取决于辐射强度，而取决于：①辐射吸收气体的性质和分布，②太阳天顶角，③辐射的波长。

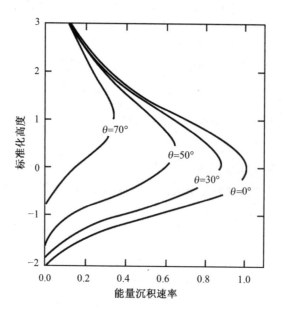

图 2.7　太阳天顶角对最大能量沉积速率高度的影响（引自 Brasseur and Solomon，2005，Springer）

因为太阳辐射存在不同的波段，所以大气对太阳辐射的强烈吸收层分布在不同高度上。图 2.8 显示了氧气和臭氧对不同波长太阳辐射的吸收情况，有

$$\tau_a(\lambda, z, \theta) = \sec\theta\left[\int_z^\infty \sigma_{O_2}(\lambda)[O_2(z)]dz + \left(\int_z^\infty \sigma_{O_3}(\lambda)[O_3(z)]dz\right)\right] \tag{2.52}$$

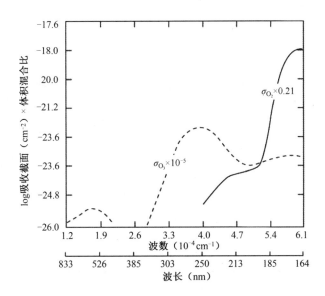

图 2.8　氧气和臭氧分子吸收的太阳辐射（引自 Brasseur and Solomon，2005，Springer）

2.3.4　辐射盈余与大气加热率

大气加热率与能量沉积速率直接相关。辐射通量在所有波长范围的积分可以写为

$$I = I_\infty \int \exp\left[-\int \sigma_{a\lambda} n(z)\sec\theta \mathrm{d}z\right]\mathrm{d}\lambda \tag{2.53}$$

现在对式（2.53）由 O_2 和 O_3 导致加热的波长范围内求积分，有

$$I = \int_\lambda I_\infty \int \exp\left[-\int \sigma_{O_2}(\lambda)[O_2]\sec\theta \mathrm{d}z - \sigma_{O_3}(\lambda)[O_3]\sec\theta \mathrm{d}z\right]\mathrm{d}\lambda \tag{2.54}$$

式（2.43）中的能量沉积速率为

$$r = \int_\lambda \left[I\sigma_{O_2}(\lambda)[O_2] - \sigma_{O_3}(\lambda)[O_3]\right]\mathrm{d}\lambda \tag{2.55}$$

式中，r 的单位为 $\mathrm{J\ s^{-1}\ m^{-3}}$。

如果所有这些能量沉积都进行加热，则能量沉积速率等于加热率。由热力学第一定律得

$$\frac{\mathrm{d}U}{\mathrm{d}t} = \dot{Q} \tag{2.56}$$

可以表示为

$$\rho C_p \frac{\mathrm{d}T}{\mathrm{d}t} = r \tag{2.57}$$

$$\frac{\mathrm{d}T}{\mathrm{d}t} = \frac{1}{\rho C_p}\int_\lambda I\left\{\sigma_{O_2}(\lambda)[O_2] + \sigma_{O_3}(\lambda)[O_3]\right\}\mathrm{d}\lambda \tag{2.58}$$

式中，ρ 是密度，C_p 是比热容或比焓（1005 $\mathrm{J\ kg^{-1}\ K^{-1}}$）。

图 2.9 描述了从地表延伸至 100 km 的 O_3、O_2、NO_2、H_2O、CO_2 的太阳短波加热率，以及 CO_2、O_3、H_2O 的地面长波冷却率。

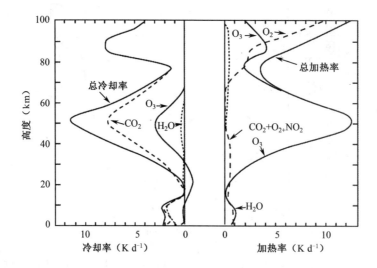

图 2.9 太阳短波加热率和地面长波冷却率的垂直分布（引自 Brasseur and Solomon，2005，Springer）

2.3.5 红外辐射加热与冷却

红外辐射加热在平流层相对较弱。主要的红外辐射加热是由 CO_2 对 2700 nm 和 4300 nm 波段的吸收造成的。在对流层顶附近，O_3 对 9600 nm 波段的吸收也起到加热作用。

红外辐射冷却主要是由 CO_2 在 15000 nm 波段的辐射造成的；次强的红外辐射冷却位于平流层顶附近，是由 O_3 在 9600 nm 波段的辐射造成的。我们可以用太空冷却近似估计冷却率，在该近似中忽略了红外辐射的向下通量，只关注红外辐射的向上通量。

温度随着时间的变化表示为

$$\frac{dT}{dt} = -CB_v(T) \tag{2.59}$$

式中，$B_v(T)$ 是由普朗克定律决定的，C 是由红外辐射的波段、波形、重叠情况和振荡强度决定的常数。在吸收很强的情况下，式（2.59）变为

$$\frac{dT}{dt} = -\left[5.4 \times 10^5 \left(\theta_{co_2}/3.3 \times 10^{-4}\right)^{1/2}\right]\left[3.53 \times 10^{-4} \times \exp\left(-960/T\right)\right] \tag{2.60}$$

式（2.60）中第二部分是 CO_2 在 15000 nm 波段近似的普朗克方程。

上对流层的冷却时间约为 15 天，上平流层的冷却时间减小为 3～5 天。平流层中辐射传输的时间要明显短于中纬度对流层的辐射传输时间。

2.3.6　辐射吸收导致的加热

为了确定高度 z 和高度 $z+dz$ 间大气层的加热率，假设每层边界都处于能量平衡状态。在厚度 dz 趋近于 0 时，单位体积吸收的能量用净通量散度 dF/dz 表示。因此，该大气层单位时间的温度变化为

$$\frac{dT}{dt} = -\frac{1}{\rho C_p}\frac{dF}{dz} \tag{2.61}$$

$$\frac{dT}{dt} = -\frac{g}{C_p}\frac{dF}{dp} \tag{2.62}$$

式中，C_p 是定压比热容，ρ 是空气密度，g 是重力加速度，p 是气压。

2.3.7　辐射加热的垂直廓线

在大气层中，由辐射导致的温度变化率为

$$\rho C_p \frac{dT}{dt} = \frac{dF(z)}{dz} \tag{2.63}$$

式中，$F = F\uparrow + F\downarrow$ 是向上和向下的净通量，ρ 是空气总密度。单位波数 v 的加热率为

$$\left[\frac{dT}{dt}\right]_v = -\frac{1}{\rho C_p}\frac{dF(z)}{dz} \tag{2.64}$$

$$= -\frac{1}{\rho C_p}\frac{d}{dz}\left(\int_{4\pi} I_v \mu d\omega\right) \tag{2.65}$$

$$= -\frac{1}{\rho C_p}\int_{4\pi}\frac{d}{dz}I_v \mu d\omega \tag{2.66}$$

$$= -\frac{2\pi}{\rho C_p}\int_{-1}^{1}\frac{d}{dz}I_v d\mu \tag{2.67}$$

式中，$\mu = \cos\theta$，ω 是立体角，$ds = dz/\mu = \sec\theta dz$，替代史瓦西方程中的 dI_v/ds，有

$$\left[\frac{dT}{dt}\right]_v = \frac{2\pi}{\rho C_p}\int_{-1}^{1}(k_v I_v - B_v)d\mu \tag{2.68}$$

式（2.68）一般用来估算红外辐射加热率。

大气中 3 种最重要的温室气体有二氧化碳、水汽和臭氧。在对流层，这 3 种气体成分都能够产生长波辐射冷却。水汽是辐射冷却的主要因素，但是水汽含量随着高度上升而减小。上对流层的净辐射冷却是由温室气体造成的。

与之相反的是，在平流层，辐射接近于平衡状态。臭氧分子吸收太阳紫外辐射，产生辐射加热，该辐射加热与二氧化碳、水汽、臭氧的长波辐射冷却平衡。另外，二氧化碳是平流层长波冷却最重要的因素。

2.4　太阳辐射和地球大气

太阳辐射是平流层臭氧光化学、全球大气环流、对流层天气系统最主要的直接能量来源，影响了所有的物理、化学和生物过程。太阳对地球天气和气候的影响是自然因素影响中最重要的组成部分。为了理解平流层与对流层的相互作用过程，首先需要探讨太阳辐射穿过地球大气时发生的变化。

2.4.1　太阳辐射的吸收

太阳表面温度为 5780 K，其表面能量通量约为 63×10^6 W m^{-2}。太阳光以 3×10^8 m s^{-1} 的速度源源不断地向外太空各方向发射大量能量，只有小部分能量被地球和其他太阳系的行星所接收。太阳辐射存在非常宽广的频谱，取决于太阳大气的物理特性和化学特性，辐射能量并非在所有波长区域均匀分布，大都集中在 200~2000 nm。

太阳辐射包括波长很短的 γ 射线，并一直到波长很长的微波。可见光约占太阳辐射的 43%，近红外约占 49%，紫外线约占 7%，X 射线、γ 射线和无线电波所占比例则小于 1%。在外太空，γ 射线、X 射线、紫外线和红外线都是存在的，这些辐射在通过真空的太空时，光谱没有变化，直接到达地球大气层顶。图 2.10 表明，由于大气中气体的吸收，到达海平面的太阳辐射与到达大气层顶的太阳辐射相比有所减少。表 2.3 显示了不同大气成分对不同波长太阳辐射的吸收。

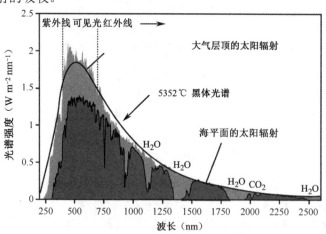

图 2.10　被地球大气吸收的太阳辐射［引自 Robert A. Rhode(b)，Global Warming Art］

除了 γ 射线和 X 射线，紫外线（UV）也被大气大量吸收。如图 2.11 所示，紫外线在大气中分为 3 个波段：UV$_a$、UV$_b$ 和 UV$_c$。UV$_a$ 的波段紧邻可见光，其波长为 320~400 nm，虽然 UV$_a$ 不能被臭氧吸收，但其在紫外辐射中能量最小，并且对生物的伤害最小。UV$_b$

的波长为 280～320 nm，其能量比 UV$_a$ 高，对生物的危害也更强，不过好在其能被臭氧大量吸收。UV$_c$ 的波长为 200～280 nm，是能量最强、破坏力最强的紫外辐射，但是它能被高层大气的臭氧和双原子分子完全吸收。

表 2.3　太阳辐射和地球大气对不同波长太阳辐射的吸收

波　段	波　长（nm）	大气效应
γ 射线	<0.3	被高层大气完全吸收
X 射线	0.03～3	被高层大气完全吸收
紫外线（UV）	3～300	
UV$_c$	200～280	被高层大气中的氧气、氮气和臭氧完全吸收
UV$_b$	280～320	主要在下平流层被臭氧吸收
UV$_a$	320～400	穿过大气层，但是大气散射严重
可见光	400～700	穿过大气层，有适量短波散射
红外线（IR）	700～14000	
反射红外线	700～3000	大部分反射辐射
热红外线	3000～14000	在二氧化碳、臭氧和水汽的特定波长吸收，主要有两个大气窗

臭氧对波长 250 nm 的辐射吸收效率最高，其对波长 250 nm 辐射的吸收效率比对波长 350 nm 辐射的吸收效率高 100 倍。臭氧在吸收短波辐射后，会向各方向发射长波辐射。这些长波辐射有些被大气成分再吸收，有些到达地球表面，有些返回太空，但是净效果导致了上平流层的升温。

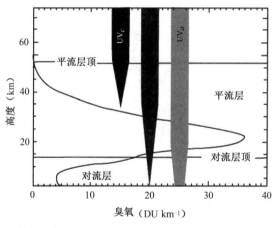

图 2.11　紫外辐射对平流层和对流层的穿透（引自 WMO，2002）

图 2.12 显示了太阳辐射在大气中的衰减。很多因素影响了大气对紫外辐射的吸收，这些因素包括平流层的臭氧量、纬度和季节决定的太阳天顶角和日照时间、太阳辐射穿过大气的路程、太阳辐射的强度、云类、云厚。

因为太空中几乎没有吸收辐射的物质，所以当太阳辐射在太空中传播时，其波长不会变化。但是，由于总辐射能量向四周传播，故辐射能量单调减少。当辐射到达地球大气上界时，辐射通量约为 1360 W m^{-2}。

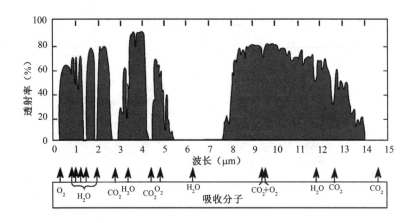

图 2.12　太阳辐射在大气中的衰减〔引自 US Navy(a)〕

太阳辐射对大气有两个重要影响。一个影响是加热和冷却大气。太阳红外辐射可以加热和冷却大气层，而太阳紫外辐射根据其吸收特性可以加热特定的大气层。通常来说，O_2 对太阳紫外辐射的吸收加热了中间层和热层，O_3 对太阳紫外辐射的吸收加热了平流层。大气层的冷却主要是由于低层大气和中层大气的 CO_2（吸收波长 15000 nm）、O_3（吸收波长 9600 nm）和水汽（吸收波长 80000 nm）的红外吸收作用。图 2.13 描述了大气在地表以 50°太阳天顶角吸收的太阳辐射和地面辐射。另一个影响是为光化学反应提供能量。平流层臭氧和电离层离子主要是由光化学反应造成的，虽然太阳紫外辐射的能量还不到太阳辐射总能量的 1%，但其对大气中绝大部分光化学过程，如离子化、光解等起到重要作用。

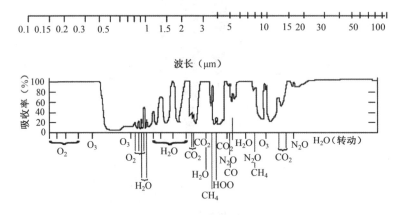

图 2.13　地表大气对地面辐射和太阳辐射的吸收（引自 Wallace and Hobbs，2006，Elsevier）

2.4.2　大气窗

大气窗指的是基本不受大气衰减影响的电磁波频谱区域。大气窗位于 8000～14000 nm 的红外辐射区（见图 2.14）。

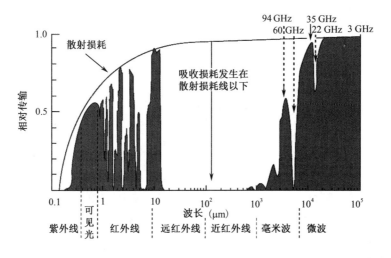

图 2.14　位于 8000～14000 nm 的大气窗［引自 US Navy(b)］

温室气体有两个主要吸收带（见图 2.15）。二氧化碳、甲烷和碳氢化合物等由于存在相对较长的 C-H 键和羧基键，吸收的辐射波长比大气窗更长。水汽和氨键的吸收波长小于 8000 nm。除了有键的臭氧，没有键的碳、氢、氧和氮原子也在这两个区域内吸收辐射。也就是说，地球把大气窗的辐射几乎都反射到了太空。如果没有大气窗，地球会变得太热以至于不能维持生命，太热的地球就会像太阳系早期的金星一样失去水分。因此，电磁波频谱中大气窗的存在对生机勃勃的地球至关重要。

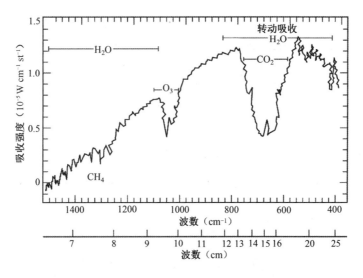

图 2.15　温室气体对地面辐射的吸收（引自 Jet Propulsion Laboratory，NASA）

近几十年来，大气窗受到了含有氟、碳和硫的相对不活跃气体的破坏。氟和其他轻的非金属元素之间键的拉伸频率刚好位于大气窗，而且能强烈地吸收辐射。其他卤素键也可以吸收大气窗的辐射，但并不强烈。另外，这些化合物的惰性，使它们在工业上很有价值，但是却很难通过自然循环而被清除。例如，氟碳化合物（CF_4、C_2F_6、C_3F_8）可以在大气中停留超过 50000 年，也就是说，这些化合物具有使全球变暖的巨大潜力。1 kg 六氟化硫与 23 t 二氧化碳有相同的增暖效应。氟碳化合物的温室效应也很强，四氯化碳（CCl_4）的增暖效应约为二氧化碳的 1800 倍。

2.4.3 平流层和对流层中太阳辐射的衰减

穿透地球低层大气的太阳辐射取决于平流层和对流层中各成分对太阳辐射的吸收。平流层控制了到达地球表面的太阳辐射，对流层调节了从地球表面逃逸到太空的辐射。平流层 O_3 和 O_2 的吸收带及对流层 O_2、H_2O 和 CO_2 的吸收带对地球大气辐射平衡的维持至关重要。

平流层 O_3 吸收紫外辐射，O_2 吸收紫外辐射、可见光和红外辐射；对流层 H_2O 强烈地吸收波长为 400～900 nm 的辐射和波长大于 1200 nm 的辐射，CO_2 强烈地吸收波长 1400 nm 附近或更长波长的辐射。

当分子吸收辐射时，可能会发生化学变化或者向外发射辐射。分子发射的辐射波长通常比其吸收的辐射波长更长。因此，当 H_2O、CO_2 等分子吸收可见光或红外辐射时，它们通常发射波长更长的红外辐射。

表 2.4 显示了平流层和对流层中太阳辐射的重要吸收带。波长 100 nm 以下的太阳辐射几乎被地表 100 km 之上的氧原子、氧分子和氮分子完全吸收。波长大于 100 nm 的太阳紫外辐射能光解大气分子。波长 121.6 nm 的太阳莱曼 α 线能强烈穿透中层大气的上部，高效地光解水汽、二氧化碳和甲烷。

对于更长的波长，根据吸收 O_3 和 O_2 不同，吸收带分为几个区域。在著名的 O_2 舒曼容格带，波长为 175～200 nm 的辐射被中间层和上平流层的 O_2 吸收；200～242 nm 的波段内存在两个很强的吸收带，O_2 赫茨堡连续吸收带代表了平流层 O_2 的吸收，O_3 哈德莱带代表了平流层 O_3 的吸收；平流层 O_3 还几乎吸收了波长 242～310 nm 的所有辐射，该吸收带也属于 O_3 哈德莱带；O_3 哈金斯带（波长 310～400 nm）代表了平流层和对流层 O_3 对辐射的吸收；太阳光谱中大部分的可见光和红外光（波长>400 nm）可以到达对流层和地表；在这个区域内，分子散射、云和地表反照率的影响变得更重要。

表 2.4　平流层和对流层中太阳辐射的重要吸收带（Brasseur and Solomon，2005）

波　长（nm）	吸　收　带	吸收特性
175～200	O_2 舒曼容格带	由中间层和上平流层的 O_2 吸收
200～242	O_2 赫茨堡连续吸收带 O_3 哈德莱带	由平流层 O_2 和平流层 O_3 吸收
242～310	O_3 哈德莱带	由平流层 O_3 吸收，生成 $O(^1D)$
310～400	O_3 哈金斯带	由平流层和对流层 O_3 吸收，生成 $O(^3P)$
400～850	O_3 查普斯带	由对流层 O_3 吸收，在地表甚至会导致光解反应

2.5　大气辐射过程

　　辐射是大气系统最直接的能量源和汇。因为辐射控制了进入和离开地球大气系统的总能量，进而控制了空气加热、水分蒸发及由此导致空气运动的能量，所以辐射过程对大气有巨大的影响。能量最初以太阳短波辐射的形式进入大气，但以不同的方式传输到平流层和对流层。因此，平流层和对流层大气有非常不同的结构和特征（见图 2.16）。

　　平流层的加热是由氧气和臭氧吸收了从上而下的、强烈的紫外辐射造成的；而入射太阳辐射加热地表后，地表向上发射的红外长波辐射被温室气体吸收加热了对流层。对流层中还有一小部分热量来自地表水汽的蒸发和凝结。

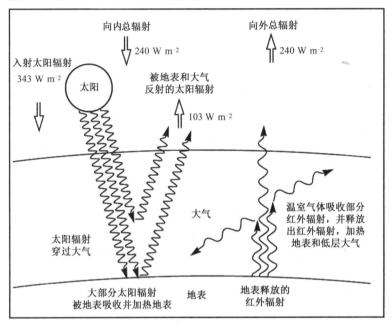

图 2.16　地球大气系统的辐射平衡（引自 IPCC，1994）

2.5.1　对流层中的辐射过程

　　在对流层，入射太阳辐射几乎不能被大气直接吸收，而是通过短波辐射加热地表后向大气传输热量。部分热量通过与地表和空气的直接接触传输；部分热量通过地表水分的蒸发和凝结传输；但更多热量通过地表发射红外长波辐射，再被空气中的 H_2O、CO_2、CH_4、N_2O 和 O_3 等温室气体吸收。大气吸收的一部分热量会被温室气体以长波辐射的形式发射出来，再返回地球表面，从而加热大气底层，使其增暖。温室效应使地球更加温暖，平均温度达到 33 ℃ 左右，为生命的存在提供了保障。

　　由于对流层的加热方式，在对流层中地表的空气一般是最温暖的，并随着海拔高度上升逐渐变冷。由于热空气的密度小于冷空气，所以热空气上升、冷空气下沉；再加上地球自转、地表特征和极地赤道温差的影响，大气中形成了一个相当混乱的湍流边界层。湍流边界层内的空气循环及能量和水汽传输非常复杂多变。

对于对流层中的辐射过程，特别是包含温室气体吸收的晴空长波传输过程，人们的认识是比较清楚的。在大气环流模式中，对该过程的处理使用了以下几种近似：辐射通量使用不同谱段辐射通量的均值；辐射传输方向仅限于垂直向上或向下；云和气溶胶次网格尺度特征的作用基本上被忽略，虽然这种计算方法对长波辐射通量的计算精度只有轻微影响，但是根据对卫星资料、地基和飞行器观测资料的分析（Ramanathan et al.，1995），该方法用在气候模式中可能会大大低估大气对短波辐射的吸收。

模拟研究证实了气候对大气辐射吸收变化的敏感性。作为辐射强迫，大气辐射吸收的异常与水汽、CO_2 的异常是完全不同的，它并不会显著地改变地球的净辐射收支，也不会显著地影响气候的敏感性。但是，它可以改变太阳辐射的能量沉积（Li et al.，1997），影响水循环和大气的垂直温度廓线。

2.5.2 平流层中的辐射过程

虽然平流层仅包含大气总质量的 10%～20%，但越来越多的证据表明平流层的辐射、动力、化学过程对流层的天气、气候存在重要影响（Randel and Wu，1999）。

因为平流层从顶部向下加热，所以其顶部比底部更温暖。因此，平流层非常稳定，几乎没有对流混合。太阳的强 UV_c 辐射被氧气分子吸收、光解，形成臭氧和臭氧层，平流层增温。当臭氧分子吸收了 UV_b 辐射时，臭氧光解，平流层进一步升温。由于平流层吸收了紫外辐射，使其不能到达地表，因此对地球上的生命是有益的。除了太阳紫外辐射，平流层臭氧还可以吸收地球表面发射的红外辐射，进一步加热大气。

除臭氧吸收太阳紫外辐射及可见光加热平流层外，二氧化碳和水汽等对红外辐射的吸收也起到了一定的作用。吸收和发射红外辐射的温室气体主要有二氧化碳、甲烷、一氧化二氮、臭氧、水汽和氯氟烃（CFCs、HFCs、HCFCs 等）。因为二氧化碳在吸收 15000 nm 波长的辐射时，在很短的垂直距离内就会被完全吸收，因此来自寒冷的上对流层的向上长波辐射仅能到达下平流层。当二氧化碳浓度增加时，其吸收的辐射增加得相当少，而其发射的辐射增加得却很多，因此导致平流层整层冷却。但是，对于像 CFCs 这种吸收带位于 8000～13000 nm 大气窗的气体，它们可以吸收来自温暖的下对流层的辐射，使下平流层变暖。在上平流层，由于发射辐射增量大于吸收辐射增量，混合的温室气体的增加导致大气冷却。等效二氧化碳常被用于模式计算，来代表混合的温室气体对地表和对流层的辐射强迫（IPCC，1996），但其在用于考量平流层温度变化时，结果并不理想（WMO，1999）。

臭氧减少导致太阳短波加热减弱，而通过 9600～14000 nm 波段的辐射作用，臭氧减少导致了下平流层降温，以及中、上平流层升温（Ramaswamy et al.，1996）。随着火山的爆发，大量气溶胶进入平流层，由于长波吸收导致平流层升温。气溶胶与近红外辐射的相互作用能产生加热，其强度为太阳总加热和长波加热的 1/3。此外，在硫酸盐气溶胶表面或内部发生的非均相化学反应会使臭氧减少，导致辐射冷却。

南极臭氧空洞区臭氧减少导致在对流层表面产生了负辐射强迫，而二氧化碳等温室气体增加在该区域造成了正辐射强迫，其中，负辐射强迫大约为正辐射强迫的 1/2。大多数观测显示，上对流层和下平流层降温的原因更可能是臭氧减少，而并不是二氧化碳增加（Ramaswamy ct al.，1996； Bengtson et al.，1999）。

因为观测研究（Labitzke and van Loon，1997）和模拟研究提出了一些可能机制，所以太阳辐射通过平流层影响天气和气候是一个新的热点。紫外辐射的变化幅度较太阳总辐射的变化幅度大，而紫外辐射变化能通过光化学反应影响臭氧和短波加热率，从而影响平流层与对流层的辐射平衡，最终影响平流层与对流层的天气和气候（Shindell et al.，1999）。

2.6　平流层冷却

臭氧减少和二氧化碳增多会导致平流层冷却。因此，全球变暖（尤其是对流层变暖）和平流层冷却是同时存在的。因为降温可能会加剧臭氧损耗，所以平流层进一步冷却可能会影响臭氧层恢复。也就是说，更多的二氧化碳排放可能使臭氧洞更容易形成。

2.6.1　平流层冷却的原因

有很多原因会造成平流层冷却，其中两个最主要的原因是：平流层臭氧损耗，温室气体增加。

1. 平流层臭氧损耗导致平流层冷却

在平流层臭氧损耗的情况下，吸收的太阳紫外辐射也会减少，短波加热相应减弱。在下平流层，臭氧也是一种温室气体，可以吸收红外辐射。在距地表约 20 km 处，臭氧损耗通过紫外辐射和红外辐射造成的平流层冷却效应几乎相同。

在下平流层，温度每 10 年冷却约 0.5 ℃。火山爆发会导致平流层 1～2 年的短暂变暖，而使冷却趋势间断（Kodera，1994）。研究表明，与 1958—1978 年相比，1979—2000 年的降温趋势更强（Kiehl et al.，1995；Kiehl and Trenberth，1997； Chanin and Ramaswamy，1999）。

2. 温室气体增加导致平流层冷却

温室气体（CO_2、O_3、CFCs）通常在特定波长下吸收和发射红外辐射。一方面，二氧化碳对 15000 nm 波长的辐射强烈吸收，可以阻止大部分向外的红外辐射，因此地表长波辐射很难到达上对流层或下平流层。另一方面，二氧化碳也向太空发射长波辐射。在平流层，二氧化碳向外发射的长波辐射比从下面吸收的辐射多。也就是说，在下平流层和上对流层，二氧化碳的辐射作用使大气冷却。其他温室气体，如臭氧和氯氟烃（CFCs），在对流层的温室效应较弱，但可以加热平流层大气（Ramaswamy et al.，2001）。

图 2.17 是下平流层（距地表 16～21 km）、对流层顶层（距地表 9.5～16 km）、中对流

层（距地表 1.5～9.5 km）和地表的全球平均温度异常时间序列。在图 2.17 底部标注了主要火山爆发的年份。由图可知，平流层从 1980 年开始显著冷却，主要是臭氧减少造成的，也有温室气体含量在对流层增加的原因；1980 年以前，对流层有变暖的趋势，但在 1980 年之后变为冷却趋势；除了 1973 年，地表和中对流层在 1962—1976 年降温，之后升温。

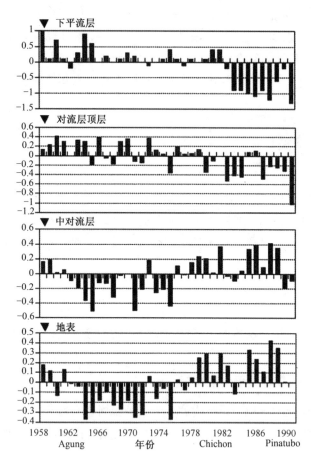

图 2.17　1958—1992 年下平流层（距地表 16～21 km）、对流层顶层（距地表 9.5～16 km）、中对流层（距地表 1.5～9.5 km）和地表的全球平均温度异常（引自 National Weather Service，NOAA）

2.6.2　平流层冷却率

图 2.18 显示了平流层中水汽、二氧化碳和臭氧对长波冷却的贡献。特别是，二氧化碳在对流层无冷却效应，而在平流层有很强的冷却效应。臭氧导致上平流层冷却，下平流层变暖（Ramaswamy et al.，2006）；臭氧的减少对距地表 20 km 的下平流层的影响更强，而二氧化碳增加造成的降温在距地表 40～50 km 的上平流层更强（见图 2.18）。由于不同成分的作用，整个平流层的冷却并不均匀。

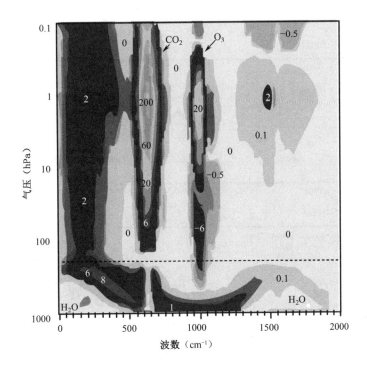

图 2.18　二氧化碳和臭氧对平流层冷却的影响（单位：$10^{-3}\,K\,d^{-1}\,cm^{-1}$，
引自 P. Haynes and T. Shepherd，SPARC）

2.6.3　其他影响

温室效应造成地表的变暖，也可能改变行星波活动而影响北极平流层的加热率。这些行星波是由北半球的地形特征（如青藏高原）、海陆差异激发的。目前的研究还显示，平流层水汽浓度的增加可能会造成强烈的冷却效应，与臭氧损耗的冷却效应相当。

图 2.19 显示了 1958—2007 年下平流层和下对流层的全球平均温度异常时间序列。从 20 世纪 60 年代中期开始，对流层温度持续增加。过去 40 年，下对流层的平均温度约增加了 0.8 ℃。过去 50 年，下平流层温度呈现减小趋势，减小了 2 ℃左右。观测到的平流层降温应该是由于二氧化碳的增加和臭氧的减少引起的，而未来平流层的降温可能会使北极臭氧空洞更容易形成。需要注意的是，二氧化碳的辐射效应不仅会导致对流层的增暖，还会导致平流层的冷却。

平流层的另一个重要特征是在高纬地区冬季存在冷池，冷池中心位于距地表约 25 km 的下平流层。南半球在冬季时，南极附近温度可低于-90 ℃，而北半球的最低温度也可低于-65 ℃，因此形成了强烈的绕极西风和极地涡旋。因为南极附近的温度梯度较大，所以南极涡旋要比北极涡旋更强。

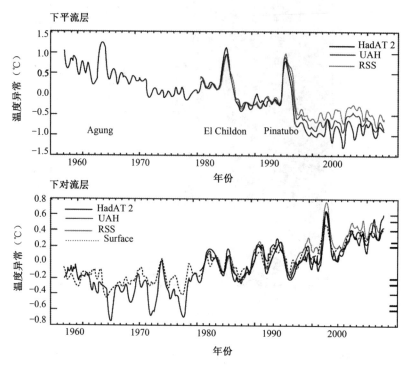

图 2.19　近 50 年来下对流层和下平流层全球平均温度异常（气候平均为 1981—1990 年）
的时间序列（引自 WMO，2007）

平流层降温和对流层变暖，不仅通过辐射过程相互联系，还通过动力过程，如行星波
的形成、传播和破碎相互耦合。目前，科学家还没有完全弄清楚平流层冷却现象的机理。

2.7　太阳活动对平流层和对流层大气的作用

由于一些观测研究（Labitzke and van Loon，1997）和模拟研究给出了辐射对平流层
和对流层影响的证据，太阳辐射对平流层和对流层天气、气候的影响在 20 世纪 90 年代末
又一次成为热点问题。当太阳辐照度变化时，紫外辐射的变化更加剧烈。紫外辐射的变化，
一方面会通过光化学反应影响臭氧浓度的变化；另一方面会使单位质量臭氧的短波加热率
产生变化（Haigh，1996；Shindell et al.，1999）。另外，对流层也会对平流层辐射变化产
生响应。

太阳活动的 11 年循环是下平流层温度和气压周期变化的外强迫之一。过去几十年里，
1 个太阳循环中太阳总辐射的变化约为 0.1%。太阳活动还存在更长期的变化，其时间尺度
可达几个世纪。例如，16 世纪 50 年代和 19 世纪年代中叶的小冰期，此时太阳活动较弱，
地球较冷，严冬漫漫，盛夏湿短，阿尔卑斯山冰川进入河谷，荷兰运河冻结，在更北的地

区农业生产出现困难。

　　如图 2.20 所示，中层大气温度对太阳活动 11 年循环的响应，在平流层为负，在中间层为正（Mohanakumar，1995）。在太阳辐射通量增加 100 单位后，平流层平均温度下降2%～3%，中间层平均温度增加 46%。气压对太阳辐射的变化更加敏感。在太阳活动强年，平流层气压可增大 5%，上中间层气压可增大 16%～18%。太阳辐射通量的增加对应冬季中纬度上平流层西风增强和夏季热带中平流层东风增强，其最强变率位于平流层顶附近。

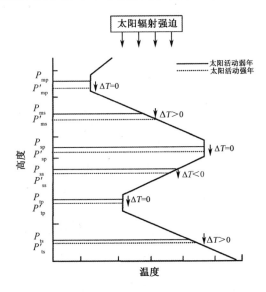

图 2.20　太阳强迫对地球中性大气热力结构的影响。其中，P 为太阳活动强年的气压，P' 为太阳活动弱　　　　　年的气压，ΔT 为太阳活动强年温度与弱年温度之差，mp 为中间层顶，ms 为中间层，sp 为平　　　　　流层顶，ss 为平流层，tp 为对流层顶，ts 为对流层（引自 Mohanakumar，1995，Springer）

　　北半球平流层 10～12 年振荡与自 1958 年起的 4 个太阳循环相对应（Labitzke，2002）。太阳循环与下平流层温度和海平面气压的 10～12 年振荡有很强的相关。太阳循环与夏半球下平流层年平均温度有很好的相关，但与冬半球下平流层年平均温度的相关较弱。夏半球下平流层月平均温度随太阳 11 年循环中太阳活动的强和弱而相应升高和降低。

　　利用 1968—2001 年 ERA40 再分析资料，分析太阳 11 年循环对 10 月、11 月南半球环状模（SAM）的作用显示，在太阳活动强年，SAM 信号可在 10—12 月延伸至上平流层，而下平流层的信号可以持续到下一个初冬；在太阳活动弱年，SAM 信号只局限在 10—12 月的对流层。

　　Kodera（2004）提出了一种太阳活动通过动力过程影响气候的可能机制。太阳辐射和臭氧浓度的变化导致了太阳紫外辐射加热率的变化，而该加热率的变化又导致了副热带平流层顶纬向风较小的异常。这种平流层顶的异常与对流层冬季的行星波传播相互作用，导致该异常进一步增大。太阳活动导致的异常向下传播存在两种可能机制。一种机制为：冬季北半球西风急流中副热带纬向风异常向极、向下传播，当该异常到达下平流层时，会引起对流层行星波经向传播的变化。对流层行星波波动变化会造成类似于北极涛动和南极涛动的环流变化。另一种机制为：上平流层波流相互作用也会引起平流层经圈环流的变化，平流层经圈环流接着影响对流层哈德莱环流的热带上升支流。通过该过程，太阳活动可以影响夏季季风、厄尔尼诺和南方涛动。

图 2.21 为卫星观测的太阳辐射通量与臭氧浓度的相关关系（Hirooka and Kuroda，2004）。在太阳 11 年循环中，太阳紫外辐射在 200 nm 附近的变化可达 6%～8%，然而太阳总辐射量的变化非常小。一方面，这种紫外辐射变化会导致中层大气臭氧浓度的变化，可能会直接影响该区域潮汐波的活动；另一方面，臭氧浓度变化会使中层大气的温度场和风场发生变化，从而影响行星波的经向传播。另外，一些研究者认为对流层哈德莱环流的 11 年变化分量也可能会通过对流活动影响行星波活动。已经有一些证据支持了以上推测，但是不确定性仍然很大，需要更多的证据支持。

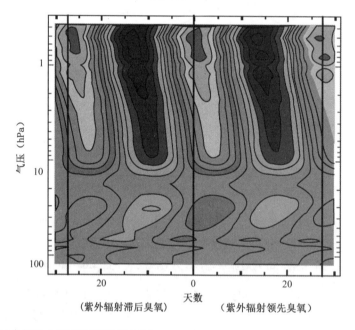

图 2.21　下平流层臭氧对太阳变率的响应（引自 Hirooka and Kuroda，2004，American Geophysical Union）

Baldwin 和 Dunkerton（2005）认为大气对太阳变率的响应大约是直接从辐射计算得到响应的 2 倍。也就是说，平流层放大了太阳变化的信号，并最终影响对流层气候。但是，这一机制并不是特别清楚。冬季，几周尺度的平流层纬向风异常穿越平流层向下、向极传播。当该异常从平流层顶向对流层传播时，波流相互作用使该异常的振幅增强。该过程合理地解释了冬季太阳活动对气候的影响，但是不能解释夏季的情况。

思考题

2.1 当太阳表面温度为 6000 K 时,计算其辐射的峰值波长。如果地面辐射的峰值波长为 11400 nm,试估计地表温度。

2.2 试估计温度为 4000 K 的热铁球上发出的 700 nm 红光的黑体单色辐照度。

2.3 太阳半径为 $6.96×10^6$ m,地球轨道半径为 $1.495×10^8$ m。太阳表面温度如果为 5780 K,估计地球大气层顶的太阳常数。

2.4 在干燥大气中,地表以上 700 m 处温度为 8 ℃,其位温是多少?

2.5 实际地轴的垂直倾角为 23° 27′。如果该角度是 15° 和 30°,试讨论温度和纬向风的季节变率。

2.6 如果大气层对所有地表辐射没有吸收、反射,试讨论地表温度的日变化和地表辐射收支的变化。

2.7 一束辐射以 30° 角通过厚度为 200 m、密度为 0.2 kg m^{-3}、吸收系数为 0.1 m^2 kg^{-1} 的大气层,计算其光学厚度和吸收率。

2.8 一束单色辐射以 60° 角通过厚度为 500 m、密度为 0.1 kg m^{-3}、吸收系数为 0.05 m^2 kg^{-1} 的大气层,计算其透射率。

2.9 南极冰盖约厚 3000 m,南极洲面积约为 $14×10^6$ km^2,世界海洋面积约为 $361×10^6$ km^2。如果整个南极冰盖融化,估算海平面的上升高度。

2.10 讨论热量转移的 3 种机制。其中,哪种机制对保持全球能量收支有重要作用?

2.11 大洋的反照率为 0.2,冰的反照率为 0.35。如果所有北冰洋上的冰都消失了,那么地球对可见光的吸收会产生什么变化?

2.12 气象卫星上的摄像机可以用红外辐射来拍照,那么红外辐射的来源是什么?试解释为什么高空冷云在红外卫星照片上看起来明亮,而温暖的地表看起来较暗。

2.13 地球半径为 6370 km,同步卫星轨道半径为 42000 km,估计同步卫星观察地球时的立体角。

2.14 同一纬度和海拔高度的两个地方,空气中具有相同的水汽含量,均为晴空状态。但是,一个地方地面覆盖积雪,另一个地方覆盖草地。那么,哪个地方白天的最高温度可能较低?

2.15 在夏季下午多云时,其晚上会感到很热;而当空气干燥时,晚上地表会变得很冷。为什么?

2.16 有人在夏天车窗上放置黑色塑料膜,来保持车辆凉爽。基于辐射原理,试解释有黑色车窗的车为什么会相对凉爽。

2.17 在夏季的午后,有时由于太阳加热地表,会有许多积云发展;在日落之后,没有了地表加热,但有时云层还能够继续发展甚至出现雷暴。为什么?

2.18 卫星有冷却系统来调节它们的温度。有一种调节温度的方法是在卫星一侧装上涂了颜色的挡板。当卫星温度最高时，挡板紧靠着卫星；当卫星温度降低时，该挡板向雨棚一样打开。试解释其可能机制。

2.19 地球大气吸收和发射的辐射有一系列相当精确的光谱。为什么？

参考文献

Ahrens CD (2006) Meteorology Today, An Introduction to Weather, Climate and Environment, Eighth Edition, Thompson Brooks/Cole (USA).

Andrews DJ, Holton JR, Leovy CB (1987) Middle Atmosphere Dynamics, Academic, New York.

Baldwin MP, Dunkerton TJ (1999): Propagation of the Arctic Oscillation from the stratosphere to the troposphere, J Geophys Res, 104: 30937–30946.

Baldwin MP, Dunkerton TJ (2005) The solar cycle and stratosphere-troposphere dynamical coupling, J Atmos Solar Terr Phys, 67: 71–82.

Bengtson L, Roeckner E, Stendel M (1999) Why is the global warming proceeding much slower than expected? J Geophys Res, 104: 3865–3876.

Brasseur G, Solomon S (2005): Aeronomy of the Middle Atmosphere, 3rd Edition, Springer, The Netherlands.

Chandrasekhar S (1950) Radiative Transfer, Dover, New York.

Chanin M-L, Ramaswamy V (1999) Trends in stratospheric temperatures, Scientific Assessment of Ozone Depletion: 1998, WMO Report No 44, Geneva.

Goody RM (1964) Atmospheric Radiation I: Theoretical Basis, Oxford University Press (Clarendon), London and New York.

Haigh JD (1996) The impact of solar variability on climate, Science, 272: 981–983.

Haynes P, Shepherd T (2001) Report on the SPARC Tropopause Workshop, Bad Tolz, Germany, April 17–21, 2001, SPARC Newsletter (http://www.aero.jussieu.fr/~sparc/News17/Report TropopWorkshopApril2001/Shepherd figure1.jpg).

Hirooka T, Kuroda Y (2004) Plausible solar influences on wave activities in the middle atmosphere, Fall Meeting, American Geophysical Union.

IPCC (1996) Climate Change 1995. The IPCC Second Scientific Assessment Report Jet Propulsion Laboratory, NASA (http://origins.jpl.nasa.gov/library/exnps/f4-3.gif).

Kiehl JT, Trenberth K (1997) Earth's annual global mean energy budget. Bull Am Met Soc, 78:197–208.

Kiehl JT, Hack JJ, Zhang MH, Cess RD (1995) Sensitivity of a GCM climate to enhanced shortwave absorption, J Atmos Sci, 8: 2200–2212.

Kodera K (1994) Influence of volcanic eruptions on the troposphere through stratospheric dynamical processes in the Northern Hemisphere winter, J Geophys Res, 99: 1273–1282.

Kodera K (2004) Solar influence on the Indian Ocean monsoon through dynamical processes, Geophys Res Letts, 31: L24209, doi:10.1029/2004GL020928.

Kondratyev KYa (1972) Radiation Processes in the Atmosphere, WMO Publication No. 39, Geneva.

Labitzke K (2002) The solar signal of the 11-year sunspot cycle in the stratosphere differences between the northern and southern summers, J Met Soc Japan, 80: 963–971.

Labitzke K, van Loon H (1997) The signal of the 11-year sunspot cycle in the upper troposphere lower stratosphere, Space Sci Rev, 80: 393–410.

Li Z, Moreau L, Arking A (1997) On solar energy disposition: A perspective from observation and modeling, Bull Am Met Soc, 78: 53–70.

Liou KN (1980) An Introduction to Atmospheric Radiation, Academic, New York.

Mohanakumar K (1995) Solar activity forcing of the middle atmosphere, Ann. Geophys, 13: 879–885.

Paltridge GW, Platt CMR (1976) Radiative Processes in Meteorology and Climatology, Elsevier Scientific Pub Co, Amsterdam, The Netherlands.

Ramanathan V, Subasilar B, Zhang G, ConantW, Cess RD, Kiehl JT, Grassl H, Shi L (1995) Warm Pool heat budget and shortwave cloud forcing——A missing physics, Science, 267: 499–503.

Ramaswamy V, Schwarzkopf MD, Randel WJ (1996) Fingerprint of ozone depletion in the spatial and temporal pattern of recent lower-stratospheric cooling, Nature, 382: 616–618.

Randel WJ, Wu F (1999) Cooling of the Arctic and Antarctic polar stratosphere due to ozone depletion, J Clim, 12: 1467–1479.

Rhode RA (a), Greenhouse Effect, Global warming art (http://www.globalwarmingart.com/wiki/Image:Greenhouse Effect.png).

Rhode RA (b) Solar Radiation Spectrum, Global warming Art (http://globalwarmingart.com/wiki/Image:Solar Spectrum.png).

Shindell DT, Miller RL, Schmidt GA, Pandolfo L (1999) Simulation of recent northern winterclimate trends by greenhouse-gas forcing, Nature, 399: 452–455.

Smith WL (1985) Satellites. In Handbook of Applied Meteorology, edited by D. D. Houghton, Wiley and Sons, New York.

University of Colorado, The Electromagnetic Spectrum, Chart by LASP, Boulder (http://lasp. colorado.edu/cassini/images/Electromagnetic%20Spectrum noUVIS.jpg).

US Navy (a) Atmospheric absorption, U.S. Federal Government (http://ewhdbks.mugu.navy.mil / atmospheric absorption.png).

US Navy (b) Atmospheric transmittance, U.S. Federal Government (http://ewhdbks.mugu.navy. mil/transmit.gif).

Wallace JM, Hobbs PV (2006) Atmospheric Science——An Introductory Survey. Second Edition, Elsevier, New York.

Wikipedia, Planck's law of black body radiation (http://en.wikipedia.org/wiki/Planck's law of black-body radiation).

WMO (1999) Scientific assessment of ozone depletion: 1998, Global Ozone Research and Monitoring Project, WMO Report No. 44, Geneva.

WMO (2007) Scientific Assessment of Ozone Depletion: 2006, Global Ozone Research and Monitoring Project, WMO Report No. 50, Geneva.

第 3 章

对流层和平流层的动力过程

········

3.1 引言

　　平流层与对流层的大气动力学是密不可分的,然而平流层与对流层的大气环流的形成和维持机制却截然不同。对流层大气的大尺度环流主要是由地表太阳辐射吸收的差异性所驱动的;而平流层的大气环流不仅和太阳加热的差异有关,还与涡旋活动有关。

　　波和涡旋在全球大气环流的维持中起着主要作用。波动从对流层产生并传播至平流层,在平流层被吸收,所以,与之相关的平流层变化由波动在哪里被吸收和如何被吸收决定,这些平流层的变化反过来也可以影响对流层。如果没有涡旋的话,纬圈方向的平均温度经过 10～20 天后与辐射平衡温度符合,并进行年循环。纬圈方向平均异常的向下传播为平流层和对流层提供了一种纯动力的联系;同时,气流只会存在纬圈方向平均的气流(由经圈方向的温度梯度和热成风平衡决定),并且不存在平流层与对流层的相互作用(Holton et al., 1995)。因此,涡旋导致的加热和冷却形势使得平流层偏离辐射平衡。

　　本章主要介绍大气动力学的基本知识和一些对理解平流层与对流层相互作用极为重要的物理量。详细描述及大气动力学方程的推导详见 Heiss(1995)、Andrews et al.(1987)、Pedlosky(1987)、Holton(2004)、Martin(2006)等。

3.2 大气动力过程的基本量

　　地球大气可视为连续的流体介质。许多物理量(如压力、温度、密度等)表征了大气状态,它们在大气连续介质中的每个点上都有值,是空间和时间的连续函数。

3.2.1 状态方程

状态方程，也被称为理想气体状态方程，描述了热力学平衡系统中温度、压强和比容间的联系。对于理想气体，上述变量通过状态方程相互联系。干空气的状态方程为

$$p\alpha = RT \tag{3.1}$$

或

$$p = \rho RT \tag{3.2}$$

式中，p 为压强，α 为比容，R 为气体常数（$R=287\,\mathrm{J\,kg^{-1}\,K^{-1}}$），$\rho$ 为密度，T 为绝对温度。

3.2.2 流体静力学方程

对于静止大气，重力精确地与垂直气压梯度力相平衡，这是在静力平衡状态下的大气状况。流体静力学方程是静力平衡的正式表述。

高度 z 和高度 $z+\mathrm{d}z$ 之间的气团如图 3.1 所示。作用在气团上的垂直气压梯度力为 $\partial p/\partial z$，单位体积气团的质量是 ρg。在静力平衡状态下，垂直气压梯度力（浮力）与重力平衡。静力学方程可写为

$$\frac{\partial p}{\partial z} = -\rho g \tag{3.3}$$

式中，p 是气压，ρ 是密度，g 是重力加速度，z 是几何高度。

在气旋尺度的运动中，对大气应用静力平衡方程的误差小于 0.01%。在暴雨和地形波中，垂直加速度大约为重力加速度的 1%，在极端情形下甚至可能更大。

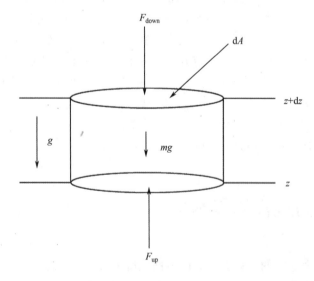

图 3.1　向上的浮力和向下的重力维持了静力平衡

流体静力平衡方程还可以表示为

$$-\frac{\partial \Phi}{\partial z} = \frac{RT}{g} \qquad (3.4)$$

式中，RT/g 为均质大气特征高度。

结合状态方程，流体静力平衡方程可改写为

$$\frac{\partial \Phi}{\partial z} = -\alpha = -\frac{RT}{p} \qquad (3.5)$$

式中，Φ 为位势，α 为比容。

从静力平衡方程可以看出，大气中的气压和高度显然存在唯一的、单调的相关关系。因此，我们可以将气压作为自变量，位势高度 $Z(x,y,p)$ 作为因变量，则

$$Z = -H\left(\frac{p}{p_s}\right) \qquad (3.6)$$

式中，p 为标准大气压，H 是在全球平均温度 T_s 下的均质大气高度。

对于温度为 T_s 的等温大气，坐标 z 等同于几何高度，密度廓线通过参考密度给出，有

$$\rho_0(z) = \rho_s \exp(-z/H) \qquad (3.7)$$

3.2.3　位势高度

位势高度是以地球平均海平面为基准面的垂直坐标，它通过不同纬度和高度上重力的变化对几何高度进行修正。因此，位势高度是一种重力校准的高度。在海拔高度 h 上，位势 Φ 定义为单位质量物体相对于海平面高度所具有的势能。位势也被定义为将单位质量物体从海平面上升到所在高度克服重力所做的功，故有时称其为动力高度。

$$\Phi = \int_0^h g(\varphi, z)\mathrm{d}z \qquad (3.8)$$

式中，$g(\varphi, z)$ 为重力加速度，φ 为纬度，z 为几何高度。

因此，位势高度为某高度上单位质量物体的重力势能，表达式为

$$Z_g = \frac{\Phi}{g_0} \qquad (3.9)$$

式中，g_0 是海平面上的标准重力加速度。大多数气象资料都用位势高度来代替几何高度。

为了便于分析计算，在实际工作中通常使用位势高度而不是几何高度。例如，使用位势高度代替几何高度能够简化天气预报模式使用的基本方程组；使用位势高度可以消去相关方程中的离心力和空气密度。

在离地表较高的大气中，位势高度小于几何高度，但二者在低层大气中的差别通常较小（几米或者更少），所以通常可以忽略其差别。在上对流层的大气探测和天气图中，"高度"一般是指位势高度，而不是指几何高度。

3.2.4 压高方程

描述两层等压面间厚度与温度成正比的方程是压高方程。此方程将两层等压面间的厚度和平均温度联系起来，表示为

$$h = z_1 - z_2 = \frac{R\overline{T}}{g}\ln\left(\frac{p_1}{p_2}\right) \tag{3.10}$$

式中，z_1 和 z_2 分别是等压面 p_1 和 p_2 上的几何高度，R 是干空气气体常数，$\overline{T}$ 是两层等压面间的平均温度，g 是重力加速度。

因此，两层等压面间的厚度与其平均温度成正比，即在较冷的气层，气压随高度上升的减小速度比在较暖的气层快。气压随着位势高度的增加成 e 指数减小，即

$$p(Z) = p(0)\exp\left(\frac{-Z}{H}\right) \tag{3.11}$$

3.3 守恒定律

流体力学和热力学主要通过因变量场（气压、密度和温度）和自变量（空间和时间）来研究大气运动。从根本上来说，适用于大气运动的基本物理定律有 3 个：动量守恒定律（牛顿第二运动定律）、质量守恒定律（连续方程）和能量守恒定律（热力学第一定律）。

3.3.1 运动方程（动量守恒）

牛顿第二运动定律描述了物体相对于空间中固定坐标系（惯性参考系）的动量变化率（对于单位质量物体而言，即为加速度）等于所有作用力之和。

$$\frac{\mathrm{d}\left(m\vec{V}\right)}{\mathrm{d}t} = \sum \vec{F} \tag{3.12}$$

大气运动中的基本力是气压梯度力、地心引力和摩擦力，故

$$\frac{\mathrm{d}\left(m\vec{V}\right)}{\mathrm{d}t} = -\frac{1}{\rho}\vec{\nabla}p + \vec{g}^* + \vec{F}_r \tag{3.13}$$

式中，$\vec{F}_r$ 是摩擦力。由于实际运动参考的是地球旋转坐标系，为了使牛顿第二运动定律仍然适用，引入了离心力和科氏力，即

$$\frac{\mathrm{d}\vec{V}}{\mathrm{d}t} = -\frac{1}{\rho} - 2\vec{\Omega}\times\vec{V} + \vec{g}^* + \Omega^2\vec{R} + \vec{F}_r \tag{3.14}$$

式中，$2\vec{\Omega}\times\vec{V}$ 是科氏力加速度，$\vec{g}^*$ 是地心引力加速度，$\Omega^2\vec{R}$ 是离心力加速度。地心引力始终指向地心，离心力由地轴指向外，重力是地心引力和离心力的合力。

流体微团的加速度等于作用于流体上的单位质量作用力之和。在地球旋转坐标系下，大气运动的矢量方程为

$$\frac{\mathrm{d}\vec{V}}{\mathrm{d}t} = -\frac{1}{\rho}\vec{\nabla}p - 2\vec{\Omega}\times\vec{V} + \vec{g} + \vec{F}_r \tag{3.15}$$

式中，$\vec{g} = \vec{g}^* + \Omega^2\vec{R}$ 是重力加速度，$\vec{V}$ 是三维速度矢量，$\vec{\Omega}$ 是地球自转角速度，ρ 是密度，p 是气压，$\vec{F}_r$ 是单位质量的摩擦力。

在球坐标（λ，φ，r）中，λ 是经度，φ 是纬度，r 为流体微团与地心的距离，常用的标量方程为

$$\frac{\partial u}{\partial t} + \frac{u}{r\cos\varphi}\frac{\partial u}{\partial\lambda} + \frac{v}{r}\frac{\partial u}{\partial\varphi} + w\frac{\partial u}{\partial z} - \left(2\Omega + \frac{u}{r\cos\varphi}\right)(v\sin\varphi - w\cos\varphi) + \frac{1}{\rho r\cos\varphi}\frac{\partial p}{\partial\lambda} = F_\lambda \tag{3.16}$$

$$\frac{\partial v}{\partial t} + \frac{u}{r\cos\varphi}\frac{\partial v}{\partial\lambda} + \frac{v}{r}\frac{\partial v}{\partial\varphi} + w\frac{\partial v}{\partial z} - \left(2\Omega + \frac{u}{r\cos\varphi}\right)(u\sin\varphi) + \frac{vw}{r} + \frac{1}{\rho}\frac{\partial p}{r\partial\varphi} = F_\varphi \tag{3.17}$$

$$\frac{\partial w}{\partial t} + \frac{u}{r\cos\varphi}\frac{\partial w}{\partial\lambda} + \frac{v}{r}\frac{\partial w}{\partial\varphi} + w\frac{\partial w}{\partial z} - \left(2\Omega + \frac{u}{r\cos\varphi}\right)(u\cos\varphi) - \frac{v}{r} + \frac{1}{\rho}\frac{\partial p}{\partial z} + g = F_z \tag{3.18}$$

因为大气层相对于地球半径来说非常薄，故可以用 $r\approx a$ 近似代替 $r = a + z$，式中，a 是地球平均半径，z 是高于平均海平面的高度。因此，运动方程可写为

$$\frac{\mathrm{d}u}{\mathrm{d}t} - 2\Omega v\sin\varphi + 2\Omega w\cos\varphi + \frac{uw}{a} - \frac{uv}{a}\tan\varphi + \frac{1}{\rho}\frac{\partial p}{\partial x} = F_x \tag{3.19}$$

$$\frac{\mathrm{d}v}{\mathrm{d}t} + 2\Omega u\cos\varphi + \frac{vw}{a} + \frac{u^2}{a}\tan\varphi + \frac{1}{\rho}\frac{\partial p}{\partial y} = F_y \tag{3.20}$$

$$\frac{\mathrm{d}w}{\mathrm{d}t} - 2\Omega u\cos\varphi - \left(\frac{u^2 + v^2}{a}\right) + g + \frac{1}{\rho}\partial p\partial z = F_z \tag{3.21}$$

其全导数为

$$\frac{\mathrm{d}}{\mathrm{d}t} = \frac{\partial}{\partial t} + u\frac{\partial}{\partial x} + v\frac{\partial}{\partial y} + w\frac{\partial}{\partial z} \tag{3.22}$$

在球坐标系下，$\partial x = a\cos\varphi\partial\lambda$，$\partial y = a\partial\varphi$。

大部分全球数值天气预报模式和大气环流模型使用的是非静力平衡原始方程组的近似形式，此近似方程包括流体静力学方程（见 3.2.2 节）描述的垂直运动近似方程。这些近似方程导出了准静力原始方程组。

上述方程组可通过尺度分析简化。尺度分析是方程简化的有力工具，尤其在大气运动方程组中，许多项量级大小不同，运用此方法，可以将方程组中对气象问题不重要的项省略掉。将式（3.19）和式（3.20）简化后的水平运动方程为

$$\frac{\mathrm{d}u}{\mathrm{d}t} - fv + \frac{\partial\Phi}{\partial x} = F_x \tag{3.23}$$

$$\frac{\mathrm{d}v}{\mathrm{d}t} + fu + \frac{\partial\Phi}{\partial y} = F_y \tag{3.24}$$

在式（3.23）和式（3.24）中，第一项分别是 u 和 v 的全导数，第二项是科氏力，第

三项是气压梯度力，F_x 和 F_y 分别是湍流黏性力的纬向分量和经向分量。将式（3.21）简化后的垂直运动方程就是 3.2.2 节中的静力学方程。

3.3.2 连续方程（质量守恒）

连续方程是描述流体中质量守恒的流体力学方程。流体体积内的质量增加与流入该体积的流体静流量是等价的。连续方程通常有两种形式：基于欧拉观点的质量散度形式和基于拉格朗日观点的速度散度形式。

1. 质量散度形式

在以 δx、δy、δz 为边的微立方体中存在空气流动。如图 3.2 所示，空气沿 x 正方向流入。单位时间流过微立方体中心的质量通量为 ρu。

利用泰勒级数，从 A 面单位时间流入微立方体的质量通量为

$$\left[pu - \frac{\partial(\rho u)}{\partial x} \frac{\delta x}{2} \right] \delta y \delta z \tag{3.25}$$

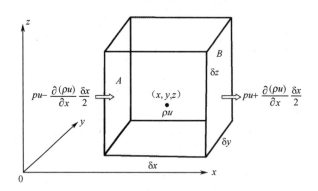

图 3.2　质量沿 x 正方向流过微立方体

从 B 面单位时间流出微立方体的质量通量为

$$\left[\rho u + \frac{\partial(\rho u)}{\partial x} \frac{\delta x}{2} \right] \delta y \delta z \tag{3.26}$$

该微立方体中质量的变率等于单位时间在 x 方向流入和流出的质量通量，即

$$\frac{\partial M_x}{\partial t} = \left[\rho u - \frac{\partial(\rho u)}{\partial x} \frac{\delta x}{2} \right] \delta y \delta z - \left[\rho u + \frac{\partial(\rho u)}{\partial x} \frac{\delta x}{2} \right] \delta y \delta z \tag{3.27}$$

$$\frac{\partial M_x}{\partial t} = -\frac{\partial(\rho u)}{\partial x} \delta x \delta y \delta z \tag{3.28}$$

类似地，可以给出由 y 方向上和 z 方向上的质量通量导致的质量变率，即

$$\frac{\partial M_y}{\partial t} = -\frac{\partial(\rho v)}{\partial y}\delta x\delta y\delta z \tag{3.29}$$

$$\frac{\partial M_z}{\partial t} = -\frac{\partial(\rho w)}{\partial z}\delta x\delta y\delta z \tag{3.30}$$

因此在微立方体中的净质量变率为

$$\frac{\partial M}{\partial t} = -\left[\frac{\partial(\rho u)}{\partial x} + \frac{\partial(\rho v)}{\partial y} + \frac{\partial(\rho w)}{\partial z}\right]\delta x\delta y\delta z \tag{3.31}$$

而单位体积质量变率等于密度的变率，即

$$\frac{\partial \rho}{\partial t} = -\left[\frac{\partial(\rho u)}{\partial x} + \frac{\partial(\rho v)}{\partial y} + \frac{\partial(\rho w)}{\partial z}\right] = -\vec{\nabla}\cdot(\rho\vec{V}) \tag{3.32}$$

$$\frac{\partial \rho}{\partial t} + \vec{\nabla}\cdot(\rho\vec{V}) = 0 \tag{3.33}$$

此方程即为质量散度型连续方程。

2．速度散度形式

连续方程的另一种形式推导如下。对于一个微立方体 $\delta M = \rho\delta x\delta y\delta z$，其质量不变，$\delta x$、$\delta y$、$\delta z$ 可变，有

$$\frac{\mathrm{d}(\rho\delta x\delta y\delta z)}{\mathrm{d}t} = \frac{\mathrm{d}(\rho)}{\mathrm{d}t}\delta x\delta y\delta z + \rho\frac{\mathrm{d}(\delta x)}{\mathrm{d}t}\delta y\delta z + \rho\frac{\mathrm{d}(\delta y)}{\mathrm{d}t}\delta x\delta z + \rho\frac{\mathrm{d}(\delta z)}{\mathrm{d}t}\delta x\delta y = 0 \tag{3.34}$$

$$\frac{Lt}{\delta x \to 0}\frac{\mathrm{d}(\delta x)}{\mathrm{d}t} = \partial u;\quad \frac{Lt}{\delta y \to 0}\frac{\mathrm{d}(\delta y)}{\mathrm{d}t} = \partial v;\quad \frac{Lt}{\delta z \to 0}\frac{\mathrm{d}(\delta z)}{\mathrm{d}t} = \partial w \tag{3.35}$$

等式两边同时除以 $\partial x\partial y\partial z$，有

$$\frac{\mathrm{d}\rho}{\mathrm{d}t} + \rho\frac{\partial u}{\partial x} + \rho\frac{\partial v}{\partial y} + \rho\frac{\partial w}{\partial z} = 0 \tag{3.36}$$

$$\frac{\mathrm{d}\rho}{\mathrm{d}t} + \rho(\vec{\nabla}\cdot\vec{V}) = 0 \tag{3.37}$$

式中，ρ 是流体密度，$\vec{V}$ 是速度矢量。此方程为速度散度型连续方程。对于不可压缩流体，$\mathrm{d}\rho/\mathrm{d}t = 0$，所以连续方程可简化为 $\vec{\nabla}\cdot\vec{V} = 0$。

速度散度型连续方程与质量散度型连续方程是一致的。将式（3.38）代入式（3.33）可以得到式（3.39）和式（3.40），即

$$\vec{\nabla}\cdot(\rho\vec{V}) = \rho\vec{\nabla}\cdot\vec{V} + \vec{V}\cdot\vec{\nabla}\rho \tag{3.38}$$

$$\frac{\partial \rho}{\partial t} + \rho\vec{\nabla}\cdot\vec{V} + \vec{V}\cdot\vec{\nabla}\rho = 0 \tag{3.39}$$

$$\frac{1}{\rho}\frac{\mathrm{d}\rho}{\mathrm{d}t} + \vec{\nabla}\cdot\vec{V} = 0 \tag{3.40}$$

3．等压坐标下的连续方程

在拉格朗日观点下，流体团的体积为 $\delta V = \delta x\delta y\delta z$，将其代入静力平衡方程 $\delta p = -\rho g\delta z$，有

$$\delta V = -\frac{\delta x \delta y \delta p}{\rho g} \tag{3.41}$$

其质量为 $\delta M = -\delta x \delta y \delta p / g$，流体团质量在运动中守恒，所以有

$$\frac{1}{\delta M}\frac{\mathrm{d}(\delta M)}{\mathrm{d}t} = \frac{g}{\delta x \delta y \delta p}\frac{\mathrm{d}}{\mathrm{d}t}\left[\frac{\delta x \delta y \delta p}{g}\right] = 0 \tag{3.42}$$

$$\frac{1}{\delta x}\frac{\mathrm{d}(\delta x)}{\mathrm{d}t} + \frac{1}{\delta y}\frac{\mathrm{d}(\delta y)}{\mathrm{d}t} + \frac{1}{\delta z}\frac{\mathrm{d}(\delta p)}{\mathrm{d}t} = 0 \tag{3.43}$$

$$\frac{\delta u}{\delta x} + \frac{\delta v}{\delta y} + \frac{\delta \omega}{\delta p} = 0 \tag{3.44}$$

若 δx、δy、δz 的极限趋于 0，得到连续方程为

$$\frac{\partial u}{\partial x} + \frac{\partial v}{\partial y} + \frac{\partial \omega}{\partial p} = 0 \tag{3.45}$$

$$\frac{\partial \omega}{\partial p} = -\vec{\nabla} \cdot \vec{V_H} \tag{3.46}$$

式中，p 是气压，$\vec{V_H}$ 是水平速度矢量，$\omega = \mathrm{d}p/\mathrm{d}t$ 是等压面上的垂直速度矢量。水平辐散（$\vec{\nabla} \cdot \vec{V_H} > 0$）伴随着垂直方向的压缩，水平辐合（$\vec{\nabla} \cdot \vec{V_H} < 0$）伴随着垂直方向的拉伸。

上式不包含时间微分和密度，这是等压坐标系的优势。因为不包含时间微分，所以上式不是预报方程。

3.3.3　能量守恒

能量守恒定律指出，在宇宙中所有能量的总和是守恒的。地气系统能量的根本来源是太阳。当太阳辐射被地表和大气吸收后，就转变为内能，而内能再向其他形式的能量转换，这在大气科学领域是一个具有挑战性的问题（Martin，2006）。

为了导出能量方程的表达式，先考虑动量方程在笛卡儿坐标系下的 3 个分量方程，有

$$\frac{\mathrm{d}u}{\mathrm{d}t} = -\frac{1}{\rho}\frac{\partial p}{\partial x} + 2\Omega v \sin\varphi - 2\Omega w \cos\varphi - \frac{uw}{a} + F_x \tag{3.47}$$

$$\frac{\mathrm{d}v}{\mathrm{d}t} = -\frac{1}{\rho}\frac{\partial p}{\partial y} - 2\Omega u \sin\varphi - \frac{vw}{a} + F_y \tag{3.48}$$

$$\frac{\mathrm{d}w}{\mathrm{d}t} = -\frac{1}{\rho}\frac{\partial p}{\partial z} + 2\Omega u \sin\varphi - g - \frac{u^2 + v^2}{a} + F_z \tag{3.49}$$

将 x 方向的分量方程［见式（3.47）］乘以 u，将 y 方向的分量方程［见式（3.48）］乘以 v，将 z 方向的分量方程［见式（3.49）］乘以 w，再将三者相加，得到

$$u\frac{\mathrm{d}u}{\mathrm{d}t} + v\frac{\mathrm{d}v}{\mathrm{d}t} + w\frac{\mathrm{d}w}{\mathrm{d}t} = -\frac{1}{\rho}\left[u\frac{\partial p}{\partial x} + v\frac{\partial p}{\partial y} + w\frac{\partial p}{\partial z}\right] - gw + \left[uF_x + vF_y + wF_z\right] \tag{3.50}$$

$$\frac{\mathrm{d}}{\mathrm{d}t}\left[\frac{u^2 + v^2 + w^2}{2}\right] = -\frac{1}{\rho}\vec{V} \cdot \vec{\nabla}p - gw + \vec{V} \cdot \vec{F_r} \tag{3.51}$$

式中，摩擦力 $\vec{F_r} = \hat{i}F_x + \hat{j}F_y + \hat{k}F_z$。此方程中没有科氏力项和曲率项，这表明旋转效应和曲率项在地气系统的能量平衡中不起作用。

在上式中，有

$$gw = g\frac{\mathrm{d}z}{\mathrm{d}t} = \frac{\mathrm{d}\Phi}{\mathrm{d}t} \tag{3.52}$$

将式（3.52）代入式（3.51），有

$$\frac{\mathrm{d}}{\mathrm{d}t}\left[\frac{u^2 + v^2 + w^2}{2} + \Phi\right] = -\frac{1}{\rho}\vec{V}\cdot\nabla p + \vec{V}\cdot\vec{F_r} \tag{3.53}$$

式（3.53）因为仅涉及动能和重力势能，所以被称为机械能方程。式（3.53）表明，随着运动，机械能的改变率等于气压梯度力的功率和摩擦耗散的功率。

为了将热能引入能量方程，引入热力学第一定律，即

$$\dot{Q} = C_v\frac{\mathrm{d}T}{\mathrm{d}t} + p\frac{\mathrm{d}\alpha}{\mathrm{d}t} \tag{3.54}$$

式中，$\dot{Q}$ 是非绝热加热率，C_v 是定容比热容，α 是体胀系数。等号右边第一项表示非绝热加热冷却导致的温度升高和降低；等号右边第二项表示非绝热加热冷却导致的膨胀和收缩。

式（3.53）可重新整理为

$$0 = \frac{\mathrm{d}}{\mathrm{d}t}\left[\frac{u^2 + v^2 + w^2}{2} + \Phi\right] + \frac{1}{\rho}\vec{V}\cdot\nabla p - \vec{V}\cdot\vec{F_r} \tag{3.55}$$

此零值表达式（3.55）可与式（3.54）相加，于是有

$$\dot{Q} = C_v\frac{\mathrm{d}T}{\mathrm{d}t} + p\frac{\mathrm{d}\alpha}{\mathrm{d}t} + \frac{\mathrm{d}}{\mathrm{d}t}\left[\frac{u^2 + v^2 + w^2}{2} + \Phi\right] + \frac{1}{\rho}\vec{V}\cdot\nabla p - \vec{V}\cdot\vec{F_r} \tag{3.56}$$

由于

$$\frac{1}{\rho}\vec{V}\cdot\vec{\nabla}p = \alpha\left[\frac{\mathrm{d}p}{\mathrm{d}t} - \frac{\partial p}{\partial t}\right] \tag{3.57}$$

$$p\frac{\mathrm{d}\alpha}{\mathrm{d}t} + \alpha\frac{\mathrm{d}p}{\mathrm{d}t} = \frac{\mathrm{d}(p\alpha)}{\mathrm{d}t} \tag{3.58}$$

故式（3.56）可变为

$$\dot{Q} = \frac{\mathrm{d}}{\mathrm{d}t}\left[\frac{u^2 + v^2 + w^2}{2} + \Phi + C_vT + p\alpha\right] - \alpha\frac{\partial p}{\partial t} - \vec{V}\cdot\vec{F_r} \tag{3.59}$$

式（3.59）就是能量方程。若运动是绝热、定常和无摩擦的，则有

$$\frac{u^2 + v^2 + w^2}{2} + \Phi + C_vT + p\alpha = 常数 \tag{3.60}$$

式（3.59）就为伯努利方程。若流体是不可压缩的，则有

$$\frac{u^2 + v^2 + w^2}{2} + \Phi + p\alpha = 常数 \tag{3.61}$$

3.4 干洁大气的热力过程

对式（3.1）取时间的微分，则有

$$p\frac{\mathrm{d}\alpha}{\mathrm{d}t} + \alpha\frac{\mathrm{d}p}{\mathrm{d}t} = R\frac{\mathrm{d}T}{\mathrm{d}t} \tag{3.62}$$

根据式（3.54）将 $p\mathrm{d}\alpha/\mathrm{d}t$ 替换，将 $C_p = C_v + R$ 代入，则得到

$$C_p\frac{\mathrm{d}T}{\mathrm{d}t} - \alpha\frac{\mathrm{d}p}{\mathrm{d}t} = \dot{Q} \tag{3.63}$$

等式两边同时除以 T，再根据状态方程的变形 $\alpha/T = R/p$，得到

$$C_p\frac{\mathrm{d}\ln T}{\mathrm{d}t} - R\frac{\mathrm{d}\ln p}{\mathrm{d}t} = \frac{\dot{Q}}{T} \tag{3.64}$$

式中，$\dot{Q}/T$ 称为熵。若非绝热加热为零，则有

$$C_p\frac{\mathrm{d}\ln T}{\mathrm{d}t} - R\frac{\mathrm{d}\ln p}{\mathrm{d}t} = 0 \tag{3.65}$$

3.4.1 位势温度

位势温度（θ），简称位温，是一个干空气块从原始气压 p 被压缩（或者膨胀）到标准气压 p_0（通常是 1000 hPa）时的温度。等位温线通常被称为等熵线，沿着等位温面的运动是等熵运动。

将式（3.65）从给定的气压 p 和温度 T 到基准气压 p_0（平均海平面气压）和位温 θ 求积分，有

$$\int_T^\theta C_p\mathrm{d}(\ln T) = \int_p^{p_0} R\mathrm{d}(\ln p) \tag{3.66}$$

得到

$$C_p\left(\ln\theta - \ln T\right) = R\left(\ln p_0 - \ln p\right) \tag{3.67}$$

对式（3.67）取指数，得

$$\theta = T\left[\frac{p_0}{p}\right]^{R/C_p} \tag{3.68}$$

式（3.68）就是泊松方程。其中，T 和 p 是气块的初始温度和初始气压；p_0 是标准大气压（1000 hPa）；R 是普适气体常量；C_p 是定压比热容。

在绝热时，位温是恒定的，一个气块将沿等熵面或者等位温面移动。

位温和熵密切相关。二维位温恒定的平面被称为等熵面，其与地表大致平行。气块在等熵面上移动，其热量不会增加或减少，所以位温沿气块轨迹是恒定的。在 5～10 天内，热量不变的假设是符合实际的。使用等熵面，可以把沿着等熵面的运动从三维问题（经度、纬度、高度）简化为二维问题（经度、纬度）。

位温的垂直梯度决定了大气的层结。如果位温随高度上升而增加，那么大气是稳定的；

如果位温随高度上升而减小，那么大气是不稳定的；如果位温不随高度变化，那么大气是中性的。平流层大气位温随高度上升而增加，是稳定的。平流层的静力稳定性限制了对流向上发展。

3.4.2　大气稳定度

稳定度是叠加在大气背景场上的扰动能否随时间增强的量度。稳定度由气块温度和环境温度间的关系决定，描述了大气的不同状态，或者使气块回到初始位置，或者使气块继续上升、下沉。在对流层，稳定度的判据是非常重要的。

将泊松方程式（3.68）对高度 z 进行微分，得

$$\frac{\partial \ln \theta}{\partial z} = \frac{\partial \ln T}{\partial z} + \frac{R}{C_p} \left[\frac{\partial p_0}{\partial z} - \frac{\partial p}{\partial z} \right] \tag{3.69}$$

式（3.69）也可以写成

$$\frac{1}{\theta}\frac{\partial \theta}{\partial z} = \frac{1}{T}\frac{\partial T}{\partial z} - \frac{R}{C_p p}\frac{\partial p}{\partial z} \tag{3.70}$$

将式（3.70）代入静力方程式（3.3）和状态方程式（3.2），得

$$\frac{T}{\theta}\frac{\partial \theta}{\partial z} = \frac{\partial T}{\partial z} + \frac{g}{C_p} \tag{3.71}$$

式中，等号右边第一项表示环境温度变化，乘以-1 代表环境温度递减率，用 Γ 表示；等号右边第二项为干绝热递减率，表示为 Γ_d。因此有

$$\Gamma = \Gamma_d - \frac{T}{\theta}\frac{\partial \theta}{\partial z} \tag{3.72}$$

大气的稳定度存在 3 种情况。如果位温随高度上升而增加，则环境温度递减率小于干绝热递减率，大气是稳定的。在该条件下，一个绝热上升的气块温度比环境温度低，气块将回到其初始位置。如果位温随高度上升不变，则环境温度递减率与干绝热递减率相等，大气是中性层结的。如果位温随高度上升减小，则环境温度递减率大于干绝热递减率，大气是绝对不稳定的。在该条件下，一个抬升的干空气块温度通常比环境温度高，气块将离开初始位置，发生自由对流。

3.4.3　浮力频率

当大气稳定时，如果一个气块被抬升，其温度低于环境温度，一旦其冲力耗尽，就会被迫下沉回到初始位置。因此，在气块初始位置附近会产生一系列振动。这些浮力振动的频率叫作布朗特魏萨拉频率。该频率取决于作用于气块上的回复力。

设 δz 为气块离开其初始位置的垂直位移，根据牛顿第二定律有

$$\frac{F_z}{\text{Mass}} = \frac{\mathrm{d}w}{\mathrm{d}t} = \frac{\mathrm{d}^2}{\mathrm{d}t^2}(\delta z) \tag{3.73}$$

若 ρ 和 T 为气块的密度和温度，ρ' 和 T' 为环境的密度和温度，则气块单位质量的回复力可表示为

$$\frac{F_z}{\text{Mass}} = -\left[\frac{\rho' - \rho}{\rho'}\right]g \tag{3.74}$$

将式（3.74）代入状态方程，有

$$\frac{F_z}{\text{Mass}} = -\left[\frac{1}{T'} - \frac{1}{T}\right]gT' \tag{3.75}$$

$$\frac{F_z}{\text{Mass}} = -g\left[\frac{T - T'}{T}\right] \tag{3.76}$$

式中，温度差 $T-T'$ 可以用温度递减率的差 $(\Gamma_d - \Gamma)\delta z$ 表示，即

$$\frac{F_z}{\text{Mass}} = -\frac{g}{T}(\Gamma_d - \Gamma)\delta z \tag{3.77}$$

将式（3.73）和式（3.77）合并转换为二阶微分方程，有

$$\frac{\mathrm{d}^2(\delta z)}{\mathrm{d}t^2} + \frac{g}{T}(\Gamma_d - \Gamma)\delta z = 0 \tag{3.78}$$

式（3.78）的解描述了周期为 $2\pi/N$ 的浮力振荡，其中

$$N^2 = \frac{g}{T}(\Gamma_d - \Gamma) \tag{3.79}$$

$$N = \left[\frac{g}{\theta}\frac{\partial\theta}{\partial z}\right]^{1/2} \tag{3.80}$$

式中，N 为浮力频率或布朗特魏萨拉频率，单位为 s^{-1}。对于静力稳定大气，$\partial\theta/\partial z > 0$，$N$ 存在，则浮力振荡存在。对于不稳定大气，$\partial\theta/\partial z < 0$，$N$ 是虚数，不存在浮力振荡，大气扰动发展。对于中性层结大气，$\partial\theta/\partial z = 0$，$N=0$，没有浮力振荡。空气的浮力振荡与大气重力波有关（Nappo，2002）。

3.4.4 热力学能量方程

对于一个热力学平衡的系统而言，天气系统的发展是由热力学第一定律支配的热力过程控制的。热力学第一定律是天气预报方程的简单形式，该方程与气块运动导致的温度变化有关。而温度变化影响着厚度场分布，厚度场分布决定了重力位势在等压面上的分布。

将热力学第一定律应用于运动的流体团，其总的热能变化率等于非绝热加热率加上外力做功的功率，可以表示为

$$C_p\frac{\mathrm{d}T}{\mathrm{d}t} - \alpha\frac{\mathrm{d}p}{\mathrm{d}t} = \dot{Q} \tag{3.81}$$

式中，$\dot{Q}$ 是非绝热加热。代入状态程去掉 α，代入垂直速度 $\omega = \mathrm{d}p/\mathrm{d}t$，等式两边全都除以 C_p，重新整理公式后得到

$$\frac{\partial T}{\partial t}+u\frac{\partial T}{\partial t}+v\frac{\partial T}{\partial y}+\omega\left[\frac{\partial T}{\partial p}+\frac{RT}{pC_p}\right]=\frac{\dot{Q}}{C_p} \tag{3.82}$$

$$\frac{\mathrm{d}T}{\mathrm{d}t}=\frac{kT}{p}\omega+\frac{\dot{Q}}{C_p} \tag{3.83}$$

式中，$k=R/C_p$。式（3.83）等号右边第一项为绝热压缩或膨胀产生的温度变率，等号右边第二项为太阳辐射、长波辐射和潜热释放等非绝热作用产生的温度变率。在平流层，化学和光化学反应导致的加热和冷却也是很重要的。在对流层，尤其是在热带地区，次网格尺度的运动导致的气块和环境场的热量交换也是绝热加热的重要组成部分。

从式（3.82）可以得到温度的局地变化为

$$\frac{\partial T}{\partial t}=-\overrightarrow{V_H}\cdot\overrightarrow{\nabla}T+\left[\frac{kT}{\rho}-\frac{\partial T}{\partial p}\right]\omega+\frac{\dot{Q}}{C_p} \tag{3.84}$$

式（3.84）等号右边第一项为水平温度平流导致的温度变化，右边第二项是绝热压缩和垂直对流的综合效应项。当大气稳定时，环境温度递减率小于干绝热递减率，该项结果为正，即空气下沉（上升）导致局地升温（降温）。在绝热条件下，式（3.84）等号右边最后一项为零，当空气运动时位温守恒。

3.5　原始方程组

原始方程组是纳维一斯托克斯方程的一种形式，其描述的流体运动还满足球面上流体垂直运动远小于水平运动的静力平衡近似。另外，大气层厚度远小于地球半径，所以该近似对全球大气流动是一个不错的近似，广泛应用于大部分气象模式中。通常，几乎所有原始方程组的形式都涉及随时间和空间变化的 5 个变量（u、v、ω、T、Φ）。

3.5.1　原始方程组的形式

原始方程组的精确形式取决于垂直坐标系的选择，如气压坐标系、对数压力坐标系、σ 坐标系。另外，通过雷诺分解，速度、温度和重力位势等变量可以分解为平均量和扰动量。

若选择气压为垂直坐标，水平坐标用笛卡儿切向平面描述，笛卡儿切向平面与地球表面相切。该坐标选择没有考虑地球的曲率，但是相对简单，对理解某些物理过程是很有帮助的。

水平动量方程为

$$\frac{\mathrm{d}\overrightarrow{V_H}}{\mathrm{d}t}=-\frac{1}{\rho}\overrightarrow{\nabla}\Phi-f\hat{k}\times\overrightarrow{V_H} \tag{3.85}$$

动量方程 x 方向和 y 方向的分量方程可写为

$$\frac{\mathrm{d}u}{\mathrm{d}t} - fv = -\frac{\partial \Phi}{\partial x} \tag{3.86}$$

$$\frac{\mathrm{d}v}{\mathrm{d}t} + fu = -\frac{\partial \Phi}{\partial y} \tag{3.87}$$

静力平衡方程是垂直动量方程的一个特殊情况，其没有垂直加速度，即

$$0 = -\frac{\partial \Phi}{\partial p} - \frac{RT}{p} \tag{3.88}$$

在静力平衡条件下，连续方程把水平辐合、辐散与垂直运动联系起来，有

$$\frac{\partial u}{\partial x} + \frac{\partial v}{\partial y} + \frac{\partial \omega}{\partial p} = 0 \tag{3.89}$$

描述热力学第一定律的热力学能量方程为

$$\frac{\partial T}{\partial t} + u\frac{\partial T}{\partial x} + v\frac{\partial T}{\partial y} + \omega\left[\frac{\partial T}{\partial p} + \frac{RT}{pC_p}\right] = \frac{\dot{Q}}{C_p} \tag{3.90}$$

这 5 个基本方程和水汽质量守恒方程一起构成了所有数值天气预报模式框架的基础。

3.5.2　水平运动方程的近似

运动方程可以描述不同尺度的运动。运用尺度分析可知，在大尺度水平运动方程中，最重要的项是压力梯度力项和科氏力项。对运动方程进行近似，认为水平气压梯度力和科氏力平衡。

$$\vec{\nabla}\Phi = -f\hat{k} \times \vec{V}_H \tag{3.91}$$

3.6　风的平衡

在气压梯度力的作用下，气块从高气压区向低气压区运动。一旦气块开始运动，由地球旋转产生的科氏力就会使气块转向。气块沿着气压下降的方向运动，其速度增加，科氏力增强，科氏力产生的偏转作用也增强。气流一直在偏转，直到科氏力和气压梯度力平衡，气块才不再从高压向低压运动，而是沿等压线运动。以上假设大气从地转不平衡状态开始运动，接着阐述了气块达到平衡的过程。事实上，大气中的运动基本上是平衡的。

3.6.1　地转风

地转风（V_g）是指，在静力平衡状态下，科氏力和气压梯度力相平衡的大气水平运动，该运动中不存在加速度，也不考虑摩擦。

其表达式为

$$\vec{V}_g = \frac{1}{f}\left(\hat{k} \times \vec{\nabla}\Phi\right) \tag{3.92}$$

式中，Φ 是位势高度，f 是科里奥利参数，有

$$\vec{V}_g = \hat{i}u_g + \hat{j}v_g ; \quad \vec{\nabla}\Phi = \hat{i}\frac{\partial\Phi}{\partial x} + \hat{j}\frac{\partial\Phi}{\partial y} \tag{3.93}$$

其水平分量形式为

$$u_g = -\frac{1}{f}\frac{\partial\Phi}{\partial y} \tag{3.94}$$

$$v_g = \frac{1}{f}\frac{\partial\Phi}{\partial x} \tag{3.95}$$

在自然坐标系中，地转风公式可写为

$$V_g = -\frac{1}{f}\frac{\partial\Phi}{\partial n} \tag{3.96}$$

地转风平行于平直的等压线或者等高线，如图 3.3 所示。地转风平衡忽略了摩擦效应，这对于中纬度中对流层的天气尺度运动是合理的。但是，非地转项这个小项对于空气运动的时间演变来说是很重要的。

在南北半球上，地转风均绕低压中心旋转。等压线或等位势高度线的间距越窄，平衡气压梯度力所需的科氏力越大，地转风风速就越大。

另外，地转近似的准确性取决于局地罗斯贝数。在赤道，科里奥利参数 f 为零，地转近似不成立，所以在热带通常不采用地转近似。

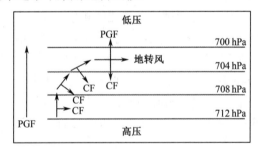

图 3.3 水平气压梯度力（PGF）和科氏力（CF）平衡导致地转风平行于等压线（引自 M. Pidwirny，2006）

3.6.2　地转偏差

地转风只有在加速度为零时才严格成立。由于风是矢量，有大小和方向。如果风速大小和方向中任意一者随时间改变，风就存在加速度，地转条件将不适用。风速大小的改变在局地风极大值区附近很强，特别是在急流核区。槽区和脊区存在风向的改变，这些区域通常与环流系统、云和降水等敏感天气有关。

地转偏差（V_{ag}）定义为地转风的偏差，即实际风与地转风的差，有

$$\vec{V}_{ag} = \vec{V} - \vec{V}_g \tag{3.97}$$

3.6.3 梯度风

地球表面上的空气并不总是沿直线运动。在很多情况下，空气沿高压反气旋或低压气旋弯曲的等压线运动。在摩擦层之上的自由大气中，空气沿弯曲等压线的运动称为梯度风。梯度风是气压梯度力、科氏力和惯性离心力平衡的结果。

梯度风平行于弯曲的等压线。观测显示，与气团轨迹曲率相联系的离心加速度比空气切向加速或减速的加速度大得多。因此，当水平加速度（$\mathrm{d}v/\mathrm{d}t$）较大时，其数量级可用离心加速度（$-v^2/R$）来近似，其中 R 是轨迹的局地曲率半径。

$$\frac{V^2}{R} = -\vec{\nabla}\Phi - f\hat{k} \times \vec{V_G} \tag{3.98}$$

因此，可以求得梯度风（V_G）有

$$V_G = -\frac{fR}{2} \pm \sqrt{\left(\frac{f^2 R^2}{4} - R\frac{\partial \Phi}{\partial n}\right)} \tag{3.99}$$

$$V_G = -\frac{fR}{2} \pm \sqrt{\left(\frac{f^2 R^2}{4} + fRV_g\right)} \tag{3.100}$$

梯度风方程代表了运动方程的法向分量。在自然坐标系下，运动方程的法向分量的所有力平衡，包括离心力、压力梯度力和科氏力。

梯度风与地转风的相似之处是忽略摩擦力，风向平行于等压线；二者的不同之处是梯度风平衡中包含了惯性离心力，流线是弯曲的，地转风则不然。表面来看，梯度风公式仅比地转风公式增加了1项，所以这两种风应该比较相似。实际上，在曲率极小、风速极小时，梯度风和地转风确实比较相似。但是，由于惯性离心力的增加，计算风速的公式变得极为复杂，而且其有多个解析解，并不唯一，故大多数情况下并非如此。

图 3.4 描述了梯度风绕高压中心和低压中心运动的受力分析。在绕低压中心运动的空气上，远离旋转中心的科氏力、惯性离心力和指向中心的气压梯度力平衡。在绕高压中心运动的空气上，指向高压中心的科氏力和远离高压中心的的气压梯度力、惯性离心力平衡。

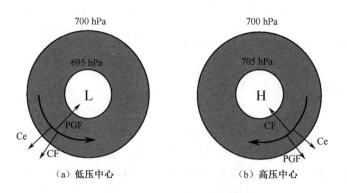

图 3.4　在气压梯度力（PGF）、科氏力（CF）和惯性离心力（Ce）平衡下的梯度风沿圆形等压线运动

（引自 M. Pidwirny，2006）

3.6.4　地转风和梯度风的联系

在气压梯度力相同的情况下，梯度风和地转风的速度存在差异。若气压梯度力恒定，则绕高压系统的梯度风风速比地转风风速大；而低压系统的梯度风风速比地转风风速小。式（3.101）定义了地转风与梯度风之比，即

$$\frac{\vec{V_g}}{V_G} = 1 + \frac{V_g}{fR_T} \tag{3.101}$$

式中，V_g 是地转风风速，V_G 是梯度风风速，R_T 是轨迹曲率半径。因此，若空气呈现气旋运动，地转风与梯度风之比大于 1；若空气呈现反气旋运动，地转风与梯度风之比小于 1。

3.6.5　热成风

热成风（V_T）是由水平温度梯度造成的，定义为地转风在静力平衡状态下的垂直切变。其公式为

$$\vec{V}_T = \frac{1}{f}\hat{k} \times \vec{\nabla}\left(\varPhi_1 - \varPhi_0\right) \tag{3.102}$$

式中，$\varPhi_1$、$\varPhi_0$ 是位势高度场，且 $\varPhi_1 > \varPhi_0$；f 是科里奥利参数。因为 f 在赤道为零，而且在热带通常很小，所以热成风在热带不适用。

依据地转风（V_g），热成风也可以写为

$$\frac{\partial \vec{V}_g}{\partial \ln p} = -\frac{R}{f}\hat{k} \times \vec{\nabla}_p T \tag{3.103}$$

式中，$\vec{V}_g$ 是地转风矢量，p 是气压，R 是普适气体常量，f 是科里奥利参数。大气中热成风如图 3.5 所示。

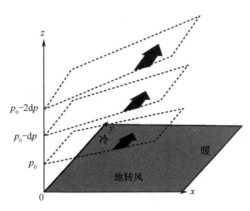

图 3.5　热成风显示了地转风垂直切变和水平厚度梯度间的关系。其中，虚线表示等压面随高度的上升而倾角增大

热成风不是实际风，而是风在两个气压面之间的差。当大气存在斜压性时，热成风才存在；在正压大气中，地转风不随高度变化。类似于空气绕高压中心、低压中心的运动，热成风也绕高温区、低温区运动，因此称其为热成风。

热成风平行于等厚度线，类似于地转风平行于等高线。等厚度线越密，热成风越强。在北半球，若风向为前方，冷空气位于热成风的左侧，热空气位于热成风的右侧。热成风的速度和方向由高层地转风和低层地转风差的矢量决定。

热成风的纬向分量和经向分量为

$$\frac{\partial u_g}{\partial \ln p} = \frac{R}{f}\left[\frac{\partial T}{\partial y}\right]_p \tag{3.104}$$

$$\frac{\partial v_g}{\partial \ln p} = -\frac{R}{f}\left[\frac{\partial T}{\partial x}\right]_p \tag{3.105}$$

式中，下标 p 表示求微分时气压恒定。

3.6.6 热成风的应用

热成风关系在大气环流动力过程中是非常重要的，是现代动力气象学理论的基石。热成风关系的一些重要应用如下。

1. 西风随高度上升而增强

在南北半球，极地冷而赤道暖，因而中纬度地区都盛行西风。另外，中纬度地区对流层的西风随高度上升而增强。该现象可以用热成风来解释。由于极地较冷、热带较热，所以中纬度地区热成风也是西风。因此，随着高度的上升，西风增强。

2. 急流的形成

热成风的概念也可解释急流的形成。急流是对流层顶附近西风的最大风速区。在该区域附近高度上，极地和赤道的温度差出现了反转，因此，西风先随高度上升增强，接着随高度上升减弱，并出现最大值。

3. 冷平流、暖平流

冷平流、暖平流的存在，表明地转风穿越等温线，即地转风与热成风方向不同，因此地转风会随高度偏转。另外，热成风与温度分布相关也可以由此展开讨论。

4. 顺时针偏转、逆时针偏转

在北半球，地转风输送暖空气到较冷的地区，热成风会造成风随高度往右偏转，即顺时针偏转；而地转风输送冷空气到较暖的地区，导致风随高度向左偏转，即逆时针偏转。

3.6.7 正压大气和斜压大气

正压大气的密度仅取决于气压，所以等压面既是等密度面，也是等温面。因此，在正压大气中没有热成风，地转风不随高度变化。斜压大气的密度与温度和气压有关。在斜压大气中，存在热成风，地转风也存在垂直切变。大气的斜压性与式（3.106）成比例，即

$$\vec{\nabla}p \times \vec{\nabla}\rho$$

（3.106）

也就是说，大气的斜压性与等压面和等密度面的交角成比例。在斜压性大的地区，气旋会更频繁地出现。

3.7 环量、涡度和散度

环量和涡度是描述流体旋转的两个基本量，可以描述大气无处不在的涡旋和旋转风。

3.7.1 环量

环量是流体通过给定面积或体积的流动或运动。在大气科学中，它被用来解释空气在气压系统周围的运动，并描述半永久气压系统及相对永久全球大气环流的较小模态。

环量是旋转流体的宏观量度，是一个标量。沿闭合流线的环量定义为与流线处处相切的速度矢量的线积分，如图 3.6 所示。

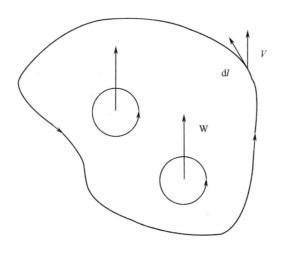

图 3.6 闭合的流线

$$C = \oint \vec{V} \cdot \vec{\mathrm{d}l} = \oint |V| \cos\alpha \cdot \mathrm{d}l \tag{3.107}$$

式中，C 是环量，$\vec{V}$ 是速度矢量，$\vec{\mathrm{d}l}$ 表示位移矢量。

在北半球，气旋逆时针旋转，环量为正；反气旋顺时针旋转，环量为负。

3.7.2　涡度

涡度是流体旋转的微观量度，是一个矢量场。涡度等于速度的旋度。在大气科学领域，通常考虑的旋转运动的旋转轴垂直于地表，即关注绝对涡度和相对涡度的垂直分量，它们分别为 η 和 ζ，有

$$\eta = \hat{k} \cdot \left(\vec{\nabla} \times \vec{V}_a\right) \tag{3.108}$$

$$\zeta = \hat{k} \cdot \left(\vec{\nabla} \times \vec{V}\right) \tag{3.109}$$

式中，$\vec{V}_a$ 是绝对速度，$\vec{V}$ 是相对速度。

绝对涡度和相对涡度之差是行星涡度。行星涡度是由地球旋转产生的局地涡度的垂直分量，就是科里奥利参数 f。

3.7.3　相对涡度

相对涡度（ζ）是相对速度矢量的旋度，是大气中气体旋转的量度。大气运动的切变和曲率都能产生涡度。在大尺度大气运动中，相对涡度的垂直分量是重要的。它仅取决于水平速度，即

$$\zeta = \hat{k}\left(\vec{\nabla} \times \vec{V}\right) \tag{3.110}$$

在笛卡儿坐标系下，有

$$\zeta = \frac{\partial v}{\partial x} - \frac{\partial u}{\partial y} \tag{3.111}$$

北半球正涡度区（$\zeta > 0$）和南半球负涡度区（$\zeta < 0$）与气旋性扰动相联系，如低压、风暴。相对涡度取决于气块的水平速度分量。相对涡度的分布是判断对流层天气系统的重要因素。相对涡度和行星涡度之和为绝对涡度，其在对流层中层的大气运动中趋于守恒。

3.7.4　自然坐标系下的涡度

在自然坐标系（t, n, z）下，涡度可表示为

$$\zeta = -\frac{\partial V}{\partial n} + \frac{V}{R_s} \tag{3.112}$$

式中，R_s 是曲率半径，V 是水平风速。

式（3.112）显示涡度由两部分组成：由垂直于风速方向上的风速梯度产生的切变涡

度（$-\partial V / \partial n$），由风速方向改变产生的曲率涡度（V / R_s）。由式（3.112）可知，如果空气沿直线运动，风速切变也可以产生涡度；而如果空气沿曲线运动，只要切变涡度和曲率涡度相抵消，则涡度也可能为零（Holton，2004）。

3.7.5　行星涡度

地球自转导致地球上的物体产生旋转，其旋转轴沿垂直方向，称为行星涡度。行星涡度的大小等于科里奥利参数 f。在北半球，行星涡度通常为正。

地球围绕穿越两极的地轴旋转。从图 3.7 可以看出，地球自转的影响在赤道最小，在两极最大。行星涡度在赤道为零，在两极最大。

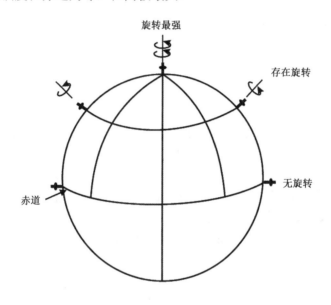

图 3.7　地球的自转效应

3.7.6　绝对涡度

绝对涡度（η）等于行星涡度（f）和相对涡度（ζ）之和，即

$$\eta = \zeta + f \tag{3.113}$$

3.7.7　散度

某个区域的空气向外流动就是辐散；与辐散相反的空气流动就是辐合，辐合往往伴随着上升运动。散度在数学上用 $\vec{\nabla} \cdot \vec{V}$ 表示。水平散度（D）可表示为

$$D = \frac{\partial u}{\partial x} + \frac{\partial v}{\partial y} \tag{3.114}$$

大气的水平辐散（辐合）对涡度起到重要作用。辐合使气旋性涡度增强，辐散使反气旋性涡度增强。在地面天气图上，水平辐散区伴随着下沉运动，天气晴朗；而水平辐合区对应上升运动，有发展旺盛的对流云。

3.8　保守量

位势温度和位势涡度是大气中两个重要的保守量。位势温度在 3.4.1 节中已经讨论过。不管气块如何运动，这两个量都是不变的。因此，可以将这两个量作为示踪物，对气块进行追踪。

3.8.1　位势涡度

位势涡度（PV）简称位涡，是绝对涡度的垂直分量与涡旋的有效厚度之比。只有在非绝热过程和摩擦过程中，位势涡度才会发生变化。位涡梯度对应斜压不稳定，在位涡梯度方向上，气旋生成时波动增强。这对气旋生成过程中的涡度增加起到重要作用，特别是在极锋区。在追踪急流附近平流层空气向对流层入侵时，位势涡度也是很有帮助的（Wallace and Hobbs，2006）。

在通常情况下，位涡是绝对涡度有效深度的度量。位涡在均质、不可压的流体中可表示为

$$PV = \frac{\zeta + f}{\delta z} \tag{3.115}$$

式中，δz 是气块厚度。

3.8.2　厄特尔位势涡度

厄特尔位势涡度定义为绝对涡度和静力稳定度乘积的垂直分量，单位为 $m^2\ K\ s^{-1}\ kg^{-1}$。

$$PV = (\zeta + f)\left[-g \frac{\partial \theta}{\partial p} \right] \tag{3.116}$$

式中，$\zeta = \hat{k}(\vec{\nabla} \times \vec{V})$ 是相对涡度，分为切变涡度和曲率涡度；f 是行星涡度。

位涡是绝对涡度（动力学属性）和位温梯度（热力学属性）相组合的标量，在绝热无摩擦的条件下守恒。当空气从对流层进入平流层时，由位温垂直梯度表示的稳定度一般会增加，而位涡也会随之增加。在适当条件下，风场和气压场可以从位涡反演出来。因此，位涡是一个非常有力的研究工具。

厄特尔位势涡度在绝热无摩擦过程中是保守量。式（3.116）表明，当静力稳定度减小时，空气块的绝对涡度增加，如图 3.8 所示。

位涡一般用位涡单位或 PVU 衡量。1 PVU 为 $10^{-6}\, \text{m}^2\, \text{K s}^{-1}\, \text{kg}^{-1}$。位涡在对流层相对较小（小于 1 PVU），其梯度是单调的。因为平流层的静力稳定度很大，所以在对流层顶位涡梯度非常强。在 1.5 PVU 或 2 PVU 等位涡面以上，位涡在平流层中迅速增加。图 3.9 给出了平流层和对流层中的位涡分布。1.5 PVU 或 2 PVU 等位涡面定义为动力学对流层顶。因此，位涡可以用来区分对流层和平流层。

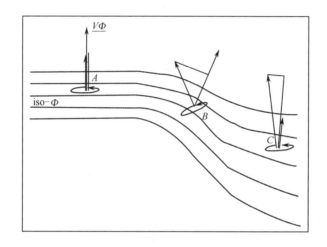

图 3.8　流体运动的位势涡度守恒

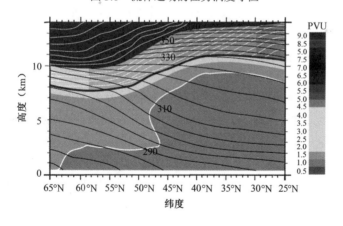

图 3.9 中纬度对流层和下平流层的位势涡度分布（引自 Virtual Lab）

3.9　涡度方程

涡度方程是大气科学中的一个重要的预报方程。涡度方程描述了涡度对时间的全导数，即局地变化与平流变化之和。涡度方程有相对涡度个别变化和绝对涡度个别变化两种形式。

3.9.1 气压坐标系下的涡度方程

从水平运动方程出发，即

$$\frac{\mathrm{d}u}{\mathrm{d}t} = \frac{\partial u}{\partial t} + u\frac{\partial u}{\partial x} + v\frac{\partial u}{\partial y} + \omega\frac{\partial u}{\partial p} = fv - g\frac{\partial z}{\partial x} \tag{3.117}$$

$$\frac{\mathrm{d}v}{\mathrm{d}t} = \frac{\partial v}{\partial t} + u\frac{\partial v}{\partial x} + v\frac{\partial v}{\partial y} + \omega\frac{\partial v}{\partial p} = -fu - g\frac{\partial z}{\partial y} \tag{3.118}$$

可以改写成

$$\frac{\partial u}{\partial t} + u\frac{\partial u}{\partial x} + v\frac{\partial u}{\partial y} + \omega\frac{\partial u}{\partial p} - fv = -g\frac{\partial z}{\partial x} \tag{3.119}$$

$$\frac{\partial v}{\partial t} + u\frac{\partial v}{\partial x} + v\frac{\partial v}{\partial y} + \omega\frac{\partial v}{\partial p} + fu = -g\frac{\partial z}{\partial y} \tag{3.120}$$

将式（3.119）对 x 求偏导，并减去式（3.120）对 y 求偏导，将 $\zeta = (\partial v / \partial x - \partial u / \partial y)$ 代入得到

$$\frac{\partial \zeta}{\partial t} + u\frac{\partial \zeta}{\partial x} + v\frac{\partial \zeta}{\partial y} + \omega\frac{\partial \zeta}{\partial p} + (\zeta + f)\left[\frac{\partial u}{\partial x} + \frac{\partial v}{\partial y}\right] + \left[\frac{\partial \omega}{\partial x}\frac{\partial v}{\partial p} - \frac{\partial \omega}{\partial y}\frac{\partial u}{\partial p}\right] + v\frac{\partial f}{\partial y} = 0 \tag{3.121}$$

或者

$$\frac{\mathrm{d}(\zeta + f)}{\mathrm{d}t} = -(\zeta + f)\left[\frac{\partial u}{\partial x} + \frac{\partial v}{\partial y}\right] - \left[\frac{\partial \omega}{\partial x}\frac{\partial v}{\partial p} - \frac{\partial \omega}{\partial y}\frac{\partial u}{\partial p}\right] \tag{3.122}$$

式（3.122）等号左边的项为绝对涡度的个别变化，包括相对涡度的个别变化和行星涡度的个别变化；等号右边第一项是散度项，等号右边第二项是倾侧项。

散度项表明绝对涡度的变化与散度和绝对涡度的大小成比例。因为绝对涡度一般为正，所以，绝对涡度增加导致辐合，绝对涡度减小导致辐散。该项控制了中纬度地区比较强的气旋和热带飓风的形成（Gill，1982；Martin，2006）。

倾侧项通过垂直风切变将水平方向的涡度倾侧为垂直方向的涡度。在天气尺度中，垂直速度很小，因此一般忽略该项的作用。但是，在更小的尺度，垂直速度相当重要。因此，在风暴、龙卷风等天气过程中，该项不能忽略。

3.9.2 简化的涡度方程

辐合、辐散通常在地表附近和上对流层较强，而在对流层中层（550 hPa 至 450 hPa）较弱。在无辐合、辐散层的天气尺度运动中，散度项为零，倾侧项可忽略，则

$$\frac{\mathrm{d}(\zeta + f)}{\mathrm{d}t} = 0 \tag{3.123}$$

或者

$$\frac{\partial(\zeta + f)}{\partial t} \approx -u\frac{\partial(\zeta + f)}{\partial x} - v\frac{\partial(\zeta + f)}{\partial y} \tag{3.124}$$

式（3.123）表明，无辐合、辐散层的天气尺度运动，其绝对涡度守恒。式（3.124）表明，绝对涡度的局地变化等于绝对涡度的水平平流。在自然坐标系下，此公式可写为

$$\frac{\partial(\zeta + f)}{\partial t} \approx -V\frac{\partial(\zeta + f)}{\partial s} \tag{3.125}$$

3.9.3　准地转涡度方程

通过以下假设简化涡度方程：①忽略垂直对流和扭转项；②在散度项中，相对涡度的作用与地转涡度的作用相比较弱，忽略；③在平流项中，水平风速近似为地转风速；④相对涡度近似为地转相对涡度。基于以上假设，准地转涡度方程为

$$\frac{\partial \zeta_g}{\partial t} = -\vec{V}_g \cdot \nabla(\zeta_g + f) + f_0\frac{\partial \omega}{\partial p} \tag{3.126}$$

式中，ζ_g 为地转风相对涡度，f 是行星涡度。准地转涡度方程阐述了地转涡度的局地变化是由地转风的绝对涡度平流和散度效应引起的。散度效应是气柱膨胀（压缩）导致的涡度增加（减小）。

定义势函数 $\chi = \partial \Phi / \partial t$，准地转涡度方程可改写为

$$\frac{1}{f_0}\nabla^2 \chi = -\vec{V}_g \cdot \nabla\left(\frac{1}{f_0}\nabla^2 \Phi + f\right) + f_0\frac{\partial \omega}{\partial p} \tag{3.127}$$

值得注意的是，在散度项中水平风速并没有用地转风速代替。虽然地转风与实际风相差很小，而且地转风的水平散度为零，但是，天气尺度系统的辐合、辐散和相应的垂直运动对于静力学温度和地转涡度的变化是非常重要的。

3.9.4　准地转位势涡度方程

地转风公式由于没有包含时间微分项，因而不能用于预报大气的演变。基于此，地转风公式是诊断方程，而不是预报方程。然而，通过尺度分析，可以推导出包含地转平衡和一些地转偏差项的预报方程组，即准地转方程组。准地转方程组形式多变，与运动相对于地球半径的水平尺度有关。这些方程的一个共同特征是，可以构造预报准地转位势涡度的方程组，即

$$\left[\frac{\partial}{\partial t} + \vec{V}_g \cdot \nabla\right]q = \frac{\mathrm{d}_g q}{\mathrm{d}t} = 0 \tag{3.128}$$

式中，q 为准地转位势涡度，定义为

$$q \equiv \left[\frac{1}{f_0}\nabla^2 \Phi + f + \frac{\partial}{\partial p}(\frac{f_0}{\sigma}\frac{\partial \Phi}{\partial p})\right] \tag{3.129}$$

物理量 q 由地转相对涡度、地球自转引起的行星涡度和拉伸涡度组成。当气块运动时，地转相对涡度项、行星涡度项和拉伸涡度项可能会改变，但三者之和守恒。

3.10 中层大气中的平均经圈环流

下面介绍平流层和中间层平均经圈环流形成的主要机制。平流层的动力学性质与对流层的相差很多。平流层臭氧是中层大气的主要辐射强迫，其在一定程度上决定了中层大气的温度结构（Plumb，1982；Salby，1996）。

平流层和中间层辐射强迫决定的纬向平均温度与观测之间存在较大差别。冬季极区，温度观测值显著高于辐射强迫导致的温度；而夏季极区，温度观测值则低于辐射强迫导致的温度。平流层夏季极区温度较高，冬季极区温度较低；而中间层夏季极区温度较低，冬季极区温度较高。这表明，除了辐射过程，其他过程在维持观测的中层大气温度结构时，也起到了重要作用（Geller，1983；O'Neill，1997；Haynes，2005）。

夏季极区存在太阳辐射，导致臭氧生成和强烈的大气加热。而在冬季极区，当极夜发生时，没有辐射加热。根据热成风平衡，中层大气在夏季随高度上升而东风增强，在冬季则随高度上升而西风增强（Hamilton，1998）。经向温度梯度在地表以上 65 km 以上发生逆转，导致风速随高度上升而减小。

平流层和中间层涡旋或波动相关的动力学过程导致了中层大气经圈环流的产生。该经圈环流使中层大气温度偏离辐射平衡温度。因此，中层大气与以热力驱动为主的对流层相比，动力驱动作用更为重要。图 3.10 揭示了平流层与对流层的各种动力过程对平均经圈环流的作用。

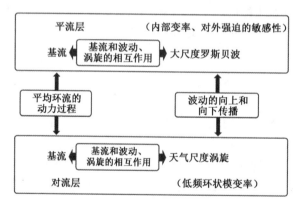

图 3.10 平流层和对流层平均经圈环流的维持机制示意（引自 Haynes，2005，SPARC）

平均纬向环流

下面使用对数压力坐标系讨论平均纬向环流，有

$$z = -H \ln(\frac{p}{p_0}) \tag{3.130}$$

式中，p_0 取 1000 hPa。

$$p(z) = p_0 \exp\left(\frac{-z}{H}\right) \tag{3.131}$$

式中，$p(z)$ 是高度 z 的气压，H 是标高（$=g/RT$）。

为了计算平均纬向环流，将所有变量写成平均场加扰动（涡动）场，即

$$u = \bar{u} + u' \tag{3.132}$$

计算平均纬向环流的算式为

$$\bar{u} = \frac{2}{\pi} \int_0^{2\pi} u(\lambda, \phi, z, t) \mathrm{d}\lambda \tag{3.133}$$

假设空气的经向位移较小，则使用 β 平面近似，有

$$f = f_0 + \beta y \tag{3.134}$$

式中，$f_0 = 2\Omega\sin\varphi$，$\beta = (2\Omega/a)\cos\varphi$，$a$ 是地球平均半径，约为 6371 km。

1. 平均纬向动量方程

运用上述所有假设，可推导出单位质量平均纬向动量方程，有

$$\frac{\partial \bar{u}}{\partial t} = f_0 \bar{v} - \frac{\partial (\overline{v'u'})}{\partial y} + \bar{X} \tag{3.135}$$

式中，等号左边是平均纬向动量随时间的局地变化，等号右边第一项代表科氏力，等号右边第二项代表平均涡旋动量通量散度，$\bar{X}$ 是平均纬向波拖曳。

2. 平均纬向热力学能量方程

热力学能量方程可写为

$$\frac{\partial \bar{T}}{\partial t} + N^2 \frac{H}{R} \bar{w} = -\frac{\partial (\overline{v'T'})}{\partial y} + \frac{\bar{Q}}{C_p} \tag{3.136}$$

式中，等号左边第一项是平均纬向温度随时间的局地变化；等号左边第二项代表绝热冷却；等号右边第一项代表平均涡旋温度通量散度；等号右边第二项代表非绝热效应。

3. 静力稳定度参数

动力学静力稳定度最方便的度量是浮力频率（N）的平方。浮力频率为气块在稳定层结中离开平衡位置，并产生垂直位移后，进行绝热振荡的频率，见 3.4.3 节。温度垂直递减率在平流层为负，在对流层和中间层为正。这意味着平流层的静力稳定度比对流层和中间层的静力稳定度大得多。

$$N^2 = \frac{R}{H}\left[\frac{kT_0}{H} + \frac{\mathrm{d}T_0}{\mathrm{d}z}\right] = g\frac{\mathrm{d}\ln\theta_0}{\mathrm{d}z} \tag{3.137}$$

式中，N 是浮力频率，是大气在重力强迫下振荡的自然共振频率。其中，式（3.137）忽略了非地转平均经圈环流和垂直涡旋通量散度导致的平流。当 $N^2 > 0$ 时，大气是静力稳定的。平流层的大气静力稳定度约为 $5 \times 10^{-4}\ \mathrm{s}^{-2}$，中间层的大气静力稳定度约为 $3 \times 10^{-4}\ \mathrm{s}^{-2}$。

在模式中，经常设平流层和中间层的大气静力稳定度为定值。但是，在实际大气中，大气静力稳定度是随高度、经度、纬度和季节变化的。

平均经向动量方程可由地转平衡假设推出，即

$$f_0 \bar{u} = -\frac{\partial \overline{\Phi}}{\partial y} \tag{3.138}$$

其与静力平衡结合，可得到热成风方程为

$$f_0 \frac{\partial \bar{u}}{\partial z} + \frac{R}{H}\left[\frac{\partial \bar{T}}{\partial y}\right] = 0 \tag{3.139}$$

非地转的平均经圈环流被热成风方程所约束，热成风方程描述了平均纬向风场和位势温度场的关系。如果没有平均经圈环流，涡旋动量通量散度和涡旋热量通量散度倾向于改变平均纬向风场和平均纬向温度场，从而导致热成风平衡的崩溃。但是，实际风与地转风的微小偏差，即经圈环流，维持了热成风平衡。所以，科氏力的经向分量与涡旋动量通量散度平衡，绝热冷却和非绝热加热与涡旋热量通量辐合平衡。

冬夏极区地表以上 30～60 km 高度处的温差比辐射平衡得到的温差小；距地表 60 km 以上，温度梯度甚至会逆转，即冬季温度高于夏季温度。为了解释该差异，引入剩余环流，即

$$v^* = \bar{v} - \frac{R}{\rho_0 H}\left[\frac{\partial\left(\rho_0 \overline{v'T'}/N^2\right)}{\partial z}\right] \tag{3.140}$$

$$w^* = \bar{w} + \frac{R}{\rho_0 H}\left[\frac{\partial\left(\rho_0 \overline{v'T'}/N^2\right)}{\partial y}\right] \tag{3.141}$$

因此，平均纬向动量方程和热力学能量方程可以写为

$$\frac{\partial \bar{u}}{\partial t} - f_0 \bar{v}^* = \frac{1}{\rho_0} \vec{\nabla} \cdot \vec{F} + \overline{X} \equiv \overline{G} \tag{3.142}$$

$$\frac{\partial \bar{T}}{\partial t} + N^2 \frac{H}{R} \bar{w}^* = \frac{J}{C_p} \tag{3.143}$$

式中，$\vec{F}$ 是 EP 通量（见 4.1 节），由大尺度涡旋产生；X 是小尺度涡旋导致的强迫，如重力波拖曳；G 是总的纬向拖曳；$\vec{F} = \hat{j}F_y + \hat{k}F_z$，两个分量分别为

$$F_y = -\rho_0 \overline{u'v'} \tag{3.144}$$

$$F_z = \frac{\rho_0 f_0 \overline{R_v' T'}}{N^2 H} \tag{3.145}$$

EP 通量辐合、辐散造成了波流相互作用。F 是波活动通量的度量。若流体运动是线性的、稳定的、绝热的、无耗散的，如无加速的情况，则 F 守恒。只有当 EP 通量散度不为零时，平均气流的拖曳才存在，经圈环流才能产生。

下面将介绍，这个简单模型是如何发展为更复杂的模型的。

空气通常从赤道运动到两极，大概绕地球 1/4 圈，时间约为 2 年。因此，在稳态条件下，G 约为 10^{-4} s^{-1}×0.2 m s^{-1}，即 2×10^{-5} m s^{-2}。

首先，假定没有季节变化，则所有时间微分为零，运动方程和热力学方程变为

$$-f_0 \overline{v}^* = \frac{1}{\rho_0} \vec{\nabla} \cdot \vec{F} + \overline{X} \equiv \overline{G} \tag{3.146}$$

$$N^2 \left(\frac{H}{R} \right) \overline{w}^* = \frac{\overline{Q}}{C_p} \tag{3.147}$$

其中，剩余经向速度导致的科氏力与大尺度涡旋和小尺度涡旋导致的强迫平衡。剩余绝热冷却通过绝热加热平衡。如果涡旋强迫力不存在，则剩余经向速度将变为零。

其次，通过连续方程将式（3.146）和式（3.147）联系在一起，有

$$-\frac{\partial \overline{G}}{\partial y} + \frac{f_0}{\rho_0} \left[\frac{\partial}{\partial z} \left(\rho_0 \overline{Q} k / N^2 H \right) \right] = 0 \tag{3.148}$$

如果涡度强迫力不存在，则绝热加热和剩余垂直速度同样为零。此时，大气处于辐射平衡状态，是最简单的大气模型。

再次，利用绝热加热模拟太阳季节变化。在该模型中，绝热加热参数化为偏离辐射平衡的平流层温度扰动，有

$$\frac{\overline{Q}}{C_p} = \alpha_r \left[\overline{T} - T_r (y, z, t) \right] = -\alpha_r \delta \overline{T} \tag{3.149}$$

式中，α_r 为牛顿冷却速率，T_r 为辐射平衡温度。

由于空气的热容量，平流层温度响应滞后于对温度的强迫。因为热驰豫时间为 5～20 天，所以这种滞后的时间尺度较年循环的时间尺度小。另外，该模型产生的温度分布与图 3.11 所示的辐射平衡温度类似。

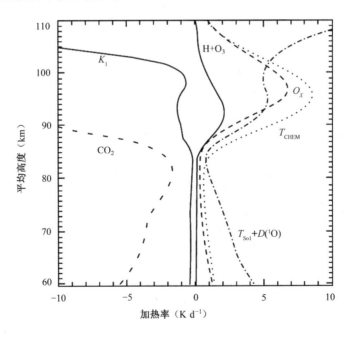

图 3.11　计算得到的全球平均加热率（引自 IPCC，2001）

将该参数化代入连续方程，有

$$\frac{1}{f_0}\frac{\partial \overline{G}}{\partial y} = -\frac{1}{\rho_0}\left[\frac{\partial}{\partial z}\left(\frac{\rho_0 R\alpha_r}{N^2 H}\delta\overline{T}\right)\right] \approx \frac{R\alpha_r}{N^2 H}\delta\overline{T} \tag{3.150}$$

式中，假设密度随高度的变化是最重要的变化，即

$$\delta\overline{T} \sim \tau_r \frac{N^2 H^2}{f_0 R}\frac{\partial \overline{G}}{\partial y} \tag{3.151}$$

式中，τ_r 是 α_r 的倒数。

因此，涡旋使平流层大气远离辐射平衡状态，而辐射的作用则相反。与辐射平衡状态相差最大的情况发生在冬季极区的对流层及冬季、夏季的中间层。冬季，重力内波从对流层传播到中间层，并在中间层破碎。重力内波破碎导致能量沉积，形成了类似于摩擦力的强纬向力，并使纬向速度减小。定常行星波在冬季平流层起到了类似的作用。

可以利用式（3.152）讨论中间层的情况，即

$$-f_0\overline{v}^* = \frac{1}{\rho_0}\vec{\nabla}\cdot\vec{F} + \overline{X} = \overline{G} \tag{3.152}$$

在北半球冬季，科里奥利参数大于零，波拖曳 G 是向西的，即小于零。因此，剩余经向速度大于零，即向北运动。由质量守恒可知，剩余垂直速度为负，空气下沉增温。在南半球夏季，科里奥利参数小于零，纬向风向西，波拖曳 G 是向东的，即大于零。因此，剩余经向速度大于零，即向北运动。由质量守恒可知，剩余垂直速度为正，空气上升降温。

3.11 平均能量的年循环

对流层的能量收支是众所周知的，但是，科学家对平流层能量学的研究非常少。总体来说，对流层和平流层的能量循环是不同的（Asnani，2005）。在对流层中，涡旋动能是由涡旋有效位能转化而来的；而在平流层，涡旋动能来自对流层，并转化为涡旋有效位能。对流层中的辐射加热随纬度的变化导致平均纬向有效位能的生成，平流层中的辐射导致平均纬向有效位能的损耗。在距地表 30 km 高度以上，平均纬向环流受热力驱动。纬向环流是通过平均纬向有效位能转换为平均纬向动能来对抗摩擦耗散维持的。

Julian 和 Labitzke（1965）研究了与平流层爆发性增温事件相联系的 1963 年 1 月、2 月对流层能量学及从地表向上直到 30 km 的平流层能量学。结果表明，在爆发性增温事件发生时和发生前，对流层中下层和下平流层斜压区能量转化存在垂直变化。在这些区域，能量主要从纬向有效位能转化为涡旋有效位能，再转换为涡旋动能，然后再转化为纬向动能。平流层的涡旋动能始终来自对流层向上的机械能输送。从对流层向平流层的能量通量较平流层中能量转化过程产生的能量大，因此对深层能量输送是平流层能量收支非常重要的一项。

平流层与对流层中能量通量的时空变率显示，总的经向温度梯度决定了能量转化的方向。冬季平流层中上层可以维持一种斜压环流，在强爆发性增温期间该环流被热力驱动的

环流代替。对流层顶和下平流层附近，纬向动能向涡旋动能的净转换显示正压过程可能是爆发性增温形成的部分原因。能量转化的垂直变化显示，下平流层能量转化很弱，而斜压性较强的对流层和中平流层能量转化较强（Julian and Labitzke，1965）。

如图 3.12 所示，Dopplick（1971）利用 20°～90°N 地区距地表 15～30 km 的探空观测资料，计算了年平均能量循环。下平流层的涡旋动能来自对流层的准定常波（Holton，1975）。在对流层输入的涡旋动能中，大约一半通过冷空气上升、暖空气下沉转化为涡旋有效位能，大约另一半转化为平均纬向动能。涡旋有效位能除来自涡旋动能外，非均匀加热也对涡旋有效位能有同等贡献。涡旋有效位能又被转化为平均纬向有效位能。这样，涡旋加强了已经存在的经向温度梯度，称为制冷效应。另外，平均纬向有效位能损耗主要通过辐射耗散。

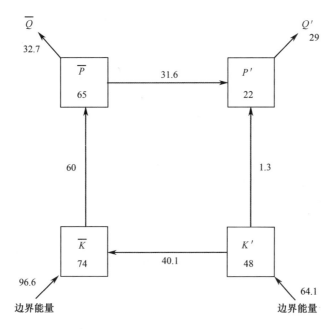

图 3.12　20°～90°N 地区距地表 15～30 km 的年平均能量循环
（引自 Holton，1975，American Meteorological Society）

 **思考题**

3.1　柏林上空 850 hPa 的等压面在向南 240 km 处降低了 12 m。试计算柏林上空在此高度处的气压梯度力。

3.2　假设雷达站北方 100 km 处的测站温度较雷达站的温度低 4 ℃。如果雷达站附近盛行 15 m s^{-1} 的东北风，并且空气在流动中每小时升高 1℃。试计算雷达站的温度变化。

3.3 如果每向东 200 km 气压就减小 5 hPa，那么位于 30°N 的观测站的地转风风速为多少？

3.4 如果每向东 700 km 等压面高度就降低 200 m，试计算 45°N 地区的地转风。

3.5 在风暴到达之前，10 m 长的小屋的空气密度为 1 kg m^{-3}。若小屋西面敞开，其他方向都是封闭的。风速 60 m s^{-1} 的风从西面进入，不能从其他方向离开。试估计前 2 s 内小屋内密度的变化。

3.6 气流穿过一个宽 2 m、高 3 m 的窗户，若单位时间通过单位面积的空气质量通量为 2 kg m^{-2} s^{-1}。计算每分钟穿过窗户的空气质量和风速。

3.7 一个低压位于 45°N 处，f 的量级为 10^{-4} s^{-1}，低压区附近的地转风风速为 25 m s^{-1}，低压区的曲率半径为 40 km，估计该区域旋衡风的速度。

3.8 若位于 60°N 的干空气块向东运动 100 km，其温度从 6 ℃升高到 10 ℃，试计算地转风的垂直切变。

3.9 一个观测站上空 1000 hPa 至 700 hPa 的大气厚度为 3.0 km，其东侧 700 km 观测站的相应大气厚度为 3.2 km。若两个观测站的纬度相同，科里奥利参数为 10^{-4} s^{-1}，计算该区域的热成风。

3.10 气块绕低压中心旋转，若切向速度为 12 m s^{-1}，曲率半径为 240 km，其相对涡度是多少？

3.11 一个空气块在 30°N 处的相对涡度为 2×10^{-5} s^{-1}，那么当其向北运动并到达 45°N、60°N 和北极时的相对涡度是多少？

3.12 如果水平风在地表以上 500 km 的切变为 7 m s^{-1}，那么 30°N 处从地表延伸到 14 km 的空气位势涡度是多少？

3.13 如果空气在地表以上 12 km 的密度为 0.3 kg m^{-3}，位势温度的垂直切变为 2.8 K km^{-1}，位势涡度为 1.4×10^{-8} s^{-1}，那么其等熵位势涡度是多少？

3.14 什么是地转风和梯度风？它们之间存在什么联系？在什么条件下，地转风等于梯度风？

3.15 什么是热成风？根据热成风平衡，在北半球随着高度升高纬向风如何变化？纬向风变化最强的区域在哪里？

3.16 描述环量和涡度。推导准地转涡度方程需要什么假设？为什么叫准地转？

3.17 什么是位势涡度？当气块越过南北走向的山脉，相对涡度如何变化？为什么？

3.18 根据位势涡度守恒，描述气块从北极移动到南极时相对涡度的变化。

3.19 为什么位温可用作垂直坐标？讨论气块在对流层和平流层中静力稳定的条件。

3.20 什么是等熵面？平流层的空气运动与等熵面有什么关系？

3.21 讨论平流层的平均经圈环流。描述平流层环流与对流层环流的区别。

3.22 随着高度升高从西风向东风过渡的区域对应哪种温度异常？从东风向西风过渡的区域对应哪种温度异常？

3.23 平流层波破碎会导致什么现象发生？在平流层爆发性增温爆发后，极区平流层紧接着会出现什么变化？

参考文献

Andrews DG, Holton JR, Leovy CB (1987) Middle Atmosphere Dynamics, Academic, New York.

Asnani GC (2005) Tropical Meteorology, Second Edition, Vol. 2, Pune, India.

Dopplick TG (1971) The energetics of the lower stratosphere, Quart J Royal Met Soc, 97: 209-237.

Geller MA (1983) Dynamics of the middle atmosphere, Space Sci Rev, 34: 359.

Gill AE (1982) Atmosphere-Ocean Dynamics, Academic, New York.

Hamilton K (1998) Dynamics of the tropical middle atmosphere; A tutorial review, Atmosphere-oceans, 36: 319-354.

Haynes PH (2005) Stratospheric dynamics, Annu Rev Fluid Mech, 37: 263-293.

Haynes PH (2006) Stratosphere troposphere coupling, SPARC Newsletter, Vol. 25.

Hess SL (1959) Introduction to Theoretical Meteorology, Holt, New York.

Holton JR (1975) Dynamic Meteorology of the Stratosphere and Mesosphere, Meteor Monograph, Amer Met Soc, 15(37).

Holton JR (2004) An Introduction to Dynamic Meteorology, Fourth Edition, Elsevier, Burlington.

Holton JR, Haynes PH, McIntyre ME, Douglass AR, Rood RB, Pfister L (1995) Stratosphere troposphere exchange, Rev Geophys, 33: 403-439.

IPCC (2001) Climate Change 2001, Working Group I: The Scientific basis, UNEP/WMO.

Julian PR, Labitzke K (1965) A study of atmospheric energetics during January and February 1963 stratospheric warming, J Atmos Sci, 22: 597-610.

Martin EJ (2006) Mid-latitude Atmospheric Dynamics, Wiley, Chichester, England.

Nappo CJ, (2002) An Introduction to Atmospheric Gravity Waves, Academic, San Diego, CA.

Neill A (1997) Observations of Dynamical Processes, The Stratosphere and its Role in the Climate System, NATO ASI Series, edited by Guy P Brasseur, Vol. 54, Springer, Hiedelberg.

Pedlosky J (1987) Geophysical Fluid Dynamics, Second Edition, Springer, New York.

Pidwirny M (2006) Forces acting to create wind, Fundamentals of Physical Geography, Second Edition, e-book(http://www.physicalgeography.net/fundamentals/7n.html).

Plumb RA (1982) The circulation of the middle atmosphere, Aust Meteorol Mag, 30: 107-121.

Salby ML (1996) Fundamentals of Atmospheric Physics, Academic, San Diego, CA.

Virtual Lab, The properties of potential vorticity: climatology and dynamic tropopause (http://www. virtuallab.bom.gov.au/meteofrance/cours/resource/ab03/pv defr.gif)

Wallace JM, Hobbs PV (2006) Atmospheric Science——An Introductory Survey, Second Edition, Elsevier, New York.

第 4 章

对流层和平流层的波动

....

4.1　引言

　　大气中存在很多波动形式的运动。他们的空间尺度和时间尺度千差万别，从移动缓慢的行星波，到移动更迅速的、尺度更小的重力波。每种波动都对大气的形态起到重要的作用。我们很早就已经知道对流层的波动控制着平流层的一些特征，但我们仍假设平流层对对流层的作用较弱。平流层的变化，特别是极地涡旋强度的变化，似乎参与了改变对流层天气形势的反馈过程。平流层的异常在冬季最强，它们受太阳辐照度、火山气溶胶、温室气体、臭氧损耗、准两年振荡位相等因素的变化影响。

　　平流层环流的异常主要是由来自对流层的波强迫造成的。在北半球冬季，对流层的随机变化导致了上传至平流层的行星波通量的高频变化（Holton，1983）。当这些波动破碎时，动量就会储存在平流层，引起纬圈方向平均风的减速和极地涡旋的崩溃。这种波流相互作用往往会通过平流层将纬圈方向平均风的异常下传（Andrews et al.，1987；Andrews，2000；Martin，2006）。

4.2　波动的定义

　　波动可以定义为在介质中的扰动以有限速度向前运动的形式或状态。通过介质各部分间的相互作用，波动可以将能量从介质的一部分传递到另一部分。每个波动都具有一定能量，并伴随波动传播。也可以将波动看作在稳定、缓慢变化背景下的扰动。

　　由于压缩性、重力、循环等原因，流体可以脱离平衡位置并产生回复力，回复力则导致波动的产生。

4.3　波动的基本属性

当空气块或者流体质点离开其初始位置时，回复力可能使其回到初始位置。在这种情况下，由于惯性作用，流体质点将越过其初始平衡位置，向其初始速度的相反方向移动，从而在平衡位置附近产生振动。与此同时，波动也产生了，并从振荡的源地向流体其他部分传播。这就是波动传播的物理机制。

回复力和传播介质是固体、液体、气体（包括大气波动、海洋波动、声波、风生波和地震波）中所有波动传播的两个基本要素。因此，波动的行为是由产生波动的回复力的属性及传播波动能量和动量介质的属性共同决定的。

波动可以用几个基本属性来描述，如频率、波数、相速度、群速度和色散关系。典型的波动如图 4.1 所示。波动的振动周期（τ）决定了波动的频率，波动的水平尺度和垂直尺度决定了其水平波数和垂直波数（$k=2\pi/L_x$，$l=2\pi/L_y$，$m=2\pi/L_z$），其中，k、l、m 是纬向、经向、垂直方向的波数，L_x、L_y、L_z 是纬向、经向、垂直方向的波长。

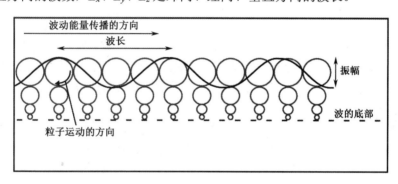

图 4.1　波动的形式（引自马里兰大学）

波动可以由其振幅和位相来刻画，即

$$\varphi(t,x,y,z) = \mathrm{Re}\left[A\exp\mathrm{i}(kx + ly + mz - vt - \alpha)\right] \tag{4.1}$$

式中，φ 代表任意因变量，Re 是波动函数 φ 的实部，A 是振幅，$kx+ly+mz-vt-\alpha$ 是位相及位相角。位相角由波动的初始位置决定。等位相线，诸如波峰、波谷等在流体介质中传播的速度称为相速度，有

$$c_{px} = \frac{v}{k}; \quad c_{py} = \frac{v}{l}; \quad c_{pz} = \frac{v}{m} \tag{4.2}$$

在大气中，不同波长波动的叠加及其非线性相互作用使波形很复杂，波动不能用简单的正弦波描述。但是，任何一个观测到的波形总可以通过不同波数波列的线性叠加来表达，也就是傅里叶级数展开。

在 x 方向上的波动可以分解为

$$\varphi(x) = \sum_{n=1}^{\infty} (A_n \sin k_n x + B_n \cos k_n x) \tag{4.3}$$

式中，傅里叶系数 A_n 和 B_n 由下式决定，即

$$A_n = \frac{2}{L} \int_0^L \pi(x) \sin \frac{2\pi n x}{L} \mathrm{d}x \tag{4.4}$$

$$B_n = \frac{2}{L} \int_0^L \pi(x) \cos \frac{2\pi n x}{L} \mathrm{d}x \tag{4.5}$$

波动函数 φ 的 n 阶傅里叶级数或 n 阶谐波分量可以被定义为 $A_n \sin k_n x + B_n \cos k_n x$。在推导式（4.4）和式（4.5）时，使用了如下正交关系：

$$\int_0^L \sin \frac{2\pi n x}{L} \cos \frac{2\pi m x}{L} \mathrm{d}x = 0 \tag{4.6}$$

对于所有的 $n > 0$, $m > 0$

$$\int_0^L \sin \frac{2\pi n x}{L} \sin \frac{2\pi m x}{L} \mathrm{d}x = \begin{cases} 0, & n \neq m \\ \dfrac{L}{2}, & n = m \end{cases} \tag{4.7}$$

$$\int_0^L \cos \frac{2\pi n x}{L} \cos \frac{2\pi m x}{L} \mathrm{d}x = \begin{cases} 0, & n \neq m \\ \dfrac{L}{2}, & n = m \end{cases} \tag{4.8}$$

波动是由一系列谐波分量组成的，如果相速度取决于波数，那么其中每个谐波的相速度也是不同的。因此，波动在介质中传播时不能保持其初始形态，也就是说波动是频散的。另外，如果相速度与波数无关，那么该波动在介质中传播时将保持其初始形态。这种类型的波动称为非频散波。显然，波的相速度和波数之间的关系决定了波动是否频散。

虽然频散波可能看起来是耗散的，但是耗散和频散是两个完全不同的物理过程。在耗散波中，波动传播中的每个谐波都以同样的速度运动，但波的振幅减小。因此，整个波群在传播中保持其波形。在波动传播时，总势能和总动能的传播速度称为波动的群速度，即

$$c_g = c_{gx}\hat{i} + c_{gy}\hat{j} + c_{gz}\hat{k} = \frac{\partial v}{\partial k}\hat{i} + \frac{\partial v}{\partial l}\hat{j} + \frac{\partial v}{\partial m}\hat{k} \tag{4.9}$$

如果波动是非频散的，那么波动在介质中传播时，其波形不会发生变化。也就是说，相速度和群速度相等。图 4.2 说明了群速度的概念，其中用两个谐波叠加的波动函数为

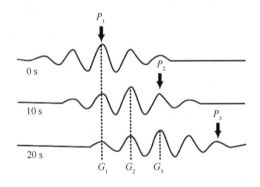

图 4.2　两组正弦波叠加的群速度

$$\varphi(x,t) = \exp\left\{i\left[(k+\Delta k)x-(v+\Delta v)t\right]\right\} + \exp\left\{i\left[(k-\Delta k)x-(v-\Delta v)t\right]\right\} \quad (4.10)$$

该波以速度 $\Delta v/\Delta k$ 传播。此速度接近于 $\partial v/\partial k$，定义为沿着 x 轴方向的群速度。

4.4　波动的分类

大气波动可以根据其物理属性或几何属性来划分。

一种分类方法为通过它们的回复机制来划分。浮力波或重力波的产生原因是大气稳定层结，惯性重力波的产生原因是大气稳定层结和科氏效应，行星波或罗斯贝波的产生原因是 β 效应或向北的位势涡度梯度。

另一种分类方法是区分受迫波。要维持其相速度和波数，需要存在持续的激发机制。热力潮汐是受迫波的一种，太阳加热昼夜变化是其产生原因。

根据波动的传播方向也可以分类。有些波向任意方向传播，另一些波在某些方向则会被截陷，从而不能传播。因此，有时水平传播的行星波在垂直方向上不能传播，而赤道波可以在水平方向和垂直方向上传播，但是远离赤道后会迅速消散。

波动也可以分为定常波和行波。定常波又称为驻波，其位相相对于地球表面是不变的，而行波的位相相对于地球表面是运动的。因为能量、振幅等信息随着群速度传播，而不随相速度传播，所以定常波也能传播这些信息。振幅不随时间变化的波被称为稳定波，而振幅随时间变化的波被称为瞬变波。

也可以根据是否存在波流相互作用分类。线性、稳定、绝热、无摩擦的波不会使平均流产生加速，而瞬变波和非定常波会导致平均流加速。稳定的、保守的非线性波有时可以不使平均流加速。

4.5　大气中的波动

在大气科学中，有 4 种基本波动模型，分别是：声波，速度由温度决定；重力波，速度由稳定度决定；惯性波，速度由科里奥利参数控制；罗斯贝波，速度由科里奥利参数的经向变化决定。

平流层和对流层中的波动包括重力波、罗斯贝波、惯性重力波、强迫定常行星波、自由行波行星波、赤道波、中纬度重力波。

声波是纵波，其传播方向与粒子振动的方向平行。压力导致介质膨胀、收缩，从而产生声波。

重力波的回复机制是重力与浮力平衡或垂直方向的静力稳定性。

惯性重力波的周期很长，因而受到地球转动影响，即科氏偏移。

罗斯贝波的回复机制是位涡的经向梯度。北半球的大地形使空气块产生南北位移。这种位移使行星涡度产生变化，由于总位涡守恒，相对涡度也相应产生变化。因此，产生了围绕整个纬圈的、南北起伏的波动模态。

强迫定常行星波是罗斯贝波的一种，波长很长，可达 10000 km，是由海陆热力差异或地表大尺度地形（如落基山脉、青藏高原）激发的。由于地形特征和海陆热力差异并不移动，故该波动也保持静止状态。当纬向西风较弱时，该波动可以向上传播，将动量沉积在平流层。

自由行波行星波是行星波的一种，其波长为 10000 km，是由大气中特定的"自然频率"激发的。该波动绕纬圈一周需要几天。

赤道波包括混合罗斯贝重力波和开尔文波。当混合罗斯贝重力波东传时，其频率与惯性重力波的频率相似；当混合罗斯贝波西传时，其频率与罗斯贝波的频率相似。它们均由赤道上科里奥利参数的变化激发。开尔文波只存在纬向速度，类似于纯重力波，向东传播。海洋中的开尔文波沿着温跃层或温度梯度高值区传播。海洋开尔文波与厄尔尼诺、南方涛动现象有关，其可以携带暖异常或者冷异常沿温跃层传播至东太平洋。

中纬度重力波是一种存在于中高纬度地区的惯性重力波，可以传播到中层大气。

接下来，我们逐一讨论大气波动的细节。

4.5.1 声波

考虑非旋转、无黏性、均匀（无基本风切变）流体中的一维、小振幅、绝热扰动。为了排除可能的横向振动，假设 $v=w=0$，$u=u(x, t)$。动量和气压倾向方程为

$$\frac{\partial u'}{\partial t} + U\frac{\partial u'}{\partial x} + \frac{1}{\bar{\rho}}\frac{\partial p'}{\partial x} = 0 \tag{4.11}$$

$$\frac{\partial p'}{\partial t} + U\frac{\partial p'}{\partial x} + \gamma\bar{p}\frac{\partial u'}{\partial x} = 0 \tag{4.12}$$

式（4.11）和式（4.12）可以合并为仅含压力扰动的方程，即

$$\left(\frac{\partial}{\partial t} + U\frac{\partial}{\partial x}\right)p' - c_s^2\frac{\partial^2 p'}{\partial x^2} = 0 \tag{4.13}$$

式中，$c_s^2 = \gamma R\bar{T}$。假设波动解为

$$p' = p_0\exp[i(kx - ct)] \tag{4.14}$$

将其代入式（4.13），得到

$$v = (U \pm c_s)k \tag{4.15}$$

以上假设波动解的方法不仅可以解决小振幅扰动问题，也可以用于普通的波动问题。式（4.15）表示了声波的频散关系，将频率 v 与水平波数 k 联系起来。从式（4.15）可以得出水平相速度，有

$$c = \frac{v}{k} = U \pm c_s \tag{4.16}$$

式中，$c_s = \sqrt{\gamma R T}$。式（4.16）表示声波叠加在基流 U 上，以相速度 $U \pm c_s$ 向上游或下游传播。因为声波的相速度与波数无关，故其群速度与其相速度相等，声波是非频散波。

若波动传播方向与回复力振荡的方向相同或与流体微团运动的方向平行，则称其为纵波。相反地，若波动传播方向与回复力振荡的方向相同或与流体微团运动的方向垂直，则称其为横波。声波为纵波。

考虑一个充满气体的半无限管，其右侧无限延长，左侧用活塞封闭。半无限管左侧的活塞振动导致气体交替地压缩或膨胀。振动产生的水平气压梯度力使位于活塞附近的空气块在其平衡位置振动，从而激发出向右传播的速度为 c_s 的声波。在干燥、300 K 恒温的大气中，一维声波的相速度和群速度约为 $347\ \mathrm{m\ s^{-1}}$。

4.5.2　兰姆波

因为声波对大部分大气运动不会产生显著的动力影响，因此往往会将其从原始控制方程组中剔除，特别是那些应用在目前大多数业务数值天气预报模式中的方程组。尽管声波可能与对流层大气运动无关，而对流层包含绝大多数的天气现象，人们还是观测到了一种特殊的声波——兰姆波。该波动可以在无垂直运动的等温大气中水平传播。在二维、绝热、静力、无旋、无黏、等温大气中，当没有垂直运动和基流切变时，小振幅运动可以表示为

$$\frac{\partial u'}{\partial t} + U \frac{\partial u'}{\partial x} + \frac{1}{\bar{\rho}} \frac{\partial p'}{\partial x} = 0 \tag{4.17}$$

$$\frac{1}{\bar{\rho}} \left(\frac{\partial p'}{\partial z} + \frac{p'}{H} \right) = g \frac{\theta'}{\bar{\theta}} \tag{4.18}$$

$$\frac{\partial p'}{\partial t} + U \frac{\partial p'}{\partial x} + \gamma \bar{p} \frac{\partial u'}{\partial x} = 0 \tag{4.19}$$

$$\frac{\partial \theta'}{\partial t} + U \frac{\partial \theta'}{\partial x} = 0 \tag{4.20}$$

在等温大气中，大气标高 H 是恒定的。式（4.18）和式（4.20）可以合并为一个方程，再加上由式（4.17）和式（4.19）合并而成的方程，就得到了控制兰姆波演变的方程组。

4.5.3　浅水重力波

浅水重力波是沿水平方向传播的一种波动。只有在具有自由表面或内部密度不连续的流体中，浅水波才能存在。因为在浅水重力波中回复力沿垂直方向，所以浅水重力波为横波。尽管浅水重力波常常出现在海洋和湖泊中，但大气中偶尔还可以观测到其身影。

当波动的深度小于波长的 1/25 时，称为浅水波。由于底部的挤压，在浅水波中流体质点的轨迹是椭圆形而不是圆形，如图 4.3 所示。随着深度加深，这种挤压作用增强的速度较流体质点轨迹短轴缩短的速率快，因此这种运动一直可以延伸至流体底部。

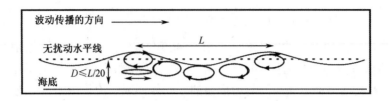

图 4.3　浅水波示意（引自 S. Brachfeld）

考虑一个无旋、静力、两层流体系统，其上层、下层的密度恒为 ρ_1 和 ρ_0，如图 4.4 所示。波动可以沿着密度不同的两层的交界面传播。假设下层的密度 ρ_0 大于上层的密度 ρ_1，即流体系统层结稳定。如果流体系统是静力平衡的，那么每层的水平压力梯度与高度无关，因为

$$\frac{\partial}{\partial z}\left(\frac{\partial p}{\partial x}\right) = \frac{\partial}{\partial x}\left(\frac{\partial p}{\partial z}\right) = -\frac{\partial}{\partial x}(\rho g) = 0 \tag{4.21}$$

因为每层的密度是固定的，因此还可以假设上层不存在水平压力梯度。

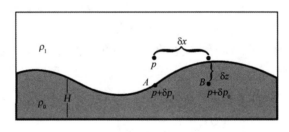

图 4.4　两层均质不可压流体系统

根据静力方程，对于如图 4.4 所示的 A 点有

$$\frac{p-(p+\delta p_1)}{\delta z} = -\rho_1 g \tag{4.22}$$

该式表明

$$p + \delta p_1 = p + \rho_1 g \delta z = p + \rho_1 g \left[\frac{\partial(H+h')}{\partial x}\right]\delta x \tag{4.23}$$

式中，H 为无扰动的上游流体深度，h' 为扰动或偏离 H 的垂直位移。类似地，可以得到 B 点的压力为

$$p + \delta p_0 = p + \rho_0 g \delta z = p + \rho_0 g \left[\frac{\partial(H+h')}{\partial x}\right]\delta x \tag{4.24}$$

因此，交界面上 x 方向的水平压力梯度力可近似表示为

$$\frac{\partial p}{\partial x} = g \Delta \rho \frac{\partial(h+h_s)}{\partial x} \tag{4.25}$$

式中，$\Delta\rho = \rho_0 - \rho_1$，$h+h_s=H+h'$，$h$ 是流体的瞬时厚度，h_s 是底部地形高度。类似地，可以得到 y 方向的水平压力梯度为

$$\frac{\partial p}{\partial y} = g\Delta\rho\frac{\partial(h+h_s)}{\partial y} \tag{4.26}$$

因此，水平动量方程变为

$$\frac{\partial u}{\partial t} + u\frac{\partial u}{\partial x} + v\frac{\partial u}{\partial y} + w\frac{\partial u}{\partial z} = -g'\frac{\partial(h+h_s)}{\partial x} \tag{4.27}$$

$$\frac{\partial v}{\partial t} + u\frac{\partial v}{\partial x} + v\frac{\partial v}{\partial y} + w\frac{\partial v}{\partial z} = -g'\frac{\partial(h+h_s)}{\partial y} \tag{4.28}$$

式中，$g' = g\Delta\rho/\rho_0$ 是约化重力。假设初始时刻没有水平风的垂直切变（$\partial u/\partial z = \partial v/\partial z = 0$），可以证明，随后任意时刻 u 和 v 均与 z 无关。在此条件下，式（4.27）和式（4.28）可简化为

$$\frac{\partial u}{\partial t} + u\frac{\partial u}{\partial x} + v\frac{\partial u}{\partial y} = -g'\frac{\partial(h+h_s)}{\partial x} \tag{4.29}$$

$$\frac{\partial v}{\partial t} + u\frac{\partial v}{\partial x} + v\frac{\partial v}{\partial y} = -g'\frac{\partial(h+h_s)}{\partial y} \tag{4.30}$$

将在等压坐标系下的连续性方程，对 z 从地面（$z = h_s$）到上界面（$z = H + h'$）积分，有

$$\int_{h_s}^{H+h'}\left(\frac{\partial u}{\partial x} + \frac{\partial v}{\partial y}\right)dz + \int_{h_s}^{H+h'}\frac{\partial w}{\partial z}dz = 0 \tag{4.31}$$

由于假设初始的 u 和 v 与 z 无关，所以此后 $\partial u/\partial x$ 和 $\partial u/\partial y$ 都与 z 无关。因此，式（4.31）可简化为

$$h\left(\frac{\partial u}{\partial x} + \frac{\partial v}{\partial y}\right) + w(z = h + h_s) - w(z = h_s) = 0 \tag{4.32}$$

代入以下关系

$$w = \frac{dz}{dt} = \frac{\partial h}{\partial t} + u\frac{\partial h}{\partial x} + v\frac{\partial h}{\partial y} \tag{4.33}$$

得到

$$h\left(\frac{\partial u}{\partial x} + \frac{\partial v}{\partial y}\right) + \left[\frac{\partial}{\partial t}(h+h_s) + u\frac{\partial}{\partial x}(h+h_s) + v\frac{\partial}{\partial y}(h+h_s)\right] - \left(u\frac{\partial h_s}{\partial x} + v\frac{\partial h_s}{\partial y}\right) = 0 \tag{4.34}$$

因为 h_s 为底部地形，一般假设其与时间无关，所以式（4.34）可进一步简化为

$$\frac{\partial h}{\partial t} + u\frac{\partial h}{\partial x} + v\frac{\partial h}{\partial y} + h\left(\frac{\partial u}{\partial x} + \frac{\partial v}{\partial y}\right) = 0 \tag{4.35}$$

因此，在两层浅水系统中的扰动由简化的水平动量方程和简化的垂直积分的连续方程一起控制，有

$$\frac{\partial u}{\partial t} + u\frac{\partial u}{\partial x} + v\frac{\partial u}{\partial y} = -g\frac{\partial}{\partial x}(h+h_s) \tag{4.36}$$

$$\frac{\partial v}{\partial t} + u\frac{\partial v}{\partial x} + v\frac{\partial v}{\partial y} = -g\frac{\partial}{\partial y}(h+h_s) \tag{4.37}$$

$$\frac{\partial h}{\partial t} + u\frac{\partial h}{\partial x} + v\frac{\partial h}{\partial y} + h\left(\frac{\partial u}{\partial x} + \frac{\partial v}{\partial y}\right) = 0 \tag{4.38}$$

代入 $u = U + u'$，$v = V + v'$，$h = H + h'$，得到式（4.36）、式（4.37）、式（4.38）的扰动形式为

$$\frac{\partial u'}{\partial t} + (U+u')\frac{\partial u'}{\partial x} + (V+v')\frac{\partial u'}{\partial y} + g'\frac{\partial h'}{\partial x} = 0 \tag{4.39}$$

$$\frac{\partial v'}{\partial t} + (U+u')\frac{\partial v'}{\partial x} + (V+v')\frac{\partial v'}{\partial y} + g'\frac{\partial h'}{\partial x} = 0 \tag{4.40}$$

$$\frac{\partial h'}{\partial t} + (U+u')\frac{\partial h'}{\partial x} + (V+v')\frac{\partial h'}{\partial y} + (H+h'-h_s)\left(\frac{\partial u'}{\partial x} + \frac{\partial v'}{\partial y}\right) = (U+u')\frac{\partial h_s}{\partial x} + (V+v')\frac{\partial h_s}{\partial y} \tag{4.41}$$

式中，H 为无扰动的上游流体深度，h' 为偏离 H 的垂直位移。因此，在动量方程式（4.39）和式（4.40）中水平压力梯度力不再包含 h_s。然而，在扰动系统的质量连续方程式（4.41）中，h_s 为垂直速度 $w' = \mathrm{d}h'/\mathrm{d}t$ 的强迫项。

在底部为平面的一层流体中，当无经向的基本流（$V=0$）时，会出现线性小扰动。空气和水组成的两层流体系统类似于这种特殊情况。此时，$\rho_1 = \rho_{\mathrm{air}} \ll \rho_0 = \rho_{\mathrm{water}}$，$\Delta\rho = \rho_0 - \rho_1 \approx \rho_0$。因此，式（4.39）～式（4.41）变为

$$\frac{\partial u'}{\partial t} + U\frac{\partial u'}{\partial x} + g\frac{\partial h'}{\partial x} = 0 \tag{4.42}$$

$$\frac{\partial v'}{\partial t} + U\frac{\partial v'}{\partial x} + g\frac{\partial h'}{\partial x} = 0 \tag{4.43}$$

$$\frac{\partial h'}{\partial t} + U\frac{\partial h'}{\partial x} + H\left(\frac{\partial u'}{\partial x} + \frac{\partial v'}{\partial x}\right) = 0 \tag{4.44}$$

该方程组可以合并成一个波动方程来控制自由表面位移扰动 h'，即

$$\left(\frac{\partial}{\partial t} + U\frac{\partial}{\partial x}\right)^2 h' - gH\left(\frac{\partial^2 h'}{\partial x^2} + \frac{\partial^2 h'}{\partial y^2}\right) = 0 \tag{4.45}$$

设位移扰动 h' 存在波动解

$$h' = A\exp[ik(x-ct)] \tag{4.46}$$

将其代入二维形式的方程式（4.45），另有 $\partial/\partial y = 0$，可以得到二维浅水波的频散关系为

$$c = U \pm \sqrt{gH} \tag{4.47}$$

在没有基本气流的情况下，式（4.47）表明浅水波包含一个向左的运动和一个向右的运动，分别以相速度 $\sqrt{gH}$ 沿流体自由表面传播。在有基本气流的情况下，其波速需要叠加上基流（U）。因为二维浅水波的相速度与波数无关，所以其是非频散的，其群速度与相速度相同。

浅水波的波速为 $\sqrt{gH}$。当波动的波长远大于流体的深度时，其垂直速度就足够小，能够有效满足静力平衡条件，而 $\sqrt{gH}$ 也可以作为波速的有效近似。深度为 4 km 的海洋，浅水波的波速约为 200 m s^{-1}。因此，海洋表面长波移动得非常迅速。需要再次强调，浅水波理论只能应用于波长远大于深度的情况。这种长波不是由风应力激发的，而可能是由更大尺度的扰动（如海啸）激发的。

浅水重力波也可能出现在海洋中密度梯度很大的区域。浅水重力波特别容易出现在温

跃层，在温跃层中表层海水与深层海水在狭窄的区域内存在极强的密度对比。

三维浅水方程

一个三维浅水系统的扰动动能方程为（Gill，1982）

$$\left(\frac{\partial}{\partial t}+U\frac{\partial}{\partial x}\right)\left[\frac{1}{2}\rho H(u'^2+v'^2)\right]=-\rho gH\left(u'\frac{\partial u'}{\partial x}+v'\frac{\partial v'}{\partial y}\right) \tag{4.48}$$

式中，方程左侧方括号内为单位面积的扰动动能。该方程表明，在流体运动过程中扰动动能的变化与扰动风平流的扰动高度直接相关。也可以推出其扰动势能方程为

$$\left(\frac{\partial}{\partial t}+U\frac{\partial}{\partial x}\right)\left(\frac{1}{2}\rho h'^2\right)=-\rho gHh'\left(\frac{\partial u'}{\partial x}+\frac{\partial v'}{\partial y}\right) \tag{4.49}$$

因此，在流体运动过程中扰动速度的辐合或辐散使单位面积的扰动势能发生变化。三维单层浅水系统的单位面积总扰动能量方程为

$$\left(\frac{\partial}{\partial t}+U\frac{\partial}{\partial x}\right)\left[\frac{1}{2}\rho H(u'^2+v'^2)+\frac{1}{2}\rho gh'^2\right]+\rho gH\left[\frac{\partial}{\partial x}(u'h')+\frac{\partial}{\partial y}(v'h')\right]=0 \tag{4.50}$$

式（4.50）表示单位面积总扰动能量变化只与质量通量的辐合或辐散有关。

当上游条件不同时，浅水流可能会变得非常不同。为了更好地理解这一点，假设二维无旋小扰动的浅水流系统经过一个障碍物，如图 4.5 所示，控制纬向风扰动变化的波动方程为

$$\left(\frac{\partial}{\partial t}+U\frac{\partial}{\partial x}\right)^2 u'-(gH)\frac{\partial^2 u'}{\partial x^2}=-gU\frac{\partial^2 h_s}{\partial x^2} \tag{4.51}$$

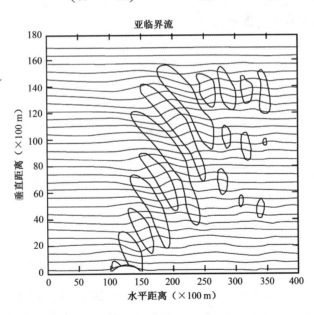

图 4.5　流体底部产生的扰动导致的流体变率的空间分布（引自 Holton and Durran，1993）

假设流动达到稳定状态，那么式（4.51）可简化为

$$(U^2 - gH)\frac{\partial^2 u'}{\partial x^2} = -gU\frac{\partial^2 h_s}{\partial x^2} \qquad (4.52)$$

将式（4.52）对 x 积分两次，得到

$$u' = \frac{-gU}{(U^2 - gH)}h_s \qquad (4.53)$$

类似地，也可以导出自由表面位移扰动的控制方程为

$$\left(\frac{\partial}{\partial t} + U\frac{\partial}{\partial x}\right)^2 h' - (gH)\frac{\partial^2 h'}{\partial x^2} = \left(\frac{\partial}{\partial t} + U\frac{\partial}{\partial x}\right)\left(U\frac{\partial h_s}{\partial x^2}\right) \qquad (4.54)$$

可以得到稳态解

$$h' = \frac{h_s}{(1 - F_0^{-2})} \qquad (4.55)$$

因此有

$$当 F_0 > 1 时，\ h' > 0,\ h' \to h_s \qquad (4.56)$$
$$当 F_0 < 1 时，\ h' < 0,\ h' \to 0 \qquad (4.57)$$

式中，F_0 为浅水弗劳德数，为基本气流流速（U）与浅水波相速度 $\sqrt{gH}$ 之比，代表了上游无扰动的基本流的动能与势能之比。

当 $F_0 > 1$ 时，h' 增大，远处的上游流体的流速也增加。交界面或自由表面会在障碍处产生弯曲，如图 4.6（a）所示。也就是说，上游流体具有足够的动能克服障碍物的势能屏障，该流场被称为超临界流。当 $F_0 < 1$ 时，h' 将随着 h_s 的增大而减小，如图 4.6（b）。此时扰动流的势能转化为动能绕过障碍。式（4.53）显示，在障碍物的顶部，流体会达到最大速度。这种流场被称为亚临界流。

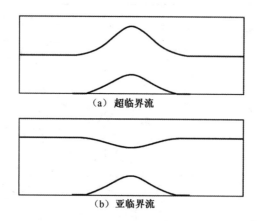

（a）超临界流

（b）亚临界流

图 4.6　流体经过障碍物产生的超临界流和亚临界流

当流场为超临界流时，小扰动不能向上游传播，底部的障碍物往往只能产生局地扰动。当流场为亚临界流时，浅水波能够向上游传播。该响应的稳态效应有效地增加了上游流体的深度，即增加了势能。当流体越过障碍物时，势能又转化为动能，流体达到最大速度，而自由表面则在障碍物处向下弯曲，从而产生伯努利效应或文丘里效应。

4.5.4　罗斯贝波

罗斯贝波是行星尺度波动，对平流层的输送至关重要。当相对涡度、拉伸涡度和行星涡度等发生变化，导致位势涡度产生大尺度变化时，罗斯贝波发展。罗斯贝波的回复力是科氏效应随纬度的变化。罗斯贝波是对地球地形的动力反映。

罗斯贝波可以分为由地形强迫产生的定常行星波和自由行波行星波。其中，定常行星波是最重要的。波强迫是等熵面上的位涡梯度，即科里奥利参数 f 随纬度的变化。稳定的行星波保持位涡守恒，就像稳定的浮力波保持位温守恒一样。

假设在初始时刻，相对涡度 $\zeta_{initial}=0$，空气质点经向移动 δy。由于涡度守恒，$\zeta_{new}+f_{new}=f_{initial}$，则

$$\zeta_{new} = f_{initial} - f_{new} = -\beta \delta y \tag{4.58}$$

式中，$\beta = \mathrm{d}f/\mathrm{d}y$ 是行星涡度梯度。

当 $\delta y<0$ 时，空气质点呈现逆时针气旋式旋转，$\zeta_{new}>0$，因为

$$\frac{\partial v}{\partial x} - \frac{\partial u}{\partial y} = \zeta \tag{4.59}$$

当 $\delta y>0$ 时，空气质点呈现顺时针反气旋式旋转，$\zeta_{new}<0$。整个模态均向西移动。

沿着纬圈的一系列流团，初始经向位移使流团呈现正弦式分布。为了保持涡度守恒，向南的位移产生正（气旋式）涡度，向北的位移产生负（反气旋式）涡度。从图 4.7 中可以很清晰地看到，流场的平流输送导致波向西传播。

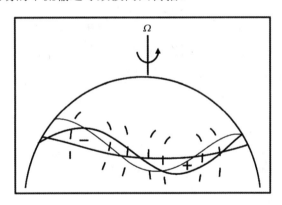

图 4.7　流团经向位移产生的涡度扰动，其中，虚线是经向位移对应的速度场，粗波浪线表示扰动的初始位置，细线表示扰动西移（引自 Holton，2004，Elsevier）

因为位势涡度是守恒的，则假设基流只有纬向分量，并只考虑等压面上的水平运动（正压涡度方程），当 $f = f_0 + \beta y$ 时，有

$$\left(\frac{\partial}{\partial t} + u\frac{\partial}{\partial x} + v\frac{\partial}{\partial y}\right)\zeta + \beta v = 0 \tag{4.60}$$

将变量分为平均项和扰动项，即

$$u = U + u'; \quad v = v'; \quad \zeta = \overline{\zeta} + \zeta' \tag{4.61}$$

将流函数表示扰动速度，即

$$u' = -\frac{\partial \Psi'}{\partial y}; \quad v' = \frac{\partial \Psi'}{\partial x} \tag{4.62}$$

得到

$$\zeta' = \nabla^2 \Psi' \tag{4.63}$$

涡度守恒方程变为

$$\left(\frac{\partial}{\partial t} + U\frac{\partial}{\partial x}\right)\nabla^2\Psi' + \beta\frac{\partial \Psi'}{\partial x} = 0 \tag{4.64}$$

上式存在谐波解

$$\Psi' = \mathrm{Re}[\hat{\Psi}\exp(\mathrm{i}\phi)] \tag{4.65}$$

式中

$$\phi = kx + ly - vt \tag{4.66}$$

将该谐波解代回方程，得到频散关系为

$$v = Uk - \frac{\beta k}{k^2 + l^2} \tag{4.67}$$

纬向相速度为 $c_x = v/k$，得到

$$c_x - U = -\frac{\beta}{k^2 + l^2} \tag{4.68}$$

因为在北半球 $\beta > 0$，所以有

$$c_x - U < 0 \tag{4.69}$$

由式（4.69）可知，行星波相对于平均风速向西传播。罗斯贝波为频散波，随着波数减少（波长增加），罗斯贝波相对于基流的速度迅速增大。地形激发的罗斯贝波并不移动，所以其相速度为零。也就意味着基流速度大于零，即基流为西风，而罗斯贝波只能在西风中传播。图 4.8 显示了行星尺度罗斯贝波在大气中的传播机制。

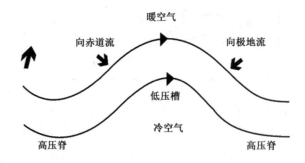

图 4.8　行星尺度罗斯贝波在大气中的传播特征（引自 J. Brandon，澳大利亚航空气象局）

罗斯贝波相对于基流的速度为

$$c_x - U = -\frac{\beta}{k^2} \tag{4.70}$$

可以看出，罗斯贝波的相速度与基流速度的差值与纬向波数的平方成反比。式（4.70）

两边均为负值，即罗斯贝波相对于基流总向西传播。罗斯贝波为频散波，随着波数减少（波长增加），罗斯贝波相对于基流的速度迅速增加。典型的中纬度天气尺度扰动的纬向尺度和经向尺度约为 6000 km，罗斯贝波相对基流的传播速度约为-8 m s⁻¹。

罗斯贝波一般向东移动，但其相速度较平均纬向风速稍慢。对于更长波长的罗斯贝波，其足以平衡向东的平均纬向风，使罗斯贝波相对于地表静止，即

$$k^2 = \frac{\beta}{U} = k_s^2 \tag{4.71}$$

式中，k_s 是静止纬向波数。在上对流层，由于其受到地表的影响较弱，大气环流的尺度远大于地球表面。温暖、深厚的热带对流层与寒冷、浅薄的极地对流层的差异导致了中纬度对流层盛行强烈的西风。任何偏离纯纬向风的强烈的大尺度扰动都能在位涡守恒的作用下产生大振幅的波动，即罗斯贝波，如图 4.9 所示。

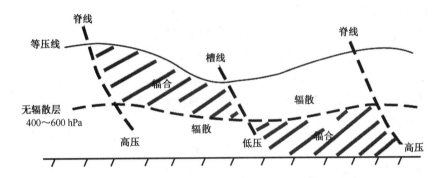

图 4.9　罗斯贝波及对应的低层辐合、辐散对高层西风的补偿（引自 J. Brandon，澳大利亚航空气象局）

在静止大气中，罗斯贝波以波速 c 向西传播，其速度取决于波长 L，即

$$c = -\frac{\beta L^2}{4\pi^2} \tag{4.72}$$

式中，$\beta = \partial f/\partial y$ 是科里奥利参数 f 随纬度的变化。

然而，上层西风很强，因而罗斯贝波相对于地表向东传播。因此，从上层大气气压场的时间变化中可以看出，具有巨大振幅的波动是东移的，但其移动速度略慢于实际风的风速。近地表的扰动，如锋面系统和低压系统，往往与上对流层罗斯贝波的槽线联系在一起，并一起移动（Hamilton，1998；Holton，2004）。

三维罗斯贝波

下面考虑更贴近实际的三维罗斯贝波。利用位涡守恒，其中位涡近似使用准地转位涡（q），有

$$q = \zeta + f + \frac{1}{\rho_0}\frac{\partial}{\partial z}\left(\rho_0\theta\frac{\partial\theta}{\partial z}\right) \tag{4.73}$$

其中，等号右侧分别为相对涡度、行星涡度和扭转项。

得出的解为

$$\Psi' = \text{Re}[\hat{\Psi}]\exp\left[ik(x - c_x t)\right]\sin(ly) \tag{4.74}$$

式中包括了波振幅、纬向、时间和经向变化。

类似前面的推导，将各项分解为平均项和扰动项，得到

$$q' = \nabla^2\Psi' + \frac{f^2}{N^2}\frac{\partial^2\Psi'}{\partial z^2} \tag{4.75}$$

扰动位涡守恒方程变为

$$\frac{\partial^2\Psi'}{\partial z^2} + B\Psi' = 0 \tag{4.76}$$

式中，B 为

$$B \equiv \frac{N^2}{f_0^2}\left[\frac{\mathrm{d}\bar{q}/\mathrm{d}y}{U - c_x} - (k^2 + l^2)\right] \tag{4.77}$$

B 类似于折射指数的平方。其解为

$$\text{当} B > 0 \text{时}, \quad \Psi' \approx \exp(\pm iB)^{1/2}z \tag{4.78}$$

$$\text{当} B < 0 \text{时}, \quad \Psi' \approx \exp(-|B|^{1/2}z) \tag{4.79}$$

当 $B>0$ 时，存在垂直方向上的波动传播；当 $B<0$ 时，波动迅速消失。若在高度 $z=z_c$ 上，$U=c_x$ 且 $\partial q/\partial z$ 不为零，那么 B 无穷大，该层被称为临界高度。

当 U 为常数时，有

$$\frac{\mathrm{d}\bar{q}}{\mathrm{d}y} = \beta \tag{4.80}$$

方程要在水平方向上和垂直方向上求解，在求解垂直方向上的传播时，必须要考虑密度随高度的变化，即

$$\rho_0 = \rho_s\exp(-z/H) \tag{4.81}$$

解得

$$\hat{\Psi} \propto \exp\left\{\left[\frac{1}{2H} \pm \left(\frac{1}{4H^2} - B\right)^{1/2}\right]z\right\} \tag{4.82}$$

如果

$$\frac{1}{4H^2} - B > 0 \tag{4.83}$$

那么

$$\hat{\Psi} \propto \exp\left(\frac{z}{2H}\right)\exp\left[\pm\left(\frac{1}{4H^2} - B\right)^{1/2}z\right] \tag{4.84}$$

显然，波振幅随着高度上升而增大。但是，实际的状况并不支持这个推论。

上面提到 $u' = \partial\Psi'/\partial y$ 且波动的能量密度为 $\rho u'^2/2$。因此有

$$\frac{1}{2}\rho_s u'^2 \propto \frac{1}{2}\rho_0\exp\left(-\frac{z}{H}\right)\exp\left(\frac{2z}{2H}\right)\exp\left[\pm 2\left(\frac{1}{4H^2} - B\right)^{1/2}z\right] \tag{4.85}$$

$$\frac{1}{2}\rho_s u'^2 \propto \frac{1}{2}\rho_0 \exp\left[\pm 2\left(\frac{1}{4H^2} - B\right)^{1/2} z\right] \tag{4.86}$$

根据实际情况，如果不想能量密度随高度无限大，则式（4.85）和式（4.86）选择负号。此时，能量密度随高度上升而减小并最终消失，即行星波被截陷。另外，因为在 y 方向和 z 方向上没有相互作用，所以波动不会像重力波那样位相随着高度倾斜。

接着考虑波动可以垂直传播的垂直结构。如果有

$$\frac{1}{4H^2} - B < 0 \tag{4.87}$$

那么

$$\hat{\Psi} \propto \mathrm{Re}\left\{\exp\left(\frac{z}{2H}\right)\exp\left[\mathrm{i}(kx + mz - kct]\sin(ly)\right\} \tag{4.88}$$

式中

$$m = \left(B - \frac{1}{4H^2}\right)^{1/2} \tag{4.89}$$

虚部表示垂直传播和位相都随高度上升而倾斜。波动同时在垂直方向和纬向传播。其中 $kx+mz$ 为常数。当 $m>0$ 时，等位相线向西倾斜。为了使 $k>0$ 时群速度大于零，这里选取 $m>0$。

正如式（4.77）所示

$$B \equiv \frac{N^2}{f_0^2}\left[\frac{\mathrm{d}\overline{q}/\mathrm{d}y}{U-c} - (k^2 + l^2)\right] \tag{4.90}$$

将式（4.90）代入式（4.91），得到

$$U - c \equiv \beta\left[k^2 + l^2 + (f_0^2/N^2)(m^2 + 1/4H)\right]^{-1} \tag{4.91}$$

因为 $0 < m^2 < \infty$，并且 β、k^2、l^2、f_0^2、N^2 和 H^2 均为正，所以有

$$0 < U - c < U_c \approx \beta\left[k^2 + l^2 + (f_0^2/N^2)(1/4H)\right]^{-1} \tag{4.92}$$

该条件称为查卓标准。罗斯贝波只能在风速小于 U_c 的西风中垂直传播。

随着 k 和 l 的增长，极限风速 U_c 减小。一般来说，只有波数最小的波动才能垂直传播。当 $c=0$，即波动为定常波时，垂直传播的条件为 $0 < U < U_c$。在 $60°$ N 地区 $N^2=5\times10^{-4}\,\mathrm{s}^{-1}$，$l=\pi/(10000\,\mathrm{km})$ 的典型情况下，$U_c= 110/(s^2+3)$，其单位为 $\mathrm{m\,s}^{-1}$，$s = kacos\varphi$。因此，波数为 1（$s=1$）的波动西传的速度小于 28 $\mathrm{m\,s}^{-1}$，波数为 2（$s=2$）的波动西传的速度小于 16 $\mathrm{m\,s}^{-1}$。

4.6 大气重力波

大气是行为基本上由重力控制的流体。在重力作用下，背景气体密度和气压随高度上升成指数下降，重力波振幅随高度上升成指数增加。其物理原因是，随着高度上升背景气

体密度下降，但为了保持波能量的垂直通量守恒，波振幅要随高度上升补偿密度下降导致的能量通量的减少。

重力波的物理机制为：当地球重力和由大气密度梯度产生的回复力大小相近时，就产生了重力波。根据重力波的垂直波数为纯实数或纯虚数，可将重力波分为内波或外波。高频内波的行为类似于简单的声波，因此也称为声重力波。当内波的频率较低时，其周期较长，从数分钟到数个小时不等，称为重力内波。

重力波可以被许多波源激发，如急流、潮汐波、热带气旋、飓风、地震、火山爆发、核爆和雷暴等。重力波能够在垂直方向上和水平方向上传播、耗散，产生非线性相互作用，并深刻地影响大气中的动量、能量和组成成分，如图 4.10 所示。重力波能够加强大气中化学成分的混合。观测显示，有些重力波可以在水平方向上传播数千千米。重力波可能会在全球范围内改变中层大气的环境，显著地影响中层大气的环流。

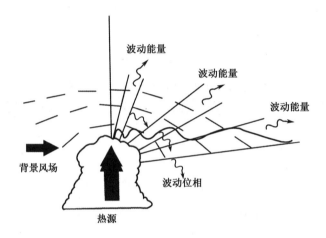

图 4.10　大气重力波的波源和传播（引自 Kim et al.，2003，Canadian Meteorological and Oceanographic Society）

重力波主要作为载体将能量和动量输送至平流层和中间层。重力波可以从地表向大气或在大气不同层次间输送平均水平动量。当气流流过大地形时，可以形成定常重力波。而定常重力波在对流层和下平流层发生非线性破碎。定常重力波可以将动量从波破碎区传输至地表，从而对中纬度对流层平均风场产生显著的、向东的拖曳作用。其他过程，如对流、急流、不稳定等，可以产生水平相速度不为零的重力波。这些波动在对流层和平流层/中间层间传播平均动量。

重力波和临界层相互作用的一些理论对大气动力学非常重要（Hines，1968；Hamilton，1998；Nappo，2002），其中包括：临界高度重力波与基本气流间的强耦合，在临界高度附近重力波振幅增大和垂直波长减小的倾向。在临界高度附近重力波与基本气流的相互作用，导致大量的重力波能量、动量被基本气流吸收，重力波从而迅速衰减（Kim et al.，2003）。

4.6.1　纯重力内波

重力内波是一种横波，其气块振荡方向与等位相线平行。图 4.11 显示了气块在重力波作用下的运动，其坐标为高度和温度。气块的绝热运动，即加热和冷却由绝热递减率决定。当气块振荡到顶部时，温度最低，密度最小。图 4.11 中也显示了环境温度递减率。在振荡顶部，气块温度比周围环境温度低，气块密度比周围环境密度大，因此气块下沉。这与大气层结稳定的条件一致。若大气层结不稳定，则气块向上运动后会继续上升，不会产生振荡，重力波也就不存在了。当气块运动到底部时，其温度比周围环境温度高，其密度比周围环境密度小，因此会再次被迫抬升。

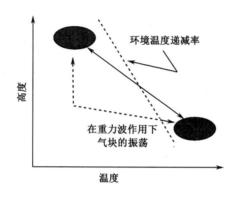

图 4.11　重力波对气块振荡的影响（引自 WK Hocking，2001）

下面讨论二维重力内波的线性方程组。进行 Boussineq 近似，除在垂直动量方程中的浮力项中密度与重力耦合外，在其余情况下假设密度为常数。在该近似下，大气是不可压缩的，局地密度的变化是恒定的密度基本状态的小扰动。因为除和重力波耦合外，密度基本状态的垂直变化被忽略，所以 Boussineq 近似适用于垂直尺度小于大气标高（约为 8 km）的情况。

忽略地转效应，不可压缩大气的二维运动基本方程组如下。

在 x–z 平面上的动量方程为

$$\frac{\partial u}{\partial t} + u\frac{\partial u}{\partial x} + w\frac{\partial u}{\partial z} + \frac{1}{\rho}\frac{\partial p}{\partial x} = 0 \tag{4.93}$$

$$\frac{\partial w}{\partial t} + u\frac{\partial w}{\partial x} + w\frac{\partial w}{\partial z} + \frac{1}{\rho}\frac{\partial p}{\partial z} + g = 0 \tag{4.94}$$

连续方程为

$$\frac{\partial u}{\partial x} + \frac{\partial w}{\partial z} = 0 \tag{4.95}$$

热力学能量方程为

$$\frac{\partial \theta}{\partial t} + u\frac{\partial \theta}{\partial x} + w\frac{\partial \theta}{\partial z} = 0 \tag{4.96}$$

式中，位温 θ 与气压、密度有关，即

$$\theta = \frac{p}{\rho R}\left(\frac{p_0}{p}\right)^k \tag{4.97}$$

对式（4.97）两侧取对数，得到

$$\ln\theta = \ln p - (\ln\rho + \ln R) + \frac{R}{C_p}(\ln p_0 - \ln p) \tag{4.98}$$

$$\ln\theta = \frac{\ln p}{\gamma} - \ln p + 常数 \tag{4.99}$$

引入扰动量，即

$$\rho = \rho_0 + \rho'; \quad p = \overline{p}(z) + p'; \quad \theta = \overline{\theta}(z) + \theta'; \quad u = U + u'; \quad w = w' \tag{4.100}$$

式中，假设基态的纬向流 U 和密度 ρ_0 均为常量，则基态气压满足静力学方程，有

$$\frac{\mathrm{d}\overline{p}}{\mathrm{d}z} = -\rho_0 g \tag{4.101}$$

而基态位温满足的线性方程组为代入式（4.100）后的式（4.93）～式（4.98），而且要忽略掉产生扰动量的项。式（4.94）中最后两项可以近似为

$$\frac{1}{\rho}\frac{\partial p}{\partial z} + g = \frac{1}{\rho_0 + \rho'}\left(\frac{\mathrm{d}\overline{p}}{\mathrm{d}z} + \frac{\partial p'}{\partial z}\right) + g \tag{4.102}$$

$$\frac{1}{\rho}\frac{\partial p}{\partial z} + g \approx \frac{1}{\rho_0}\frac{\mathrm{d}\overline{p}}{\mathrm{d}z}\left(1 - \frac{\rho'}{\rho_0}\right) + \frac{1}{\rho_0}\frac{\partial p'}{\partial z} + g = \frac{1}{\rho_0}\frac{\partial p'}{\partial z} + \frac{\rho'}{\rho_0}g \tag{4.103}$$

其中，式（4.99）可以用来消除 $\overline{p}$。式（4.99）的扰动形式为

$$\ln(\overline{\theta} + \theta') = \gamma^{-1}\ln(\overline{p} + p') - \ln(\rho_0 + \rho') + 常数 \tag{4.104}$$

$$\ln\left[\overline{\theta}\left(1 + \frac{\theta'}{\overline{\theta}}\right)\right] = \gamma^{-1}\ln\left[\overline{p}\left(1 + \frac{p'}{\overline{p}}\right)\right] - \ln\left[\rho_0\left(1 + \frac{\rho'}{\rho_0}\right)\right] + 常数 \tag{4.105}$$

对任意 $\theta \ll 1$，有 $\ln(1+\theta) \approx \theta$。结合式（4.104），式（4.105）可以近似为

$$\frac{\theta'}{\overline{\theta}} \simeq \frac{1}{\gamma}\frac{p'}{\overline{p}} - \frac{\rho'}{\rho_0} \tag{4.106}$$

求解 ρ' 场，有

$$\rho' = -\rho_0\frac{\theta'}{\overline{\theta}} - \frac{p'}{c_s^2} \tag{4.107}$$

式中，$c_s^2 \equiv \overline{p}\gamma/\rho_0$ 是声速的平方。

对于重力波，有

$$\left|\frac{\rho_0\theta'}{\overline{\theta}}\right| \gg \left|\frac{p'}{c_s^2}\right| \tag{4.108}$$

式（4.108）表明，气压引起的密度波动振幅远小于温度引起的密度波动振幅。因此，进行一级近似可得到

$$\frac{\theta'}{\overline{\theta}} = \frac{\rho'}{\rho_0} \tag{4.109}$$

利用式（4.103）和式（4.109），线性方程组可以写为

$$\left(\frac{\partial}{\partial t} + U\frac{\partial}{\partial x}\right)u' + \frac{1}{\rho_0}\frac{\partial p'}{\partial x} = 0 \tag{4.110}$$

$$\left(\frac{\partial}{\partial t} + U\frac{\partial}{\partial x}\right)w' + \frac{1}{\rho_0}\frac{\partial p'}{\partial z} - \frac{\theta'}{\bar\theta}g = 0 \tag{4.111}$$

$$\frac{\partial u'}{\partial x} + \frac{\partial w'}{\partial z} = 0 \tag{4.112}$$

$$\left(\frac{\partial}{\partial t} + U\frac{\partial}{\partial x}\right)\theta' + w'\frac{\mathrm{d}\bar\theta}{\mathrm{d}t} = 0 \tag{4.113}$$

将式（4.110）对 z 求导，将式（4.111）对 x 求导，再两式相减可以消除 p'，有

$$\left(\frac{\partial}{\partial t} + U\frac{\partial}{\partial x}\right)\left(\frac{\partial w'}{\partial x} - \frac{\partial u'}{\partial z}\right) - \frac{g}{\bar\theta}\frac{\partial\theta'}{\partial x} = 0 \tag{4.114}$$

式（4.114）为涡度方程在 y 方向上的分量方程。将根据式（4.112）和式（4.113），可以消去式（4.114）中的 u' 和 θ'，得到只含 w 的方程，即

$$\left(\frac{\partial}{\partial t} + U\frac{\partial}{\partial x}\right)^2\left(\frac{\partial^2 w'}{\partial x^2} + \frac{\partial^2 w'}{\partial z^2}\right) + N^2\frac{\partial^2 w'}{\partial x^2} = 0 \tag{4.115}$$

式中，$N^2 = g\,\mathrm{d}\ln\bar\theta/\mathrm{d}z$ 是浮力波频率的平方，假设其为常数。

设式（4.115）的解为谐波，即

$$w' = \hat{w}\exp\{\mathrm{i}\varphi\} \tag{4.116}$$

式中，$\varphi = kx + mz - vt$。将谐波解代入式（4.115），得到

$$(v - Uk)^2(k^2 + m^2) - N^2 k^2 = 0 \tag{4.117}$$

$$\hat{v} = v - Uk = \pm\frac{Nk}{(k^2 + m^2)^{1/2}} = \pm\frac{Nk}{|k|} \tag{4.118}$$

式中，$\hat{v}$ 是固有频率，与基流风速有关；正号表示谐波相对基流位相向东传播，负号表示谐波相对基流位相向西传播。

若令 $k>0$，$m<0$，那么等位相线随着高度升高而向东倾斜。式（4.118）中的正根表示，谐波相对基流相速度向东传播、向下传播，相速度分别为 $c_x = \hat{v}/k$，$c_z = \hat{v}/m$。

群速度分量为

$$c_{gx} = \frac{\partial v}{\partial k} = U \pm \frac{Nm^2}{(k^2 + m^2)^{3/2}} \tag{4.119}$$

$$c_{gz} = \frac{\partial v}{\partial m} = \pm\frac{-Nkm}{(k^2 + m^2)^{3/2}} \tag{4.120}$$

群速度的垂直分量与相对基流的相速度的符号是相反的，若相速度向下，则能量向上传播。另外，群速度矢量与等位相线平行。因此，重力内波的一个特性为群速度方向与传播方向垂直（Holton，2004）。

重力波源

只有当激发频率达到 BV 频率 N 时，大气才能被激发。如果激发频率小于 N，波动只

能沿倾斜路径激发。

假设存在平均纬向风，那么频率为

$$v_{\text{total}} = v + Uk = Uk \pm (N\cos\alpha) = Uk \pm \frac{Nk}{(m^2 + k^2)^{1/2}} \tag{4.121}$$

群速度为

$$c_{gx} = \frac{\partial v_{\text{total}}}{\partial k} = U \pm \frac{Nm^2}{(k^2 + m^2)^{3/2}} \tag{4.122}$$

$$c_{gz} = \frac{\partial v_{\text{total}}}{\partial m} = \pm \frac{-Nkm}{(k^2 + m^2)^{3/2}} \tag{4.123}$$

另外，加上平均纬向风后，群速度的向东分量将增强。

需要指出的是，气体分子不会随着平均纬向风产生很大的位移。因此，平流层中气体分子的运动实际上限制在 100 m 左右的范围内。

4.6.2　惯性重力波

在惯性和重力稳定流体运动中，当流团发生位移后，浮力和科氏力共同作用使其回到初始位置。由这种振动产生的波动被称为惯性重力波。该波动的频散关系可以通过迭代法评估（Holton，2004）。

若流团沿着 y—z 平面的倾斜路径振荡，如图 4.12 所示。对于垂直位移 δz，平行于振动方向的浮力为 $-N^2\delta z\cos\alpha$。对于经向位移 δy，平行于振动方向的科氏力为 $-f^2\delta y\sin\alpha$，其中假设地转基流不随纬度变化。因此，流团的振荡方程为

$$\frac{\mathrm{d}^2}{\mathrm{d}t^2}\delta s = -(f\sin\alpha)^2\delta s - (N\cos\alpha)^2\delta s \tag{4.124}$$

式中，δs 是流团位移的扰动。

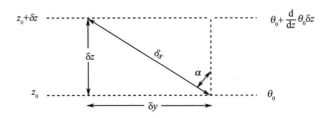

图 4.12　经向平面上重力惯性波导致的振荡（引自 Holton，2004，Elsevier）

在频散关系中，频率为

$$v^2 = N^2\cos^2\alpha + f^2\sin^2\alpha \tag{4.125}$$

一般来说，$N^2 > f^2$，即惯性重力波的频率 $f \leqslant |v| \leqslant N$。当轨迹斜率接近垂直方向时，频率接近 N；当轨迹斜率接近水平方向时，频率接近 f。在典型的中纬度对流层大气中，惯性重力波的周期为 12 分钟到 15 小时。只有当式（4.125）中的 $f^2\sin^2\alpha$ 与 $N^2\cos^2\alpha$ 的量级

相近时，地转效应才起主要作用。这就要求

$$\tan^2 \alpha \sim \frac{N^2}{f^2} = 10^4 \qquad (4.126)$$

在这种情况下，式（4.125）中的 $v \ll N$。这说明，只有低频波动才可以明显地受到地球自转的影响。

利用含地转效应的线性动力学方程组也可以得到类似结论。长周期的波动对应的流团轨迹斜率较小，水平尺度远大于垂直尺度，因此受到地转效应的显著影响。

假设基流速度为零，用扰动方程组代替线性方程组，有

$$\frac{\partial u'}{\partial t} - fv' + \frac{1}{\rho_0}\frac{\partial p'}{\partial x} = 0 \qquad (4.127)$$

$$\frac{\partial v'}{\partial t} + fu' + \frac{1}{\rho_0}\frac{\partial p'}{\partial y} = 0 \qquad (4.128)$$

$$\frac{1}{\rho_0}\frac{\partial p'}{\partial z} - \frac{\theta'}{\overline{\theta}}g = 0 \qquad (4.129)$$

$$\frac{\partial u'}{\partial x} + \frac{\partial v'}{\partial y} + \frac{\partial w'}{\partial z} = 0 \qquad (4.130)$$

$$\frac{\partial \theta'}{\partial t} + w'\frac{\mathrm{d}\overline{\theta}}{\mathrm{d}z} = 0 \qquad (4.131)$$

代入静力平衡关系式（4.129），可以消除式（4.131）中的 θ'，有

$$\frac{\partial}{\partial t}\left(\frac{1}{\rho_0}\frac{\partial p'}{\partial z}\right) + N^2 w' = 0 \qquad (4.132)$$

令

$$(u', v', w', p'/\rho_0) = \mathrm{Re}[(\hat{u}, \hat{v}, \hat{w}, \hat{p})\exp\mathrm{i}(kx + ly + mz - vt)] \qquad (4.133)$$

将式（4.133）代入式（4.127）、式（4.128）和式（4.132），得到

$$\hat{u} = \frac{(vk + \mathrm{i}lf)}{(v^2 - f^2)}\hat{p} \qquad (4.134)$$

$$\hat{v} = \frac{(vk + \mathrm{i}kf)}{(v^2 - f^2)}\hat{p} \qquad (4.135)$$

$$\hat{w} = -\frac{vm}{N^2}\hat{p} \qquad (4.136)$$

加上式（4.130），可以得到波动的频散关系为

$$v^2 = f^2 + N^2(k^2 + l^2)m^{-2} \qquad (4.137)$$

在式（4.137）中，当 $(k^2+l^2)/m^2 \ll 1$ 时，波动才能存在垂直传播。其频率满足下面的不等式，即

$$f \leqslant |v| \leqslant N \qquad (4.138)$$

令

$$\sin^2 \alpha \to 1, \quad \cos^2 \alpha = (k^2 + l^2)/m^2 \qquad (4.139)$$

这与静力平衡近似一致。

若 $l = 0$，那么群速度的垂直分量和水平分量的比值为

$$\left|\frac{c_{gz}}{c_{gx}}\right| = \left|\frac{k}{m}\right| = \frac{(v^2 - f^2)^{1/2}}{N} \tag{4.140}$$

若 v 不变化，则惯性重力波较纯重力波更接近水平方向传播。然而，在后面的情况中，群速度矢量再次与等位相线平行。

在 $l = 0$ 的情况下，利用式（4.134）和式（4.135）消除 $\hat{p}$，得到关系式 $\hat{v} = if\hat{u}/v$。可以证明，若 $\hat{v}$ 为真的话，则扰动在水平方向上的运动满足

$$u' = \hat{u}\cos(kx + mz - vt) \tag{4.141}$$

$$v' = \hat{u}(f/v)\sin(kx + mz - vt) \tag{4.142}$$

因此，水平速度矢量随着时间变化逆时针旋转，而流团在与波数矢量正交的平面上沿椭圆轨道运动。式（4.141）和式（4.142）表明，随着惯性波上传，水平速度矢量产生逆时针旋转。

重力波与基本气流的相互作用

为了理解重力波是如何与基本气流相互作用的，回顾其频散关系，有

$$\omega = Uk \pm (N\cos\alpha) = Uk \pm \frac{Nk}{(m^2 + k^2)^{1/2}} \tag{4.143}$$

$$c_x - U = \pm\frac{N}{(m^2 + k^2)^{1/2}} \tag{4.144}$$

$$c_z = \pm\frac{N}{m(m^2 + k^2)^{1/2}} \tag{4.145}$$

$$c_{gx} = U \pm \frac{Nm^2}{(m^2 + k^2)^{3/2}} \tag{4.146}$$

$$c_{gz} = \pm\frac{Nkm}{(m^2 + k^2)^{3/2}} \tag{4.147}$$

若取正号，那么当 $m<0$（相速度向下）且 $k>0$ 时，能量向上传播，$c_x>U$；若取负号，那么当 $m<0$（相速度向下）且 $k<0$ 时，能量向上传播，$c_x<U$。

有利于重力波垂直传播的条件如图 4.13 所示。

平均纬向风决定了重力波是否可以向上传播。气流过山和加热可以产生一定波长范围的重力波，重力波可以向西传播或向东传播，但是平均纬向风会对重力波进行滤波。若重力波上传，夏季需要满足 $c_x>U$，冬季需要满足 $c_x<U$。冬季行星波的情况相同，只有当 $c_x<U$ 时，行星波才能上传。

因为 $L_x \gg L_z$，$k \ll m$。因此，下式

$$c_x = \frac{\omega}{k} = U \pm \frac{N}{(m^2 + k^2)^{1/2}} \tag{4.148}$$

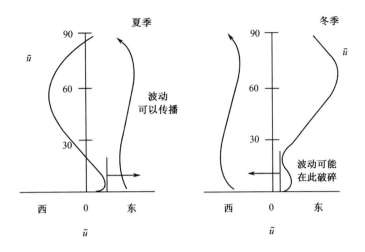

图 4.13　重力波垂直传播的条件（引自 Andrews et al.，1987，Elsevier）

可以近似为

$$c_x - U \approx \frac{N}{m} \tag{4.149}$$

因此，可以近似得到

$$m \approx \frac{N}{c_x - U}; \quad 当 c_x \to U 时，\ m = \frac{2\pi}{L_z} \to \infty \tag{4.150}$$

类似于行星波，以上关系成立的高度称为临界高度 z_c。该层波动的波长趋向于零，群速度也趋向于零（当 c_x 接近 U 时）。

$$c_{gz} = \frac{\partial \omega}{\partial m} \approx -\frac{Nk}{m^2}, \quad 因为 m \to \infty \tag{4.151}$$

与行星波相同，临界高度是波动传播的屏障。

4.6.3　波破碎

本节讨论行星波和重力波上传是如何导致平流层和中间层纬向风产生加速的。

重力波能够导致垂直方向上的密度变化，其扰动为

$$(u', v', w', \Phi') = \exp\left(\frac{z}{2H}\right) \mathrm{Re}\left\{(\hat{u}, \hat{v}, \hat{w}, \hat{\Phi}) \exp\left[\mathrm{i}(kx + ly + mz - vt)\right]\right\} \tag{4.152}$$

$$\hat{u} = \frac{k}{v}\hat{\Phi}; \quad \hat{v} = \frac{l}{v}\hat{\Phi}; \quad \hat{w} = -\frac{\omega}{N^2}\left(m - \frac{\mathrm{i}}{2H}\right)\Phi \tag{4.153}$$

频散关系为

$$v^2 = \frac{N^2 k^2}{m^2 + 1/(4H^2)} \tag{4.154}$$

在等熵面上，当重力波上传和向东传播时，重力波产生加速。因为 $|u'| \sim \exp(z/2H) \sim$

$|c-\bar{u}|$，即 $\rho_0 u'^2$ 约为常数，所以波动振幅增长。当等熵面逐渐弯曲，并变为近似垂直时（$\partial\theta/\partial z=0$），产生对流不稳定，重力波破碎，如图 4.14。对流上翻产生局地扰动。最重要的是，在这个高度以上，波振幅不再增加，扰动减小。$\partial\theta/\partial z=0$ 的高度被称为饱和高度 z_s。纬向相速度接近纬向风风速的高度位于饱和高度之上，称为临界高度 z_c。

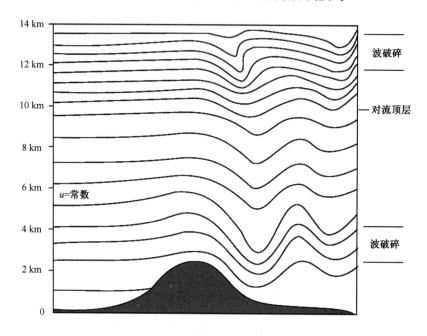

图 4.14　重力波破碎（引自 Andrews et al., 1987, Elsevier）

因此，对于 $z<z_s$，没有能量沉积，即

$$\frac{\partial}{\partial z}(\rho\,\overline{u'w'})=0 \tag{4.155}$$

对于 $z_s<z<z_c$，波破碎，有能量沉积，即

$$\frac{\partial}{\partial z}(\rho\,\overline{u'w'})\neq0 \tag{4.156}$$

因此，在饱和层和临界层之间，波拖曳和重力波对波强迫有贡献。

4.7　行星波强迫

对于行星波来说，平均纬向动量方程和热力学能量方程为

$$\frac{\partial\bar{u}}{\partial t}-f_0\bar{v}^*=\rho_0^{-1}\vec{\nabla}\cdot\vec{F}+\bar{X}\equiv\bar{G} \tag{4.157}$$

$$\frac{\partial\bar{T}}{\partial t}+N^2\frac{H}{R}\bar{w}^*=\frac{\bar{J}}{c_p} \tag{4.158}$$

式中，$\vec{F}$ 是 EP 通量（见 4.10.1 节），是由大尺度涡旋引起的；$\bar{X}$ 是小尺度涡旋产生的强迫，如重力波拖曳；$\vec{F} = \hat{j}F_y + \hat{k}F_z$，其中两个分量的形式为

$$F_y = -\rho_0 \overline{u'v'} \tag{4.159}$$

$$F_z = \rho_0 f_0 R \overline{v'T'}/(N^2 H) \tag{4.160}$$

如果没有非绝热作用，那么波动是线性稳定的，基流是定常的，即 $\partial U/\partial t = \partial T/\partial t = 0$。这也表明平均经向速度为零，即不存在经圈环流。这个概念也被称为无加速定理。

准地转位涡的扰动可以表示为

$$q' = \frac{\partial^2}{\partial x^2}(\Psi') + \frac{\partial^2}{\partial y^2}(\Psi') + \frac{1}{\rho_0}\frac{\partial}{\partial z}\left(\rho_0 \frac{f_0^2}{N^2}\frac{\partial \Psi'}{\partial z}\right) \tag{4.161}$$

式中

$$\Psi' = \frac{\Phi'}{f_0} \tag{4.162}$$

$$(u_g', v_g') = \left(-\frac{\partial \Psi'}{\partial y}, \frac{\partial \Psi'}{\partial x}\right) \tag{4.163}$$

式中，下标 g 表示地转风。

将式（4.164）代入式（4.157）得到式（4.165），即

$$\overline{v'q'} = \frac{1}{\rho_0}\vec{\nabla}\cdot\vec{F} \tag{4.164}$$

$$\frac{\partial U}{\partial t} - f_0\bar{v}^* = \overline{v'q'} + \bar{X} \equiv \bar{G} \tag{4.165}$$

在式（4.165）中，等式左侧第一项表示平均纬向风随时间的局地变化，等式左侧第二项是剩余平均经向速度的地转效应，中间第一项是向北的涡旋位涡通量，中间第二项是小尺度强迫，等式右侧代表总强迫。

只有当行星波随着时间既不增长也不消亡时，向北的涡旋位涡通量才是非零的，即

$$\left(\frac{\partial}{\partial t} + U\frac{\partial}{\partial x}\right)q' + v'\frac{\partial \bar{q}}{\partial x} = Z' \tag{4.166}$$

式中，Z' 是总的瞬变强迫。

式（4.166）乘以

$$\rho_0\left(\frac{q'}{\partial \bar{q}/\partial y}\right) \tag{4.167}$$

并进行纬向平均得到

$$\frac{\partial}{\partial t}\left(\frac{\rho_0}{2}\frac{\overline{q'^2}}{\partial \bar{q}/\partial y}\right) + \vec{\nabla}\cdot\vec{F} = \rho_0\left(\frac{\overline{Z'q'}}{\partial \bar{q}/\partial y}\right) \equiv D \tag{4.168}$$

式中，等式左侧第一项是波活动密度随时间的局地变化。

$$A = \frac{\rho_0}{2} \frac{\overline{q'^2}}{\partial \overline{q}/\partial y} \qquad (4.169)$$

如果波动是稳定的，那么$\partial A/\partial t = 0$；如果波动是绝热、无黏的，那么$D = 0$。因此，EP通量的辐散为零。

有利于行星波强迫的条件有：①只有当$\vec{\nabla}\cdot\vec{F} \neq 0$时，才会出现行星波强迫；②EP通量方向通常向上或者向赤道方向；③EP通量方向与相干波动的群速度平行。

$$当 \frac{\partial A}{\partial t} > 0时，\quad \vec{\nabla}\cdot\vec{F} = \rho_0(\overline{v'q'}) < 0 \qquad (4.170)$$

因此，如果$q' > 0$，那么$v' < 0$，即增强的波动会向赤道方向传输位涡。从这个角度看，增强的行星波往往会对平均位涡分布进行平滑。

4.8 赤道波动

赤道附近的大气波动的特征和机制与其他地区差异很大。赤道波动的振幅在地理赤道附近达到最大，离开地理赤道后迅速减小。这些波动被认为是形成上平流层、下中间层的准半年振荡和平流层中下层的准两年振荡的原因。在对流层，赤道波动控制着沃克环流、季节内振荡甚至厄尔尼诺和南方涛动（Asnani，2005）。

热带波动是一种可以在大气和海洋中东西向传播的重要波动，在赤道附近它们会被截陷。热带有组织的对流活动产生的非绝热加热可以激发赤道波动，而赤道波动控制了对流加热的时空分布（Dunkerton and Delisi，1985；Holton，2004）。

赤道波动对平流层与对流层的相互作用起到了举足轻重的作用，该作用不仅局限在热带，还延伸到了热带外地区。下面将讨论人们广泛认知的两种赤道波动——开尔文波和混合罗斯贝重力波。

图4.15显示了开尔文波和混合罗斯贝重力波的风场和气压场的分布情况。对于气压场和风场，开尔文波在赤道两侧均表现出了对称特征，而混合罗斯贝重力波则是非对称的。这两种赤道波动对强迫热带下平流层准两年振荡起到了至关重要的作用。表4.1显示了下平流层开尔文波和混合罗斯贝重力波的特征。

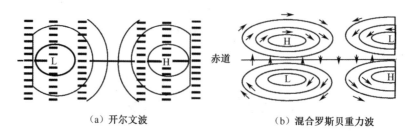

(a) 开尔文波　　　　　　　　　　　　(b) 混合罗斯贝重力波

图4.15　开尔文波和混合罗斯贝重力波对应的风场、气压场分布（American Meteorological Society）

表 4.1　大气中开尔文波和混合罗斯贝重力波的特征（引自 Andrews et al., 1987；Asnai，2005）

特　　征	混合罗斯贝重力波	开尔文波
周期	~4.5 天	~15 天
水平波长	~10000 km	~30000 km
垂直波长	~6 km	~8 km
相对地表的相速度	~23 m s⁻¹ 向西	~25 m s⁻¹ 向东
波扰动振幅		
（a）纬向风	~3 m s⁻¹	~8 m s⁻¹
（b）经向风	~3 m s⁻¹	0
（c）温度	~1℃	~3℃
（d）位势高度	~30 gpm	~4 gpm
（e）垂直速度	~0.15 cm s⁻¹	~0.15 cm s⁻¹
倾斜方向	随高度升高向西倾斜	随高度升高向东倾斜
垂直动量通量	向上输送西风动量，但其耦合的经圈环流向上输送东风动量	向上输送西风动量
平流层经向感热通量	向极地输送热量	没有经向热量输送
相速度和群速度的垂直方向	相速度向下，群速度向上	相速度向下，群速度向上
吸收区	穿透西风区，在东风区被吸收	穿透东风区，在东风区和西风区的过渡区被吸收

4.8.1　开尔文波

开尔文波是一种海洋或大气中的波动，是在地转科氏力反抗边界（如海岸线）时产生的。开尔文波是非频散波，即相速度与群速度相等，在其传播时会保持其形状。在北半球，海岸总是位于海岸开尔文波传播方向的右侧；而在南半球，海岸总是位于海岸开尔文波传播方向的左侧，如图 4.16 所示。

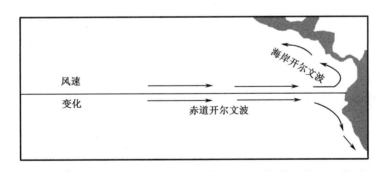

图 4.16　热带海洋中开尔文波的传播（引自 Naval Postgraduate School，USA）

1. 赤道开尔文波

赤道开尔文波是一种特殊的开尔文波。对于赤道开尔文波，赤道类似于地形边界，将南半球和北半球划分开来。这种波动总向东传播，并只存在于赤道上。赤道开尔文波常与表面风应力异常有关。

赤道开尔文波以赤道为波导向东传播。海岸开尔文波在北半球海洋中，以海岸线为波导，逆时针传播。

在大气和海洋中的赤道开尔文波，通过将西太平洋的异常传输到东太平洋，从而在厄尔尼诺和南方涛动的动力机制中扮演了重要角色。

2. 开尔文波方程的推导

在浅水模型中，在自由振荡模态下，假设有一个半无限平面，$y>0$，令

$$f = f_0; \quad \Phi_s = 0; \quad U = 0 \tag{4.171}$$

并且波动的振幅相同。假设边界条件为：①在 $y=0$ 处，$v=0$，即没有穿透流；②在 $y=\infty$ 处，u、v、Φ 是有限的。

可以看出，在 $y=0$ 的每处均存在沿 x 方向传播的自由波。因此，自动满足了边界条件①。这种波动就是开尔文波。

当 $v=0$ 时，浅水方程变为

$$\frac{\mathrm{d}u}{\mathrm{d}t} = -\frac{\partial \Phi}{\partial x} \tag{4.172}$$

$$0 = -f_0 u - \frac{\partial \Phi}{\partial y} \tag{4.173}$$

$$\frac{\mathrm{d}\Phi}{\mathrm{d}t} = -\Phi \frac{\partial u}{\partial x} \tag{4.174}$$

线性扰动方程为

$$\frac{\partial u'}{\partial t} = -\frac{\partial \Phi'}{\partial x} \tag{4.175}$$

$$0 = -f_0 u' - \frac{\partial \Phi'}{\partial y} \tag{4.176}$$

$$\frac{\partial \Phi'}{\partial t} = -\bar{\Phi} \frac{\partial u'}{\partial x} \tag{4.177}$$

假设解的形式为

$$(u', \Phi') = [\hat{u}(y), \hat{\Phi}(y)] \exp[i(kx - vt)] \tag{4.178}$$

式中，振幅 $\hat{u}$ 和 $\hat{\Phi}$ 是 y 的函数。

将式（4.178）代入式（4.175）、式（4.176）和式（4.177），得到

$$-iv\hat{u} = -ik\hat{\Phi} \tag{4.179}$$

$$0 = f_0\hat{u} + \frac{\partial \hat{\Phi}}{\partial y} \tag{4.180}$$

$$-iv\hat{\Phi} = -\bar{\Phi}ik\hat{u} \tag{4.181}$$

可以将式（4.179）变形为

$$\hat{u} = \frac{k}{v}\hat{\Phi} \tag{4.182}$$

将式（4.181）变形为

$$\hat{u} = \frac{v}{k}\frac{1}{\overline{\Phi}}\hat{\Phi} \tag{4.183}$$

将上述两个表达式合并，得到

$$\frac{v}{k}\frac{\hat{\Phi}}{\overline{\Phi}} = \frac{k}{v}\hat{\Phi} \tag{4.184}$$

$$v^2 = k^2\overline{\Phi} \tag{4.185}$$

$$v = \pm k\sqrt{\overline{\Phi}} \tag{4.186}$$

$$c = \frac{v}{k} = \pm\sqrt{\overline{\Phi}} = \pm\sqrt{gH} \tag{4.187}$$

即相速度与地球自转无关。

合并式（4.179）和式（4.180），消去 $\hat{u}$，得到

$$\frac{\partial\hat{\Phi}}{\partial y} = -f_0\left(\frac{k}{v}\right)\hat{\Phi} \tag{4.188}$$

方程的解为

$$\hat{\Phi}(y) = \hat{\Phi}(0)\exp\left[-f_0\left(\frac{k}{v}\right)\hat{\Phi}\right] \tag{4.189}$$

为满足边界条件②，那么只有式（4.186）中的正根是合理的。因此，选取正根，式（4.189）变为

$$\hat{\Phi}(y) = \hat{\Phi}(0)\exp(-y/R) \tag{4.190}$$

式中，$R = \sqrt{\overline{\Phi}}/f_0$ 是罗斯贝半径。由此可知，波振幅随着远离边界成指数减小。

假设 $\overline{\Phi}$ 是实数，那么

$$\Phi' = \hat{\Phi}(0)\exp(-y/R)\cosh(x-c_0t) \tag{4.191}$$

$$u' = \frac{1}{c_0}\hat{\Phi}(0)\exp(-y/R)\cosh(x-c_0t) \tag{4.192}$$

因此，开尔文波具有以下性质：①运动与边界平行，并满足地转平衡；②边界位于波动传播方向的右侧；③与在无旋系统内的纯重力波相速度相同，即开尔文波是非频散波；④波振幅在远离边界时迅速下降，特征尺度称为罗斯贝形变半径。

4.8.2　混合罗斯贝重力波

混合罗斯贝重力波，也称 Yanai 波，是一种赤道波动。随着正（向东）纬向波数增大，混合罗斯贝重力波的频散关系向赤道开尔文波的频散关系逼近；随着负（向西）纬向波数增大，混合罗斯贝重力波的频散关系向赤道罗斯贝波的频散关系逼近。

由 f 平面近似的自由表面浅水模型可以得到纯惯性重力波。由存在刚性上界的 β 平面

近似的浅水模型，即无辐散正压模型，可以得到罗斯贝波（Lindzen，1967）。

混合罗斯贝重力波方程的推导

利用 β 平面近似的自由表面浅水模型研究混合的惯性重力波和罗斯贝波。其中，$f = f_0+\beta y$。假设基流静止（$U=0$），底部地形平坦（$\Phi_s = 0$）。利用前文使用过的涡度—散度形式的浅水方程，有

$$\frac{\mathrm{d}}{\mathrm{d}t}(\zeta + f) = -(\zeta + f)\left(\frac{\partial u}{\partial x} + \frac{\partial v}{\partial y}\right) \tag{4.193}$$

$$\frac{\mathrm{d}}{\mathrm{d}t}(D) + (D)^2 - 2J(u,v) = -\nabla^2\Phi_T + (f\rho - \beta u) \tag{4.194}$$

$$\frac{\mathrm{d}\Phi}{\mathrm{d}t} = -\Phi D \tag{4.195}$$

式中，

$$\zeta = \frac{\partial v}{\partial x} - \frac{\partial u}{\partial y} \tag{4.196}$$

$$D = \frac{\partial u}{\partial x} + \frac{\partial v}{\partial y} \tag{4.197}$$

另外，J 是雅可比矩阵，Φ_T 表示自由表面高度。在静止基本状态下，$\Phi_s=0$，$\Phi_T=\Phi$。以上方程组的线性形式为

$$\frac{\partial \zeta'}{\partial t} + \beta v' = -fD' \tag{4.198}$$

$$\frac{\partial D'}{\partial t} = -\nabla^2\Phi' + (f\zeta' - \beta u') \tag{4.199}$$

$$\frac{\partial \Phi'}{\partial t} = -\bar{\Phi}D' \tag{4.200}$$

除微分形式外，利用 f_0 近似 f，即假设经向运动不大，还假设扰动量与 y 无关，则式（4.198）、式（4.199）、式（4.200）变为

$$\frac{\partial}{\partial t}\left(\frac{\partial v'}{\partial x}\right) + \beta v' = -f_0\frac{\partial u'}{\partial x} \tag{4.201}$$

$$\frac{\partial}{\partial t}\left(\frac{\partial u'}{\partial x}\right)\beta v' = -\frac{\partial^2\Phi'}{\partial x^2} + f_0\frac{\partial v'}{\partial x} - \beta u' \tag{4.202}$$

$$\frac{\partial \Phi'}{\partial t} = -\bar{\Phi}\frac{\partial u'}{\partial x} \tag{4.203}$$

令方程组的解为如下形式，即

$$(u', v', \Phi') = (\hat{u}, \hat{v}, \hat{\Phi})\exp[\mathrm{i}(kx - vt)] \tag{4.204}$$

得到

$$(-\mathrm{i}v)(\mathrm{i}k)\hat{v} + \beta\hat{v} = -f_0\mathrm{i}k\hat{u} \tag{4.205}$$

$$(-\mathrm{i}v)(\mathrm{i}k)\hat{u} = k^2\hat{\Phi} + f_0\mathrm{i}k\hat{u} - \beta\hat{u} \tag{4.206}$$

$$(-\mathrm{i}v)\hat{\Phi} = -\bar{\Phi}\mathrm{i}k\hat{u} \tag{4.207}$$

即

$$\left(v+\frac{\beta}{k}\right)\hat{v} = \mathrm{i}f_0\hat{u} \tag{4.208}$$

$$\left(v+\frac{\beta}{k}\right)\hat{u} = k\hat{\Phi} - \mathrm{i}f_0\hat{v} \tag{4.209}$$

$$v\hat{\Phi} = k\bar{\Phi}\hat{u} \tag{4.210}$$

式（4.210）可变为

$$\hat{u} = \left(\frac{v}{k\bar{\Phi}}\right)\hat{\Phi} \tag{4.211}$$

将式（4.211）代入式（4.208）可变为

$$\hat{v} = -\left(\frac{\mathrm{i}f_0}{v+\dfrac{\beta}{k}}\right)\hat{u} = -\left(\frac{\mathrm{i}f_0}{v+\dfrac{\beta}{k}}\right)\left(\frac{v}{k\bar{\Phi}}\right)\hat{\Phi} \tag{4.212}$$

将式（4.211）和式（4.212）代入式（4.209），得到

$$\left(v+\frac{\beta}{k}\right)\left(\frac{v}{k\bar{\Phi}}\right)\hat{\Phi} = k\hat{\Phi} + \left(\frac{f_0{}^2}{v+\dfrac{\beta}{k}}\right)\left(\frac{v}{k\bar{\Phi}}\right)\hat{\Phi} \tag{4.213}$$

$$\left(v+\frac{\beta}{k}\right)\left[v\left(v+\frac{\beta}{k}\right) - k^2\bar{\Phi}\right] = f_0{}^2 v \tag{4.214}$$

式（4.214）是 v 的 3 次方程。方程的两个根接近于纯惯性重力波，而第 3 个根与纯罗斯贝波接近。

第一种情况：假设 $|v| \gg \beta/k$，即其频率远大于罗斯贝波的频率，那么式（4.213）可以近似为

$$v\left(v^2 - k^2\bar{\Phi}\right) = f_0{}^2 v \tag{4.215}$$

因此，得到

$$v = \pm\sqrt{k^2\bar{\Phi} + f_0{}^2} \tag{4.216}$$

$$c = \pm\sqrt{\bar{\Phi} + \frac{f_0{}^2}{k^2}} \tag{4.217}$$

其与惯性重力波的解相同。

需要注意的是，若对 $|v| \gg \beta/k$ 假设进行后向检验的话，将 $v^2 \gg (\beta/k)^2$ 代入式（4.216），那么得到

$$f_0{}^2 + k^2\bar{\Phi} \gg \left(\frac{\beta}{k^2}\right)^2 \tag{4.218}$$

$$1+4\pi^2\left(\frac{R}{L}\right)^2 \gg \left(\frac{\beta}{f_0 k^2}\right)^2 \tag{4.219}$$

式中，$R=\sqrt{\varPhi/f_0}$ 是罗斯贝形变半径。

当 $\theta=45°$ 时，有

$$\frac{\beta}{f_0}=\frac{2\Omega\cos\theta/a}{2\Omega\sin\theta}=\frac{1}{a\tan\theta}\approx\frac{1}{a} \tag{4.220}$$

因此，如果式（4.221）成立，那么式（4.219）成立。

$$1+4\pi^2\left(\frac{R}{L}\right)^2 \gg \frac{1}{4\pi^2}\left(\frac{1}{a^2}\right) \tag{4.221}$$

显然，当 $L/a\ll1$ 时，式（4.221）成立。这对惯性重力波而言是一种合理的假设条件。

第二种情况：假设 $v^2\ll\overline{\varPhi}k^2$，即其频率远小于惯性重力波的频率，还假设 $\beta/k^2\ll\sqrt{\varPhi}$，即罗斯贝波的相速度远小于重力波的相速度。利用第一个假设，式（4.214）可以近似为

$$\left(v+\frac{\beta}{k}\right)\left(v\frac{\beta}{k}-k^2\overline{\varPhi}\right)=f_0^2 v \tag{4.222}$$

如果第一个假设和第二个假设都使用的话，式（4.214）可以近似为

$$\left(v+\frac{\beta}{k}\right)(-k^2\overline{\varPhi})=f_0^2 v \tag{4.223}$$

因此，得到

$$v=-\frac{\beta}{k}\left(\frac{k^2\overline{\varPhi}}{f_0^2+k^2\overline{\varPhi}}\right) \tag{4.224}$$

$$c=-\frac{\beta}{k^2}\left[\frac{1}{1+(L^2/4\pi^2 R^2)}\right] \tag{4.225}$$

因此，得到了通过重力效应项 $L^2/4\pi^2 R^2$ 调制的罗斯贝波解。当 $L>R$ 时，长波波速会显著减慢。

需要注意的是，如果对 $v^2\ll\overline{\varPhi}k^2$ 这个假设进行后向检验，将其代入式（4.224）得到

$$\left(\frac{\beta}{k}\right)^2\left[\frac{1}{1+(L^2/4\pi^2 R^2)}\right]\ll\overline{\varPhi}k^2 \tag{4.226}$$

若式（4.227）成立，则式（4.226）成立。

$$\frac{\beta}{k^2}\ll\sqrt{\overline{\varPhi}}\left[1+\frac{L^2}{4\pi^2 R^2}\right] \tag{4.227}$$

若第二个假设 $\beta/k^2\ll\sqrt{\varPhi}$ 成立，那么式（4.227）成立。在真实大气中，罗斯贝波的相速度 β/k^2 很小，只有数十米每秒；而惯性重力波的波速很大，如果令 $H=10$ km（对流层的近似厚度），其风速达 313 m s^{-1}。因此，式（4.227）成立，满足近似条件。

4.9　大气波动的垂直传播

在特定条件下，赤道波动（重力波和罗斯贝波）可以垂直传播。为监测其垂直结构，必须要用连续分层的大气模型来代替浅水模型。可以证明，赤道波动的垂直传播与普通重力波的垂直传播在物理性质上有很多相同之处。

假设科里奥利参数为常数，x 方向和 y 方向的波动为正弦波，考虑在地转效应下的重力波垂直传播。只有当波动频率满足 $f<v<N$ 时，惯性重力波才能沿垂直方向传播。因此，在中纬度地区，周期为几天的波动一般在垂直方向截陷，其基本上不能上传到平流层。然而，当靠近赤道时，波动的科氏频率下降，使得低频波动可以垂直传播。因此，在赤道可能存在长周期的沿垂直方向传播的重力内波。

在赤道 β 平面上的线性扰动的运动方程、连续方程和热力学方程为

$$\frac{\partial u'}{\partial t} - \beta y v' = -\frac{\partial \Phi'}{\partial x} \tag{4.228}$$

$$\frac{\partial v'}{\partial t} - \beta y u' = \frac{\partial \Phi'}{\partial y} \tag{4.229}$$

$$\frac{\partial u'}{\partial x} + \frac{\partial v'}{\partial y} + \frac{1}{\rho_0}\frac{\partial}{\partial z}(\rho_0 w') = 0 \tag{4.230}$$

$$\frac{\partial^2 \Phi'}{\partial t \partial z} + \omega' N^2 = 0 \tag{4.231}$$

假设波动在纬向和垂直方向传播，垂直波数为 m。由于密度随高度上升而减小，振幅随高度上升而增大，与 $\rho_0^{-1/2}$ 成正比。自变量可以用波动形式表示，即

$$\begin{bmatrix} u' \\ v' \\ \omega' \\ \Phi' \end{bmatrix} = \exp\left[\frac{z}{2H}\right] \begin{bmatrix} \hat{u}(y) \\ \hat{v}(y) \\ \hat{\omega}(y) \\ \hat{\Phi}(y) \end{bmatrix} \exp\left[i(kx + mz - vt)\right] \tag{4.232}$$

将式（4.232）代入式（4.228）～式（4.231），得到

$$-iv\hat{u} - \beta y\hat{v} = -ik\hat{\Phi} \tag{4.233}$$

$$-iv\hat{v} - \beta y\hat{u} = -\frac{\partial \hat{\Phi}}{\partial y} \tag{4.234}$$

$$-ik\hat{u} + \frac{\partial \hat{v}}{\partial y} + i(m + \frac{i}{2H})\hat{\omega} = 0 \tag{4.235}$$

$$v(m - \frac{i}{2H})\hat{\Phi} + \hat{\omega}N^2 = 0 \tag{4.236}$$

4.9.1 开尔文波的垂直传播

Matsuno（1996）和 Lindzen（1967，1971）指出，在斜压大气中可能存在能够垂直传播的受迫模态，其可以使能量和动量在垂直方向转移。已经证明，开尔文波向上的群速度分量等于向下的相速度分量。开尔文波的扰动方程可以进行如下简化。

令式（4.233）和式（4.234）中的 $\hat{v}=0$，合并式（4.235）和式（4.236），消去其中的 $\hat{\omega}$，得到

$$-\mathrm{i}v\hat{u} = -\mathrm{i}k\hat{\Phi} \tag{4.237}$$

$$-\beta y\hat{u} = -\frac{\partial\hat{\Phi}}{\partial y} \tag{4.238}$$

$$-v\left(m^2 + \frac{1}{4H^2}\right)\hat{\Phi} + \hat{u}kN^2 = 0 \tag{4.239}$$

可以利用式（4.237）消去式（4.238）和式（4.239）中的 $\hat{\Phi}$，得到两个 $\hat{u}$ 必须满足的独立方程。第一个方程决定了 $\hat{u}$ 的经向分布，第二方程为频散方程，即

$$c^2\left(m^2 + \frac{1}{4H^2}\right) - N^2 = 0 \tag{4.240}$$

式中，$c^2 = v^2/k^2$。

如果假设 $m^2 \gg 1/(4H)$，这符合大多数观测到的平流层开尔文波的特征，那么式（4.240）简化为静力学限制下的重力内波频散关系，如式（4.137）。对于波源位于对流层的平流层波动来说，能量的传播，即群速度必须存在向上的分量。因此，相速度必须存在向下的分量。若开尔文波向赤道截陷，那么必须向东传播（$c>0$）。然而，位相东传对应位相下传（$m<0$）。因此，垂直传播的开尔文波的等位相线随高度上升向东倾斜（Holton，2004）。

4.9.2 混合罗斯贝重力波的垂直传播

类似于开尔文波，另一种显著上传的受迫赤道波动是混合罗斯贝重力波。这种西行的波动，在平流层热衰减，并与基流相互作用产生向西的加速度（Holton and Tan，1980）。表达热带模态的方程组式（4.233）～式（4.236）可以结合起来，若假设 $m^2 \gg 1/(4H^2)$，经向结构方程为

$$\hat{\Phi} = \frac{N^2}{m^2} \tag{4.241}$$

当 $n=0$ 时，频散关系为

$$|m| = \frac{N}{v^2}(\beta + vk) \tag{4.242}$$

当 $\beta=0$ 时，得到静力学的重力内波频散关系。式（4.242）中的 β 效应破坏了波动东向（$v>0$）、西向（$v<0$）传播的对称性。东传模态在垂直方向上的波长比西传模态在垂直方向上的波长要小。只有当 $c=v/k>-\beta/k^2$ 时，$n=0$ 的模态才能垂直传播。因为 $k=s/a$，其中

s 是一个纬圈所含的波数，所以只有当频率满足不等式（4.243）时，$v<0$ 的解才成立。

$$|v| < \frac{2\Omega}{s} \tag{4.243}$$

若波动的频率不满足式（4.243），那么波动的振幅在远离赤道后不会减弱，而且不能满足极地的边界条件。

简化后，在 $n=0$ 的模态下，水平速度扰动和位势扰动的经向结构可以表示为

$$\begin{bmatrix} \hat{u} \\ \hat{v} \\ \hat{\Phi} \end{bmatrix} = v_0 \begin{bmatrix} \mathrm{i}|m|N^{-1}vy \\ 1 \\ \mathrm{i}vy \end{bmatrix} \exp\left[-\frac{\beta|m|y^2}{2N}\right] \tag{4.244}$$

$n=0$ 的西传模态一般被认为是罗斯贝重力波模态。类似于西传的重力内波，能量上传的模态对应位相下传（$m<0$），产生的 x—z 平面上的波结构位于赤道北侧。向极运动的空气存在正的温度扰动，而向赤道运动的空气存在负的温度扰动，因此涡旋热通量对垂直 EP 通量的贡献为正。

4.10　波动垂直传播的能量学

不同尺度的大气波动可以在对流层被激发。本节主要聚焦垂直传播的波动，以及其在平流层与对流层间能量交换过程中起到的作用。这对深入认识平流层与对流层相互作用的动力过程有很大帮助。

下面主要介绍大尺度的行星波。气流过山的机械强迫、海陆对比及热力差异均可以激发对流层行星波。许多大尺度波动可以传播到平流层，甚至中间层。这些波动与基流相互作用，从而改变了中层大气不同高度上的基流。普遍认为，源自下对流层的波动能量垂直传播，穿越对流层顶到达平流层，驱动了平流层的大尺度环流。

从理论上研究大气波动的垂直传播有 3 种途径：EP 方法、查卓理论和林森理论。

4.10.1　EP 方法

考虑在绝热、无摩擦、准静力、准地转条件下，山脉激发的定常波（Eliassen and Palm，1961）。

平均纬向气流（U）可以表示为

$$fU = -\frac{\partial \Phi}{\partial y} \tag{4.245}$$

$$\alpha_0 = -\frac{\partial \Phi}{\partial p} \tag{4.246}$$

将式（4.245）对 p 求偏导，将式（4.246）对 y 求偏导，并求二者之差得到

$$f\frac{\partial U}{\partial p}=\frac{\partial \alpha_0}{\partial y} \tag{4.247}$$

式中，在基态下的比热容为 α_0，重力位势为 Φ。

在等压坐标系下的线性动量方程组和连续方程可以写为

$$U\frac{\partial u'}{\partial x}+v'\frac{\partial U}{\partial y}+\omega'\frac{\partial U}{\partial p}-fv'=-\frac{\partial \Phi'}{\partial x} \tag{4.248}$$

$$U\frac{\partial v'}{\partial x}+fu'=-\frac{\partial \Phi'}{\partial y} \tag{4.249}$$

$$U\frac{\partial}{\partial x}\left(\frac{\partial \Phi'}{\partial p}\right)-fv'+\frac{fU}{\partial p}+\sigma\omega'=0 \tag{4.250}$$

$$\frac{\partial u'}{\partial x}+\frac{\partial v'}{\partial y}+\frac{\partial \omega'}{\partial p}=0 \tag{4.251}$$

式中

$$\sigma=-\frac{\alpha}{\theta}\frac{\partial \theta}{\partial p}=\left(\frac{N}{g}\frac{RT}{p}\right)^2 \tag{4.252}$$

另外，σ 为静力稳定参数，$N=\sqrt{g/\theta(\partial \theta/\partial p)}$ 为 BV 频率，u'、v'、Φ'、ω' 是扰动量。

将式（4.248）乘以 u'，将式（4.249）乘以 v'，将式（4.250）乘以 $\sigma^{-1}(\partial \Phi'/\partial p)$，将式（4.251）乘以 Φ'，再求和，得到

$$\frac{\partial}{\partial x}(EU+\Phi'u')+\frac{\partial}{\partial y}(\Phi'v')+\frac{\partial}{\partial p}(\Phi'\omega)=-u'v'\frac{\partial U}{\partial y}-u'\omega\frac{\partial U}{\partial p}+f\left(\frac{v'}{\sigma}\frac{\partial U}{\partial p}\frac{\partial \Phi'}{\partial p}\right) \tag{4.253}$$

式中

$$E=\frac{u'^2}{2}+\frac{v'^2}{2}+\frac{\alpha'^2}{2\sigma} \tag{4.254}$$

E 为波动的能量，是动能和有效位能之和。

式（4.253）等号左侧为波动能量散度，等号右侧为能量的源、汇。等号右侧的前两项为基流动能向波动动能的转换；等号右侧最后一项为基流有效位能向波动有效位能的转换。

将式（4.253）进行纬向平均（用"$\langle\ \rangle$"表示），得到

$$\frac{\partial}{\partial y}\langle\Phi'v'\rangle+\frac{\partial}{\partial p}\langle\Phi'\omega'\rangle=-\langle u'v'\rangle\frac{\partial U}{\partial y}-\langle u'\omega'\rangle\frac{\partial U}{\partial p}+\frac{f}{\sigma}\frac{\partial U}{\partial p}\left\langle\frac{v'\partial \Phi'}{\partial p}\right\rangle \tag{4.255}$$

简化式（4.255）后可得到位势波动能量的经向通量为

$$\langle\Phi'v'\rangle=U\left[\frac{1}{\sigma}\frac{\partial U}{\partial p}\left\langle\frac{v'\partial \Phi'}{\partial p}\right\rangle-\langle u'v'\rangle\right] \tag{4.256}$$

其中，等式右侧第一项表示纬向平均气流 U 随气压或高度变化的作用；等式右侧第二项表示经向动量通量的方向与经向位能通量的方向相反。

类似地，位能的垂直通量可以由式（4.255）得到，即

$$\langle \Phi'\omega'\rangle = U\left[\frac{1}{\sigma}\left(f - \frac{\partial U}{\partial y}\right)\left\langle v'\frac{\partial \Phi'}{\partial p}\right\rangle - \langle u'\omega'\rangle\right] \tag{4.257}$$

其中，等式右侧第一项表示，对于西风基流，当感热通量向北时，位势波动能量通量向上，这些与槽、脊随高度上升的西倾相联系；等式右侧第二项是垂直动量通量，其方向与垂直位能通量的方向相反。

可以利用假相当流函数 ψ 表示 y—p 平面的位势波动能量通量，即

$$\langle \Phi' v'\rangle = U\frac{\partial \Psi}{\partial p} \tag{4.258}$$

$$\langle \Phi'\omega'\rangle = -U\frac{\partial \Psi}{\partial y} \tag{4.259}$$

等假相当流函数曲线类似于能量流的流线。相邻流线间的通量不是常数，随 U 变化。根据 EP 方程，当接近 U 的零线时，波能量通量趋向于零，因此波能量不能穿越该等值线。该理论适用于水平相速度为零的定常波，因此该结论只是波动垂直传播、被截陷吸收理论的特殊情况。更普适的理论为，波动的垂直传播会在基流速度与波动水平相速度相等的高度上被截陷吸收。

1. EP 通量图解

等压面上西风动量的经向通量和感热的经向通量可以很容易地计算出来。根据 EP 理论，这些参数表示经向垂直平面上位势波动能量的通量。因此，可以在经向垂直平面上绘出等假相当流函数线，表示能量流的方向和强度。

图 4.17 为经向垂直平面上波能量通量的示意。其中，等假相当流函数线代表波动能量通量。值得注意的是，相邻流线间的波动能量通量不是常数，而与 U 成正比，如图 4.17 中矢量箭头长度所示。因此，当能量向 U 增大的方向传播时，波动从纬向基流获得能量，波动能量通量增加；当能量向 U 减小的方向传播时，波动能量进入纬向基流，波动能量通量减小。另外，无论如何，波动能量不能穿过纬向基流的零线。

2. EP 通量矢量

根据 EP 理论的假设，定义经向垂直平面上的矢量 $\overline{F}$，其分量为

$$F_y = -\langle u'v'\rangle \tag{4.260}$$

$$F_p = -f\left[\frac{\langle v'\theta'\rangle}{\partial \theta/\partial p}\right] \tag{4.261}$$

可以看出，$\nabla \cdot \vec{F} = \langle v'q'\rangle$，其中 q' 是涡旋位势涡度，即

$$q' = \frac{\partial v'}{\partial x} - \frac{\partial u'}{\partial y} + f\frac{\partial}{\partial p}\left[\frac{\langle \theta\rangle}{\partial \langle \theta\rangle/\partial p}\right] \tag{4.262}$$

矢量 $\overline{F}$ 的散度可以改变平均纬向风场或者引起经圈环流（Eliassen and Palm，1961）。因此，EP 通量、散度的观测和理论研究对深入理解大气能量学变得越来越重要。

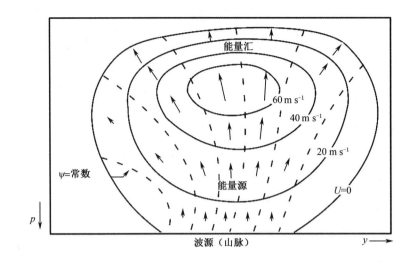

图 4.17　经向垂直平面上波能量通量示意。其中，实线为纬向风等值线，虚线为波能量流线，箭头表示波能量通量（Eliassen and Palm，1961；Asnani，2005）

4.10.2　查卓理论

Charney 和 Drazin（1961）研究了准静力、准地转的大尺度波动能量的垂直传播，得到了查卓理论。他们推导了行星波垂直传播的垂直波动能量通量方程。该方程与 y 方向的涡旋动量通量和热量通量相联系，即

$$\left[\frac{\partial^2}{\partial y^2}+f_0^2\left(\frac{\partial}{\partial z}-\frac{1}{H}\right)\left(\frac{1}{N^2}\frac{\partial}{\partial z}\right)\right]\frac{\partial \psi_0}{\partial t}=-\frac{\partial^2 M}{\partial y^2}-f_0^2\left(\frac{\partial}{\partial z}-\frac{1}{H}\right)\left(\frac{1}{N^2}\frac{\partial B}{\partial y}\right) \tag{4.263}$$

式中，涡旋动量通量为

$$M=\overline{\frac{\partial \psi'}{\partial x}\frac{\partial \psi'}{\partial y}}=\overline{u'v'} \tag{4.264}$$

涡旋热量通量为

$$B=\overline{\frac{\partial \phi'}{\partial x}\frac{\partial \psi'}{\partial y}}=\overline{v'\frac{\partial \psi'}{\partial z}} \tag{4.265}$$

在式（4.263）～式（4.265）中，H 是标高，N 是 BV 频率，ψ 是流函数，变量顶部 "‾" 表示水平方向平均，"'" 表示扰动，下标 0 表示无扰动状态。

通过假设扰动，可以推出如下形式的微分方程，即

$$\frac{\mathrm{d}^2 B}{\mathrm{d}z^2}+n^2 B=0 \tag{4.266}$$

其中，

$$n^2=-\left[\frac{(k^2+l^2)N^2}{f^2}+\left(\frac{N^2}{\bar{\rho}}\right)^{1/2}\frac{\mathrm{d}^2}{\mathrm{d}z^2}\left(\frac{\bar{\rho}}{N^2}\right)^{1/2}\right)\right]+\frac{N^2}{U-c}\left[\left(\frac{\beta}{f_0^2}-\frac{1}{\rho}\frac{\mathrm{d}}{\mathrm{d}z}\left(\frac{\bar{\rho}}{N^2}\frac{\mathrm{d}u_0}{\mathrm{d}z}\right)\right)\right] \tag{4.267}$$

该方程类似于一维波在介质中的传播，其中 n 为折射指数。如果 n^2 为正，那么波动为内波，并在垂直方向上传播；如果 n^2 为负，那么波动被截陷。

若在纬向风风速 U 为常数的等温大气中，则

$$n^2 = -\frac{1}{4H^2} - \frac{N^2}{f_0^2}\left[(k^2+l^2) - \frac{\beta}{U-c}\right] \tag{4.268}$$

在这种情况下，如果 n^2 为正，有

$$0 < U-c < \frac{\beta}{(k^2+l^2)+(f_0^2/4H^2N^2)} \equiv U_c \tag{4.269}$$

式中，U_c 为临界平均风速。当 $U-c$ 为负值或 $U-c > U_c$ 时，能量被截陷。

Charney 和 Drazin（1961）将他们的理论用到了对流层、平流层和中间层的行星波。大量的行星波能量产生于对流层。在中纬度地区，在全年的时间里，行星波能量很难向中平流层以上的区域传播很远，这是因为对流层顶以上的纬向风要么是弱东风，要么是强西风。在这些区域，波动能量通常被截陷。

在春季或者秋季很短的一段时间里，对流层的波动能量可以传播到上平流层和中间层，但是能量很小。天气尺度和中尺度波动通常不能将能量传播到中层大气。下平流层就像一个滤波器，使得较短波长的波动能量不能向中层大气传播。因此，上平流层没有罗斯贝波和小于行星尺度的波动。

下对流层的小尺度波动随着高度上升逐渐减小，并到上对流层消失。因此，对流层小尺度运动对上平流层和中间层的定常行星尺度运动的影响较小。而行星波只有在盛行纬向风为西风且风速小于临界风速 38 m s^{-1} 时，才能垂直传播。当盛行纬向东风或者盛行纬向西风风速大于临界风速时，行星波能量一般都不会上传。

查卓理论的局限性在于，其使用了以 45° N 为中心的 β 平面准地转近似。代入合适的 β 值，该理论可以延伸到热带。

4.10.3　林森理论

Lindzen（1971）通过等效厚度研究了波的垂直传播问题，提出了近赤道地区波能量垂直传播的理论。其中，等效厚度与水平波长、波水平传播方向、波动周期有关。该理论考虑的两个 β 平面的中心分别位于赤道和 45° N。该理论假设基流静止，讨论了作为一个整体的纬向运动基本状态是如何被调制的。当考虑基流上的小扰动时，可以忽略原始方程组中的非线性扰动。假设变量可微分，则涉及等效厚度的垂直二阶微分方程为

$$\frac{d^2V_n}{dz^2} + \left(\frac{\kappa}{Hh_n} - \frac{1}{4H^2}\right)V_n = -\frac{\kappa}{H}S_n \tag{4.270}$$

式中，下标 n 代表 y 方向上的波数，$\kappa = R/c_p$，S_n 为非绝热加热，h_n 为等效厚度，V_n 为 y 方向上速度扰动振幅。对于受迫振荡，非绝热加热不为零；而对于自由振荡，非绝热加热为零。

在式（4.270）中，如果垂直结构的波动解为振荡型，那么波动垂直向上传播；如果垂直结构的波动解为指数型，那么波动不能垂直向上传播，而会被截陷。

Lindzen（林森）理论解释了赤道和非赤道行星波的垂直传播。科里奥利参数等于波动多普勒偏移频率的纬度称为临界纬度，其区分了赤道纬度和非赤道纬度。

在赤道纬度，所有的赤道模态都可以垂直传播，其垂直波长一般非常小。然而，在非赤道纬度，所有的东传波动均在垂直方向上被截陷；周期小于 5 天的西传波动也在垂直方向上被截陷；周期大于 5 天的西传波动不会在垂直方向上被截陷，可以在垂直方向上传播。

在非赤道纬度，林森理论认为东传波动不能在垂直方向上传播，与查卓理论（1961）类似。林森理论的结论与观测事实一致，即在赤道纬度的东传行星波和西传行星波可以在垂直方向上传播。这对构建热带准两年振荡理论十分重要，因为在准两年振荡理论中涉及了东传的开尔文波和西传的混合罗斯贝重力波在近赤道地区的垂直传播。

4.11　准两年振荡的机制

大部分地区的中层大气最主要的变化都是季节变化，而热带下平流层纬向风的主要信号为准两年振荡。准两年振荡的极值风速位于 20 hPa 附近，为 30 m s^{-1} 的东风和 20 m s^{-1} 的西风。这种东西风交替摆动的平均周期为 28 个月，是热带 70 hPa 至 10 hPa 上风场的主要信号，详见 1.7.8 节。图 4.18 显示了纬向风振幅的纬度—高度剖面。准两年振荡信号主要局限在赤道附近，即 15°N～15°S 以内（Hamilton，1984，1988；Baldwin et al.，2011）。

虽然科学家对热带准两年振荡已经有合理解释，但是局限在赤道附近的准两年振荡强迫如何使对流层和热带外地区产生相近的振幅，甚至更大振幅的信号，其原因尚不清楚。

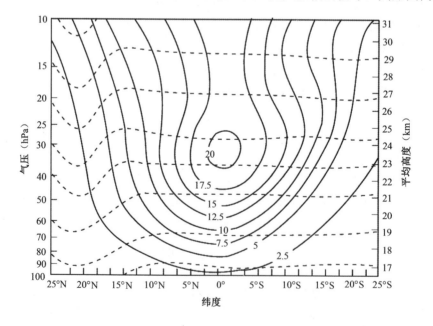

图 4.18　纬向风振幅的纬度—高度剖面，其中准两年振荡信号主要局限在赤道附近（引自 Asnani，US Navy，2005）

4.11.1　与太阳活动的联系

早期研究推测平流层准两年振荡是由太阳驱动的。于是就猜测，一些太阳能的准两年振荡信号可以到达地球表面。这些源于太阳的周期波动以热能的形式进入大气，可能引起赤道下平流层的准两年振荡。在一定条件下，该强迫可能导致纬向风和温度振荡下传（Lindzen and Holton，1968；Holton and Lindzen，1972；Lindzen，1987）。这个理论的主要局限在于无法解释绝对角动量的经向平流使赤道西风增强的观测事实。还有一些观测证据，如 Salby 和 Callaghan（2000）、Labitzke（2006）的研究显示了太阳活动和准两年振荡之间的关系。

4.11.2　行星波强迫

另外，一些研究尝试讨论了大气内部强迫对热带平流层准两年振荡形成的可能作用（Holton and Tan，1980；Plumb，1977；Maruyama，1997；Scaife et al.，2000）。现行理论认为，对流层的动力和热力扰动可以持续激发重力波和重力内波。因为热带有利于波动的垂直传播，所以重力波和重力内波的能量可以从对流层传播到平流层。这种重力波能量，通过东行的开尔文波和西行的混合罗斯贝重力波，从下平流层传播到上平流层。

开尔文波和混合罗斯贝重力波均携带动量向上输送。开尔文波携带西风动量上传，并在西风区被吸收。如果东风在下，西风在上，那么上述过程会导致西风逐渐向下延伸。类似地，混合罗斯贝重力波携带东风动量上传，并会穿过西风区，在东风区被吸收。如果西风在下，东风在上，这个过程会导致东风逐渐向下延伸。图 4.18 显示了 100 hPa 至 10 hPa 纬向风振幅的变化。

距地表 35 km 处存在很强的准半年振荡，导致了东西向纬向气流的交替。该高度的西风导致了开尔文波的吸收，从而使西风向下延伸（Hamilton，1984，2002）；该高度的东风导致了混合罗斯贝重力波的吸收，从而使东风向下延伸。

西风区通过吸收开尔文波向下延伸到达对流层顶。在这之前，下平流层东风区可以吸收混合罗斯贝重力波，使混合罗斯贝重力波携带的东风动量向上传播直到到达距地表 35 km 左右的上层东风区，接着东风区下传（Haynes，1998）。

东风区通过吸收混合罗斯贝重力波向下延伸到达对流层顶。在这之前，下平流层西风区可以吸收开尔文波，使开尔文波携带的西风动量向上传播直到到达距地表 35 km 左右的上层西风区。

如果距地表 35 km 处准半年振荡所处的位相不能吸收从下面上传的开尔文波或混合罗斯贝重力波能量，则波动会继续向上传播至距地表约 35～40 km 处。在这种情况下，波动及其携带的动量被截陷的时间会延迟，直到距地表 35 km 处的纬向风合适时，动量才会被截陷。因为延迟时间可达 3 个月，所以准两年振荡的周期也会延长相同的时间。

基于目前的理论，模式能成功地定量重现准两年振荡的观测结果（Holton and Austin，1991），然而该理论仍然不能完全解释大气准两年振荡现象的形成和维持。

4.11.3　行星波理论的局限性

当前理论假设平流层大气的基本状态是不变的,对流层的开尔文波和混合罗斯贝重力波的能量可以不断地经过对流层顶注入平流层。事实上,平流层的纬向风也存在季节变化。纬向风的季节变化与波动间的相互作用仍然不是很清楚。

在亚洲夏季风期间,热带东风急流位于季风区的上对流层。该理论不能解释混合罗斯贝重力波携带的动量是如何穿越强东风带进入下平流层的(Asnani,2005)。

现行理论只适用于平流层准两年振荡的观测特征。但是,观测显示其他气象学和海洋学变量也存在准两年振荡信号,其成因还鲜有研究。

4.12　平流层爆发性增温

平流层爆发性增温是大气中一种强烈的动力事件。科学家偶尔会观测到与对流层阻塞发展相联系的平流层行星波振幅的波动。波振幅突然增大后 7~10 天,平流层极区温度剧烈增加,纬向风甚至会从西风变为东风。

4.12.1　平流层爆发性增温事件的演变

在平流层爆发性增温前,强烈的极夜急流伴随着强垂直风切变。此时,对流层阻塞形势发展。上对流层和下平流层 1 波和 2 波振幅增大。该阶段,波振幅增大存在两种类型,A 型和 B 型。对于 A 型,在强增温事件发生前约两个星期,2 波增强;随后,1 波振幅增大;接着,2 波减弱。期间,在增温事件前 1 星期,1 波达到峰值。对于 B 型,1 波在很长时间内振幅很大。A 型在平流层爆发性增温中最为常见。

爆发性增温的一个重要特征是增温从距地表 45 km 向下传播至下平流层。该特征不是纬向对称结构,而是非纬向对称结构,并伴随着行星波随高度上升的西倾。在中纬度地区,平流层(距地表 40 km)增温后,中间层(距地表 65 km)降温。同时,这种相反的温度异常也出现在低纬度地区。在低纬度地区,平流层冷却,中间层增温。但是,低纬度地区的温度变化较中纬度地区的温度变化小一个量级。

4.12.2　平流层增温理论

在平流层爆发性增温事件发生、发展期间,极地正处于极夜中,没有任何外部热源提供热量。然而,平流层平均温度以 10 ℃ d^{-1} 的速度上升,在一个星期内,南、北温度梯度反转。普遍认为,与瞬变行星波振幅增大相联系的热量、动量辐合,导致了平流层爆发性增温事件的发生。平流层爆发性增温可诱发经圈环流异常,使西风急流减弱。

明显的增暖和东风异常下传，误导了早期的研究者，使其寻找更上层的能量源。进一步的研究，如 Matsuno（1971）的研究显示能量源位于对流层。该理论认为，对流层静止行星波振幅的突然增加，伴随着瞬变行星波能量向平流层垂直传播，这是平流层爆发性增温的原因。

瞬变行星波能量在穿过平流层时，不会被吸收，但是会在中间层被截陷，导致热量和东风动量的辐合。由于上层大气密度较小，因此温度场和风场的变化就很剧烈。在爆发性增温前，温度梯度减弱并发生反转，西风急流减弱，甚至变为东风。

西风之上出现了东风，因此东风和西风之间产生了一个平均风速为零的临界高度。在临界高度处，平均气流的水平速度等于对流层中定常波的水平相速度。东风区下传，西风区被破坏，波能量的临界高度也随之下降。能量的吸收过程和随后的爆发性增温事件迅速发生，并混合在一起，因此整个平流层的西风看上去似乎同时变为东风（Holton and Austin，1991）。

源于对流层的波能量的上传发生在天气尺度和行星尺度波动区。因为天气尺度波动不能进入平流层，所以平流层的行星波的透射率增大。因此，从对流层向平流层的能量传播主要为 1 波和 2 波。普遍认为，1 波为平流层爆发性增温提供了有利条件，而 2 波则是平流层爆发性增温的有效能量源。

在平流层爆发性增温事件发生前，平流层被调频，以至于相对较小的扰动在很短时间内振幅增大，产生共振。对流层的阻塞形势，对流层和下平流层驻波行星波的振幅增加，以及随后出现的平流层爆发性增温事件联系在一起，被认为是对流层、平流层、中间层的同一现象。其不同之处在于共振条件的不同。

源于对流层的能量对对流层进行调频，使对流层产生共振，出现阻塞形势。如果在对流层共振或阻塞形势发生时，附近中层大气也被调频，那么在中层大气中也会出现共振响应（Schoberl，1978）。这可能解释了所有的平流层爆发性增温均伴随着或跟随着对流层阻塞形势的发生，但并不是所有的对流层阻塞形势都伴随着平流层爆发性增温。

研究者推测，冬季对流层行星波振幅的突然增加触发了瞬变行星波能量的垂直传播。可以认为，对流层和中层大气是一个整体，通过调频可以产生共振，不能将上对流层上传至下平流层的波动能量通量视为平流层爆发性增温的下边界条件。因此，向上的波动能量通量是对流层—平流层—中间层系统的内部现象。

思考题

4.1　讨论大气波动的基本性质。大气波动是如何分类的？区分热带和中纬度地区波动的基本特征。

4.2　计算在干燥、等温大气中一维声波的水平相速度和群速度。当大气温度为 30 ℃时，以及位于对流层顶的大气，当其温度为 -40 ℃时，声波的速度分别是多少？

4.3 浅水重力波的定义是什么？为什么这样命名？讨论浅水方程的三维结构。

4.4 一个向上传播的波动，动能守恒，波速随振幅变化，表达式为 $\exp(z/2H)$，其中 H 是标高。假设平均温度为 260 K，如果距地表 100 km 处的重力波振幅为 100 m s^{-1}，那么其地表源地的振幅为多少？

4.5 假设印度洋的深度为 5 km，计算印度洋区域浅水波的波速。

4.6 假设在太平洋和大西洋中产生两个同样强度的海啸。那么在哪个大洋中的海啸移动速度更快？为什么？

4.7 解释大气重力波的显著特征。对纯重力波和惯性重力波的性质进行比较。

4.8 假设重力内波的水平波长为 100 km，垂直波长为 5 km，若 $N^2=3\times10^{-4}\,\text{s}^{-2}$，那么该波动的周期是多少，波动垂直传播 20 km 需要多少时间？

4.9 罗斯贝波的特征是什么？罗斯贝波为什么对气象预测很重要？

4.10 什么是驻波行星波？这种波动如何移动？当驻波行星波到达平流层时会发生什么？

4.11 在 60° N 处，纬向临界风速为 22.5 m s^{-1}，$N^2 = 5\times10^{-5}\,\text{s}^{-2}$，$l = 3\times10^{-7}\,\text{m}$，计算定常罗斯贝波 1 波的传播速度。

参考文献

Andrews DG (2000). An Introduction to Atmospheric Physics, Cambridge University Press.

Andrews DJ, Holton JR, Leovy CB (1987) Middle Atmosphere Dynamics, Academic, New York.

Asnani GC (2005) Tropical Meteorology, Second Edition, Vol. 2, Pune, India.

Baldwin MP, Gray LJ, Dunkerton TJ, Hamilton K, Haynes PH, Randel WJ, Holton JR, Alexander MJ, Hirota I, Horinouchi T, Jones DBA, Kinnersley JS, Marquardt C, Sato K, Takahashi M (2001) The quasi-biennial oscillation, Rev Geophys, 39 (2): 179–229.

Brachfeld S, Montclair State University, Montclair, New Jersey.

Brandon J: Recreational Aviational Australia, Lecture Notes on Aviation Meteorology, Met Images (http://www. auf. asn. au/metimages/rossby1. gif; http://www. auf. asn. au/metimages/rossby2.gif).

Charney JG, Drazin PG (1961) Propagation of planetary scale waves from the lower into the upper atmosphere, J Geophys Res, 66: 83–109.

Dunkerton TJ, Delisi DP (1985) Climatology of the equatorial lower stratosphere, J Atmos Sci, 42:376–396.

Eliassen A, Palm E (1961) On the transfer of energy in stationary mountain waves, Geophys Publ, 22: 1–23.

Gill AE (1982) Atmosphere-Ocean Dynamics, Academic, New York.

Hamilton K (1984) Mean wind evolution through the quasi-biennial cycle in the tropical lower stratosphere, J Atmos Sci, 41: 2113–2125.

Hamilton K (1998) Dynamics of the tropical middle atmosphere: A tutorial review, Atmosphere Oceans, 36: 319–354.

Hamilton K (2002) On the quasi-decadal modulations of the stratospheric QBO period, J Climate, 15: 2562–2565.

Haynes PH (1998) The latitudinal structure of the quasi-biennial oscillation, Quart J Royal Met Soc, 124: 2645–2670.

Hines CO (1968) Gravity waves in the presence of wind shear and dissipative processes, North-Holland, Amsterdam.

Hoc king WK (2001) Buoyancy (gravity) waves in the atmosphere (http://www.physics.uwo.ca/~ whoching/p103/parcel.gif).

Holton JR (1983) The stratosphere and its links to the troposphere, Large Scale Dynamical Processes in the Atmosphere, edited by B Hoskins and R Pierce, Academic, New York.

Holton JR (2004) An Introduction to Dynamic Meteorology, fourth edition, Elsevier Academic, Burlington.

Holton JR, Austin J (1991) The influence of the QBO on sudden stratospheric warming, J Atmos Sci, 48: 607–618.

Holton JR, Durran D (1993) Convectively generated stratospheric gravity waves: The role of mean wind shear in Coupling Processes in the Lower and Middle Atmosphere edited by E. V. Thrane,T. A. Blix, D. C. Fritts, Kluwer, Netherlands.

Holton JR, Lindzen RS (1972) An updated theory for the quasi-biennial cycle of the tropical stratosphere, J Atmos Sci, 29: 1076–1080.

Holton JR, Tan HC (1980) The influence of the equatorial quasi-biennial oscillation on the global atmospheric circulation at 50 mb, J Atmos Sci, 37: 2200–2208.

Kim YJ, Eckermann SD, Chun HY (2003) An overview of the past, present and future of gravity wave drag parametrization for numerical climate and weather prediction models, Atmosphere Ocean, 41: 65–98.

Labitzke K (2006) Solar variations and stratospheric response, Space Sci Rev, 125: 247–260.

Lindzen RS (1967) Planetary waves on β-planes, Mon Wea Rev, 95: 441–451.

Lindzen RS (1971) Equatorial planetary waves in shear, Part I, J Atmos Sci, 28: 609–622.

Lindzen RS (1987) On the development of the theory of the QBO, Bull Amer Meteor Soc, 68: 329–337.

Lindzen RS, Holton JR (1968) A theory of the quasi biennial oscillation, J Atmos Sci, 25: 1095–1107.

Martin EJ (2006) Mid-latitude atmospheric dynamics, Wiley, Chichester, England.

Maruyama T. (1997) The quasi-biennial oscillation (QBO) and equatorial waves–A historical review, Meteorol Geophys, 48: 1–17.

Matsuno T (1966) Quasi-geostrophic motions in the equatorial area, J Met Soc Japan, 45:25–43.

Matsuno T (1971) A dynamical model of the sudden stratospheric warming, J Atmos Sci, 28:1479–1494.

Naval Postgraduate School (2003) DepartmentofOceanography, Lecture Notes, US Government (http://www.oc.nps.edu/webmodules?ENSO/images/kelvin.gif).

Nappo CJ, (2002) An Introduction to Atmospheric Gravity Waves, Academic, San Diego, CA.

Plumb RA (1977) The Interaction of two internal waves with the mean flow: implications for the theory of the quasi-biennial oscillation, J Atmos Sci, 34: 1847–1858.

Salby M, Callaghan P (2000) Connection between the solar cycle and QBO The missing Link, J Climate, 13: 2652–2662.

Scaife AA, Butchart N, Warner CD, Stainforth D, Norton WA, Austin J (2000) Realistic quasibiennial oscillations in a simulation of the global climate, Geophys Res Let., 27: 3481–3484.

Schoeberl MR (1978) Stratospheric warming: Observations and theory, Rev Geophys Space Phys, 16: 521–538.

University of Maryland (2004) Department of Geology, Shoreline processes (http://www.geol.umd.edu/~jmerck/geo1100/images/31/wave.schematic.gif).

第 5 章

对流层和平流层的化学过程

• • • • • • •

5.1　引言

　　低层大气和中层大气的化学过程在平流层与对流层耦合中起到至关重要的作用。化学过程控制了许多人为的、自然的要素的分布和强度，如温室气体、气溶胶和云。这些要素调制了向内辐射和向外辐射、温度及一些对流层天气事件。大气成分通过化学、动力和辐射过程紧密耦合在一起。

　　平流层化学过程包括数百种不同气体及这些气体间的化学反应。紫外波段和可见光波段的太阳辐射参与了很多大气化学反应。其中，臭氧参与的反应吸收了对生物有害的太阳紫外辐射，所以臭氧是大气中一种极为重要的组成部分。因此，大多数的平流层化学反应是以臭氧为中心的。

　　对流层化学过程主要关注从生物圈向大气释放的气体。这些气体是比平流层化学反应物更复杂的化合物。除了紫外辐射和可见光，红外辐射也对对流层化学过程起到重要作用。对流层臭氧含量时空变化很大，其寿命从几天一直到几个月。这种巨大的时空变化使得人们很难通过观测确定全球对流层臭氧收支，以及从工业化以前到现在的对流层臭氧变化（UNEP，2002；Saltzman et al.，2004）。

　　对流层天气、气候变化也可以显著地影响大气化学过程。例如，水汽含量的变化可以改变大气对痕量气体氧化的能力。改变温度或水汽含量可以改变气溶胶的物理属性和化学属性，以及改变大气化学反应速率。温度和降水的变化还可以影响地表的排放；生态系统突变会改变生物排放。大气矿物粉尘载荷的变化可能由加重的沙漠化引起，也可能由扬起粉尘的天气系统变化引起。这些相互作用和反馈过程是复杂的，人们对其所知甚少。

　　更多关于大气化学过程的信息可以从以下文献获得，包括：Wayne，1991；Salby，1996；Dessler，2000；Pitts and Pitts，2000；Newman and Morris；Brasseur and Solomon，2005；等等。

　　本章主要讨论一些与平流层和对流层相互作用有关的化学基本概念。

5.2 吸收截面

吸收截面表示特定气体对给定波长辐射的吸收能力。入射辐射与吸收辐射的比例关系为

$$\frac{\mathrm{d}I}{I} = n\sigma \tag{5.1}$$

式中，I 为入射辐射，$\mathrm{d}I$ 为吸收辐射，n 为分子数，σ 是吸收系数，其单位是面积单位。

给定气体的吸收系数取决于入射辐射的波长，其变化很大。例如，臭氧对波长大于 325 nm 的辐射吸收截面较小；随着波长变短，能量增强，吸收截面增大；吸收截面的峰值波长是 255 nm，其值为 10^{-17} cm^2；当波长继续变短，能量继续增强时，吸收截面减小。

光子的能量与它的波长有关，波长越长，能量就越小。光子的能量太大或太小，波长太长或太短都不能被原子或分子吸收。因此，吸收截面在特定波长上存在最大值和最小值，这是由原子或分子的结构所确定的。

5.3 化学反应动力学

为了理解大气中的化学过程，认识化学反应速率是非常重要的。一个化学反应的活化能是反应前系统需要加入的能量，其有效地表征了化学反应所需的条件。本节将解释大气中决定化学反应速率的因素（Dessler，2000）。

5.3.1 一级反应

一级反应是指一种反应物自发地变化为一种或多种产物，如放射性衰变、异构化反应等。一级反应的反应速率等于速率系数与反应物 X 的量的乘积，即

$$\mathrm{Rate} = k[X] \tag{5.2}$$

式中，k 为一级反应的速率系数；$[X]$ 为 X 的量，可用数密度或者体积混合比表示。在 X 没有其他源或汇时，$[X]$ 对时间的导数为反应的瞬时速率，即

$$\frac{\mathrm{d}[X]}{\mathrm{d}t} = -k[X] \tag{5.3}$$

由于反应速率总为正 [Solomon et al.，1977(a)]，负号表示 X 的量减少。

对式（5.3）积分，得到以时间 t 为自变量的函数 $[X]$，有

$$[X](t) = k[X]_0 \exp(-kt) \tag{5.4}$$

式中，$[X]_0$ 为 $t=0$ 时刻 X 的浓度。在任意时间间隔 $1/k$ 内，$[X]$ 减小为原来的 $1/e$（0.368）。因此，$1/k$ 经常被称为 X 的 e 折时间或寿命。

5.3.2　二级反应

在二级反应中涉及两个反应物。以一氧化氯（ClO）与氧原子（O）的反应为例。

$$ClO + O \rightarrow Cl + O_2 \tag{5.5}$$

上述反应的反应速率可表示为

$$Rate = k[ClO][O] \tag{5.6}$$

即速率系数 k 与反应物 ClO 的浓度、O 的浓度的乘积。

二级反应的速率系数一般为温度的函数，单位为 $cm^3\,mol^{-1}\,s^{-1}$。方程（5.5）中反应物的浓度单位为数密度的单位。

当反应物或生成物没有其他源、汇时，根据质量守恒，二级反应速率可写为

$$Rate = -\frac{d[ClO]}{dt} - \frac{d[O]}{dt} - \frac{d[Cl]}{dt} = \frac{d[O_2]}{dt} \tag{5.7}$$

5.3.3　三体反应

三体反应，有时也称为复合反应，是指两种反应物在第三体的作用下转化为一种产物，如硝酸氯的形成。

$$ClO + NO_2 \xrightarrow{M} ClONO_2 \tag{5.8}$$

上述反应分为两步。第一步，反应物碰撞形成激发态的中间体，即

$$ClO + NO_2 \xrightarrow{M} ClONO_2^* \tag{5.9}$$

其中，*表示激发态。激发态中间体分子具有可观的内能。第三体 M（通常为氮分子或者氧分子）与其碰撞可以带走激发态中间体分子中部分多余能量，从而使之回到基态。

$$ClONO_2^* + M \rightarrow ClONO_2 + M \tag{5.10}$$

而 $ClONO_2$ 也能进行分解，在这种情况下没有净反应：

$$ClONO_2^* \rightarrow ClO + NO_2 \tag{5.11}$$

如果气压足够高，此时第三体浓度足够大，所有的激发态中间体分子将会与第三体碰撞，并全部失活。在这种情况下，硝酸氯的形成速率就等于激发态中间体分子的形成速率。该气压被称为反应的极限高压。当气压足够低时，第三体浓度足够小，激发态中间体分子基本上都会分解。在这种情况下，硝酸氯的形成速率由激发态中间体分子和第三体的碰撞率决定。此时的气压被称为反应的极限低压。在气压位于极限高压和极限低压之间时，反应速率由解离反应和失活反应共同控制，即

$$Rate = k^*[X][Y] \tag{5.12}$$

式中，k^* 为三体反应有效的二级反应速率系数，由温度和气压决定，$[X]$ 和 $[Y]$ 为反应物浓度。

5.4 热解离反应

在热解离发生时，一个分子解离为几部分，接着与其他分子发生碰撞但不发生反应。以一氧化氯二聚体（ClOOCl）的分解为例：

$$ClOOCl \xrightarrow{\quad M \quad} ClO + ClO \tag{5.13}$$

M 分子与一氧化氯二聚体分子碰撞，使一氧化氯二聚体处于激发态。激发态中间体分子可以与另外的 M 分子碰撞，从而失活，也可以进行解离。

$$ClOOCl^* \rightarrow ClO + ClO \tag{5.14}$$

类似一级反应过程，方程（5.13）的反应速率可表示为

$$Rate = k^T \left[ClOOCl \right] \tag{5.15}$$

式中，k^T 为热分解速率系数（单位为 s^{-1}）。k^T 可以由复合反应速率，以及反应物与生成物间的平衡常数计算得出。

5.5 连续方程

成分 X 在某一空间点的连续方程可表示为

$$\frac{\partial [X]}{\partial t} = P - L[X] - \nabla \cdot V[X] \tag{5.16}$$

连续方程式（5.16）右边各项代表了单位体积的 X 的源和汇。右边第一项 P 代表了单位时间、单位体积里 X 的生成量，这项总为正；右边第二项代表消耗量，为消耗频率 L 与 X 的量的乘积，这项总为负；右边最后一项为 X 的通量散度，代表了大气运动导致的单位体积 X 的净输入量和净输出量，其可正、可负。如果源、汇保持平衡，那么 X 浓度不变，也就是等式两边均为零。

在平流层，连续方程的生成项与消耗项远大于输送项。因此，一般情况下输送项可以忽略，从而得到方程式（5.16）的近似方程，有

$$\frac{\partial [X]}{\partial t} = P - L[X] \tag{5.17}$$

另外，特定物质源、汇项的大小取决于季节和所处位置。

5.6 臭氧光化学

臭氧光化学理论的基础始于 Chapman（1930），他猜测紫外辐射影响了臭氧的生成。

太阳辐射与大气中各种气体，特别是氧气的相互作用驱动了臭氧光化学反应。图 5.1 为大气中臭氧产生和消耗的光化学示意。通过如下反应，O_2 吸收高能紫外光子（$\lambda < 242$ nm）光解形成氧原子

$$O_2 + h\nu \rightarrow O + O \tag{5.18}$$

其中，h 为普朗克常数，$\nu = c/\lambda$，c 为光速，λ 为光子的波长。

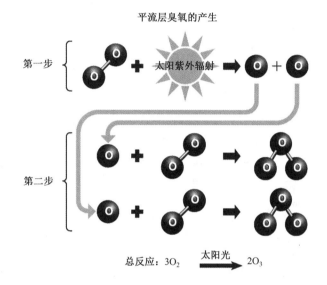

图 5.1　光化学反应产生臭氧的过程。一个高能紫外光子使一个氧分子光解产生氧原子，氧原子迅速与其他氧分子反应生成臭氧（引自 WMO，2007）

　　太阳辐射导致的氧分子光解，在平流层中低层进行得相对较慢，这是因为大部分能量充足的光子已经被上平流层中的氧分子吸收了，只有少量的高能光子能穿透大气层。

　　氧原子极度活跃，可以迅速与氧分子反应形成臭氧，即

$$O_2 + O + M \rightarrow O_3 + M \tag{5.19}$$

其中，在第三体 M 的作用下，反应的能量保持平衡。第三体为任意其他分子，一般为氮分子和氧分子。该反应的反应速度极快，平流层氧原子的寿命或 e 折时间通常小于 1 s。因此氧原子在氧分子解离后几乎立即形成臭氧。

　　氧原子也可以进行重组，从而消失，即

$$O + O + O \rightarrow O_3 \tag{5.20}$$

　　在更高的高度上，氧原子更丰富，此反应更重要。在平流层中低层，氧原子主要是由反应式（5.19）消耗的。而在大气中臭氧大部分生成于热带上平流层和中间层。

　　臭氧强烈地吸收紫外辐射。臭氧分子在紫外光子的作用下进行光解反应，有

$$O_3 + h\nu \rightarrow O_2 + O \tag{5.21}$$

　　因为氧原子寿命极短，它们迅速重组形成臭氧，将光子的能量转化为热能。

　　图 5.2 给出了与 Chapman 臭氧生成理论相关的分子数密度、光子通量和光子吸收率的垂直廓线。全球每天生成的臭氧总质量约 4 亿吨。全球臭氧总质量相对恒定，维持在约

30亿吨。也就是说，每天在太阳辐射作用下生成的臭氧总质量占全球臭氧总质量的约12%。

Chapman猜测臭氧也会与自由氧原子反应，从而被消耗，从而与生成的臭氧相平衡。基本的臭氧损耗反应为

$$O_3 + O \rightarrow O_2 + O_2 \qquad (5.22)$$

因为在大气中臭氧平均浓度很低，所以该反应在大气中的大部分区域里反应速度相对较慢。因此，反应式（5.18）～式（5.21）被称为臭氧化学的Chapman循环。

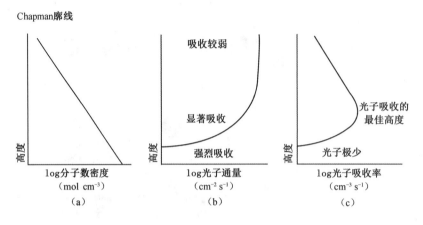

图5.2 平流层中Chapman臭氧光化学机制，显示了分子数密度、光子通量和光子吸收率
随高度的变化（引自Science and Society，Columbia University）

5.7 Chapman 循环的局限性

虽然反应式（5.18）～式（5.21）的Chapman循环给出了平流层基本的臭氧生成、消耗机制，但是其不能解释观测到的大气臭氧分布。热带地区太阳辐射最强，然而其臭氧量很低。由Chapman化学反应预测的臭氧量是热带地区实际观测臭氧量的2倍；而中高纬度地区Chapman化学反应的臭氧量预测值比实际观测臭氧量小得多。Chapman循环不但不能解释臭氧的全球分布即经向变化，也不能解释臭氧的季节变化。

Chapman理论的缺陷是没有考虑两个过程。首先，臭氧损耗过程除纯氧机制外，还包括氯、溴、氮、氢等气体对臭氧的损耗。其次，平流层存在由赤道向极地运动的BD环流（见7.2节），其将臭氧从热带的光化学产生区输送至中高纬度地区。BD环流减少了热带的臭氧量，增加了热带外的臭氧量。

一般来说，奇氧混合物（O_x）由氧气光解形成。奇氧混合物通过臭氧与氧原子的反应消耗，在下平流层时间尺度为数月至数年，在上平流层时间尺度为几天。在更小的时间尺度里，即在比奇氧混合物寿命还短的时间尺度里，臭氧与氧原子的总量基本不变，但不停进行相互转化。因为在热带平流层中低层，奇氧混合物的寿命为数分钟至数小时，而氧原子的寿命小于1 s，所以大部分奇氧混合物以臭氧的形式存在。

5.8　反应物和反应速率系数

在臭氧损耗反应中，反应物为臭氧分子和氧原子，生成物为氧分子。

$$\frac{d[O_3]}{dt} = -k[O_3][O]\qquad(5.23)$$

其中，$[O_3]$为臭氧浓度，$[O]$为氧原子浓度，k为反应速率系数。

反应物不仅具有动能和势能，还具有与分子化学键强度有关的键能。吸收热量或能量的反应是吸热反应，而放出能量的反应是放热反应。氧分子光解产生氧原子是一个吸热反应，因为此反应需要紫外光子的能量。一个臭氧分子与一个氧原子形成两个氧分子的反应为放热反应。

臭氧损耗率与臭氧浓度、氧原子浓度、反应速率系数成比例。臭氧分子与氧原子的反应速率系数约为氧分子与氧原子的反应速率系数的 1/4，而且每个臭氧分子通常对应着超过 10 万个氧分子。因此，臭氧分子与氧原子的反应速率是很小的。图 5.3 为气候态的 1 月平流层臭氧随气压和纬度的分布。

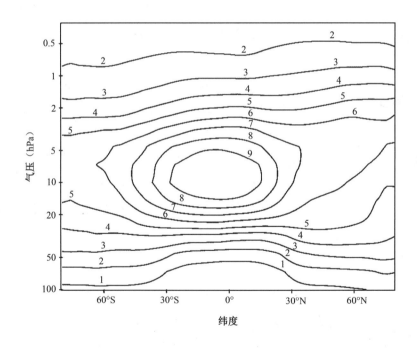

图 5.3　气候态的 1 月平流层臭氧随气压和纬度的分布（引自 SPARC 资料中心）

在 Chapman 设计的模型中，臭氧损耗过程与氧分子光解生成臭氧的过程平衡，氧分子和臭氧分子迅速相互转化。氧分子光解是奇氧混合物的源，其反应速率较慢，在赤道上空 30 km 处的时间尺度为数周。臭氧与氧原子的反应消耗奇氧混合物，该过程的时间尺度与前面的过程相当，也为慢过程。由于氧原子和臭氧分子迅速相互转化，奇氧混合物的寿命比臭氧和氧原子单独存在的寿命长得多。光解反应导致赤道上空 30 km 的臭氧分子的寿命不到 1 h。然而，通过氧原子和氧分子的反应，臭氧又以几乎相同的速度重组。因此，平流层中层臭氧浓度改变还是非常缓慢的，时间尺度达数周至数月（Pitts and Pitts，2000）。

5.9　臭氧光解

太阳能可以打破化学键，制造高活性的自由基。当臭氧吸收波长小于 325 nm 的光子时，一个氧原子脱离臭氧分子。该反应可表示为

$$O_3 + h\nu \leftrightarrow O_2 + O \tag{5.24}$$

臭氧分子在紫外光子的作用下解离就是臭氧光解。由于臭氧生成、消耗的一系列反应释放了热量，从而加热了平流层，使其比上对流层温暖。由于上暖下冷，大气稳定，所以平流层以平流为主。另外，臭氧吸收了紫外辐射，保护了地球表面免受紫外线的伤害。

光解速率与反应气体的数密度和光解速率系数成正比，可以表示为

$$\text{Photolysis} = J[O_3] \tag{5.25}$$

其中，J 为光解速率系数，$[O_3]$ 为臭氧数密度。光解速率系数通常取决于吸收截面和特定波长的入射光子数。入射光子数取决于高度、纬度、季节及当日时间。这 4 个参数本质上又取决于太阳天顶角（Newman and Morris，2003）。

5.9.1　高度变化

在大气顶层具有稳定的太阳紫外光子通量。太阳紫外光子向下传播，并穿越大气，但这些光子被臭氧及其他分子拦截。在大气顶层低密度区域，几乎没有分子能吸收光子，其吸收量很小；在较低高度上，分子密度增加，吸收能力也增强，并在大气中间层达到最大值。因此，对太阳紫外光子的吸收过程，在大气顶层存在密度极限，在大气低层存在光子极限。

5.9.2　纬度变化

热带地区正午的太阳天顶角较中纬度地区正午的太阳天顶角大。因此，单位面积的紫外光子的通量在热带地区更大，被吸收的光子也越多。因此，在一定的高度上，光解速率由热带地区向极地递减。

5.9.3　季节变化

季节变化可以导致太阳天顶角的变化，从而导致光解速率变化。中高纬度地区夏季太

阳天顶角最大，冬季最小。单位面积的紫外光子的通量也在夏季最大，冬季最小。因此，光解速率存在季节循环，在夏季最大，在冬季最小。

5.9.4　日变化

夜间没有太阳光，光解速率降为零。早晨和下午的太阳天顶角低于正午的太阳天顶角，早晨和下午单位面积的紫外光子的通量较正午小。因此，在同一高度和纬度上，正午时的光解速率大于日出、日落时的光解速率。

5.10　非均相反应

非均相反应涉及固态、液态和气态，是多相态化学过程。非均相反应发生在与气体分子接触的液态或固态颗粒物表面上或颗粒物内部。非均相反应是南极臭氧洞形成过程的重要组成部分。非均相反应将氯和溴从储库分子中释放出来，形成活性基，将氮族物质转化为更稳定的形式，如硝酸。

在臭氧化学中有 5 个基本的非均相反应，即

$$ClONO_2 + HCl \rightarrow Cl_2 + HNO_3 \tag{5.26}$$

$$ClONO_2 + H_2O \rightarrow HOCl + HNO_3 \tag{5.27}$$

$$N_2O_5 + HCl \rightarrow ClNO_2 + HNO_3 \tag{5.28}$$

$$N_2O_5 + H_2O \rightarrow 2HNO_3 \tag{5.29}$$

$$HOCl + HCl \rightarrow Cl_2 + H_2O \tag{5.30}$$

许多因素影响了非均相反应的速率，包括颗粒物种类、颗粒物表面积、温度。如果水为液态，五氧化二氮能轻易溶于水，形成硝酸。如果水为气态，那么需要反应表面或者颗粒物参与，反应式（5.29）才能发生。该反应的速度和温度无关，因此无论何时何地，只要在平流层中有气溶胶，该反应就能发生。如果没有反应式（5.29），中纬度地区平流层与氮相关的化学过程就无法解释。另外，其他反应的反应速率在低温时剧烈加快，因此这些反应对于理解极地平流层的臭氧收支非常重要。

在反应式（5.26）中，氯化氢分子和硝酸氯分子通常在气态时不发生反应。但当这些分子溶解在液体中时，如溶解在硫酸溶液中，它们就能迅速反应。平流层中的硫酸气溶胶能够吸收氯化氢分子和硝酸氯分子，生成气态的氯分子，并使硝酸分子溶解在气溶胶中。

平流层 1 月氯化氢浓度和硝酸浓度随高度和纬度的分布如图 5.4 和图 5.5 所示。平流层氯化氢浓度随高度上升而增加。平流层顶附近氯化氢浓度达到对流层附近的 10 倍。热带地区，氯化氢浓度随高度上升显著增加，可以延伸到地表以上 40 km。氯化氢经向变化在上平流层最小。较高浓度的硝酸分子位于高纬地区下平流层，在冬季极区达到极大值（见图 5.5）。

不活跃的硝酸分子在极地平流层云表面形成，并保持冻结状态。随着极地平流层云的沉降，硝酸分子被从平流层中清除。该过程是氮元素从平流层中被清除的过程。由于硝酸分子光解产生活跃的二氧化氮，其与氧化氯反应形成储库分子硝酸氯。因此，平流层氮元素的清除使损耗臭氧的、活跃的氧化氯增多（Brasseur and Solomon，2005）。

反应式（5.26）、反应式（5.27）和反应式（5.30）生成的氯分子和次氯酸分子寿命很短。在可见光照射时，它们都会快速光解。一个氯分子光解为两个氯原子，然后两个氯原子参与氯族的催化循环。次氯酸分子光解释放出氯原子和羟基［Solomon，1997(b)］。

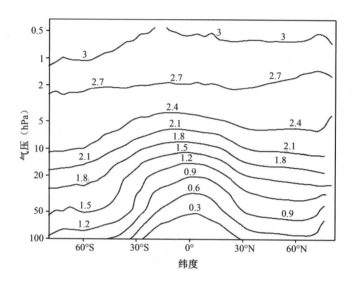

图 5.4　UARS MLS 资料平流层 1 月平均氯化氢浓度随高度和纬度的分布（引自 SPARC 资料中心）

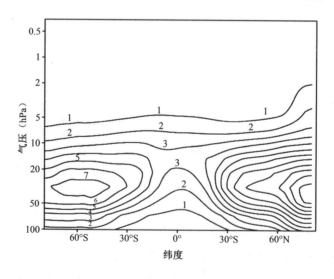

图 5.5　UARS MLS 资料平流层 1 月平均硝酸浓度随高度和纬度的分布（引自 SPARC 资料中心）

5.10.1 过氧化氯的臭氧损耗

氯对臭氧的催化损耗如图 5.6 所示。一氧化氯造成的臭氧损耗量可以根据两种假设进行计算。第一，假设氮氧化物没有参与平流层臭氧的破坏。第二，假设平流层足够冷，可以形成极地平流层云，从而使氯活化，形成一氧化氯。在平流层中，过氧化氯分子由两个一氧化氯分子通过三体碰撞结合形成。该分子有时也称为一氧化氯二聚物。

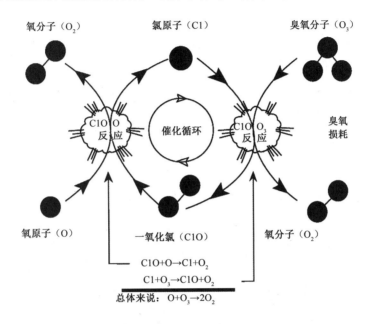

$$ClO + O \rightarrow Cl + O_2$$
$$Cl + O_3 \rightarrow ClO + O_2$$
总体来说： $O + O_3 \rightarrow 2O_2$

图 5.6 氯对臭氧催化损耗的化学反应示意（WMO，2007）

$$ClO + ClO + M \rightarrow ClOOCl + M \tag{5.31}$$

基于上面两种假设，过氧化氯的产生与光解存在平衡，即

$$k[ClO]^2[M] = J[ClOOCl] \tag{5.32}$$

其中，J 为过氧化氯的光解速率系数，k 为生成过氧化氯的反应速率系数，$[M]$ 为第三体数密度。

臭氧的直接损耗是通过双分子反应 $Cl + O_3 \rightarrow ClO + O_2$ 完成的。一氧化氯的产生与消耗平衡，则

$$k[ClO]^2[M] = k_2[Cl][O_3] \tag{5.33}$$

其中，k_2 为 $Cl + O_3$ 的反应速率系数。

而主要的 Cl_x 物为一氧化氯和过氧化氯，则

$$[Cl_x] = [ClO] + 2[ClOOCl] = [ClO] + k[ClO]^2[M]/J(C) \tag{5.34}$$

其中，式（5.32）可用于估算式（5.34）中的过氧化氯。求解式（5.34），得到

$$[\text{ClO}]=\frac{J}{4k}\left[\sqrt{1+\frac{8k}{J}[\text{Cl}_x]}-1\right] \tag{5.35}$$

当[Cl$_x$]很小时，[ClO]与[Cl$_x$]几乎相等。可以利用式（5.35），通过计算 Cl$_x$ 来估算臭氧洞中的臭氧损耗速率。

图 5.7 为高层大气研究卫星（UARS）上的微波临边探测器（MLS）观测的平流层1 月平均的一氧化氯浓度随高度和纬度的分布。在低平流层，一氧化氯浓度并没有明显的经向变化；在高平流层，北半球中纬度地区一氧化氯浓度较高，热带地区一氧化氯浓度随高度变化不大。

工业化前奇氯混合物浓度小于 3 ppmv，即空气中每 10 亿个分子中有 3 个活性氯分子。在工业化前的大气条件下，臭氧损耗的时间尺度大约为整个季节。因此，由极地平流层云活化的氯并没有造成太大的臭氧损耗。目前，平流层奇氯混合物浓度大于 3 ppmv，臭氧损耗的时间尺度约为 2.5 周。所以，当前南极臭氧洞的发展存在季节特征，而工业化前并非如此（Newman and Morris，2003）。

该理论应用于南极是合理的。但是，在北极春季，温度不够低，低温时间也不够长，因此无法通过非均相反应使氯活化。另外，当极地平流层云较少时，硝酸也难以凝结沉降出平流层，因此当阳光出现时，硝酸吸收紫外线光解，产生氮氧化物。而二氧化氮会与一氧化氯反应，生成硝酸氯，使活性氯失活。

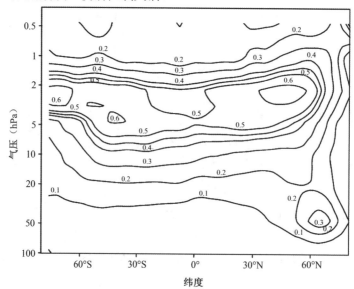

图 5.7　UARS MLS 资料平流层 1 月平均一氧化氯浓度随高度和纬度的分布

（单位：ppmv；引自 SPARC 资料中心）

5.10.2　氯和氮的活化和失活

非均相反应尤其是反应式（5.26）对臭氧的损耗极为重要。这主要有两个原因：第一，氯从储库分子氯化氢和硝酸氯中释放出来，可以对臭氧进行催化损耗；第二，二氧化氮被固定在硝酸分子中，无法使氯失活。

5.11　催化损耗

要理解平流层臭氧分布，必须要充分了解催化损耗过程。催化剂的浓度通常较小，但在引发化学反应后，催化剂自身没有消耗。因此，几个催化循环在臭氧化学中非常重要。

5.11.1　氢的催化损耗

氢以甲烷和水汽的形式从对流层被输送到平流层。甲烷是长寿命的示踪物，通过 BD 环流的热带上升运动，被有效地从其地表源地输送到平流层。甲烷的损耗发生在上平流层，大量的自由氧原子可以氧化甲烷，使其转化为其他物质，如水汽。

图 5.8 为由 UARS 上的卤素掩星试验（HALOE）和 MLS 资料得到的平流层 1 月平均水汽浓度随高度和纬度的分布。水汽浓度最小值位于热带低平流层。由于 BD 环流在热带存在上升运动，水汽浓度等值线在平流层中高层向上弯曲。在夏季平流层顶，水汽浓度较大。水汽浓度从低平流层开始增加，到中间层低层仍继续增加。

对流层水汽浓度很大，但是并不能有效地进入平流层。在热带地区，大部分水汽在上升到达对流层顶时，由于低温而凝结，无法进入平流层。只有百万分之几的水汽分子进入了平流层，所以下平流层非常干燥。而在平流层中上层甚至中间层，由于甲烷的氧化反应，水汽浓度增加。

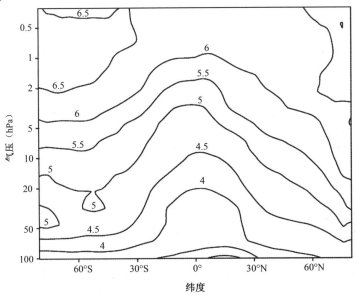

图 5.8　UARS HALOE 和 MLS 资料平流层 1 月平均水汽浓度随高度和纬度的分布
（单位：ppmv；引自 SPARC 资料中心）

5.11.2 甲烷的光解反应

图 5.9 为 UARS 上 HALOE 和低温临边矩阵校准光谱仪（CLAES）观测的平流层 1 月甲烷浓度随高度和纬度的分布。甲烷源自对流层，其浓度在平流层随高度升高而减小。由于 BD 环流热带上升支的作用，甲烷浓度等值线向上弯曲。甲烷浓度在热带地区最大，峰值位于赤道低平流层。热带地区平流层甲烷浓度大值区随高度升高向夏季半球倾斜。

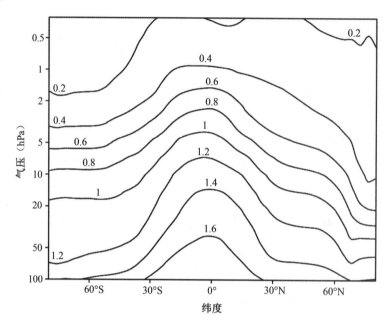

图 5.9 UARS 上 HALOE 和 CLAES 观测的平流层 1 月平均甲烷浓度随高度和纬度的分布
（单位：ppmv，引自 SPARC 资料中心）

在地球大气中，甲烷来自地表的森林燃烧、煤矿开采、石油和天然气钻探和精炼、垃圾填埋、水稻种植、秸秆焚烧、工业活动及食草动物的消化活动。

因为热带对流层顶是对流和平流层的极冷边界，当潮湿空气被抬升向上通过对流层时，水汽凝结。因此，进入平流层的空气是相当干燥的。甲烷在通过对流层顶时不受影响，但是在到达上平流层时，被氧化而减少（Rasmussen and Khalil，1981）。在平流层中上层，每个甲烷分子通过下面两个氧化反应最终转变为两个水分子。

在第一个反应中，甲烷与羟基反应，即

$$CH_4 + OH \rightarrow CH_3 + H_2O \tag{5.36}$$

第二个反应涉及一系列基元反应。甲烷先与激发态的单线态氧原子反应，即

$$CH_4 + O(^1D) \rightarrow CH_3 + OH \tag{5.37}$$

接着，羟基与甲基通过如下方程迅速反应

$$CH_3 + O_2 + M \to CH_3O_2 + M \tag{5.38}$$

$$CH_3O_2 + NO \to CH_3O + NO_2 \tag{5.39}$$

$$CH_3O + O_2 \to HCHO + HO_2 \tag{5.40}$$

在地表以上 35～45 km 高度上，甲醛与羟基反应产生水分子，有

$$HCHO + OH \to CHO + H_2O \tag{5.41}$$

而在地表以上约 65 km 高度上，甲烷光解是甲烷损耗的主要机制。

在寒冷的热带对流层顶，冻干过程使得水汽凝结减少，甲烷的氧化则增加了上平流层的水汽含量。甲烷在接近其对流层源区的低平流层相对丰富，而由于氧化作用在上平流层含量相对较少。以上就解释了平流层水气和甲烷的分布（Whiticar，1993）。

5.11.3　氢自由基的催化循环

在臭氧光化学反应中，重要物质甲烷、水汽及自由基向平流层输送，并释放氢自由基。这些活化性自由基通过各种催化循环损耗臭氧。

每个水分子与单线态氧原子反应生成两个羟基分子，即

$$H_2O + O\left(^1D\right) \to 2OH \tag{5.42}$$

这些羟基造成臭氧分子和自由氧原子的净损耗，而羟基在循环的最后得以恢复，有

$$OH + O_3 \to HO_2 + O_2$$
$$HO_2 + O \to OH + O_2$$
$$\boxed{Net:\ O_3 + O \to 2O_2} \tag{5.43}$$

只有当氢自由基被破坏时，该催化循环才会停止。下面几个反应可以损耗氢自由基。

$$OH + HO_2 \to H_2O + O_2 \tag{5.44}$$

$$OH + NO_2 + M \to HNO_3 + M \tag{5.45}$$

$$HO_2 + NO_2 + M \to HNO_4 + M \tag{5.46}$$

这些方程右边的含氢物质被称为储库物质，它们像存储库一样，是不容易反应的化合物。这些物质储存氢，防止氢自由基参与上述的催化循环。

$$OH + O_3 \to HO_2 + O_2$$
$$HO_2 + O_3 \to OH + 2O_2$$
$$\boxed{Net:\ 2O_3 \to 3O_2} \tag{5.47}$$

这里氢自由基在循环中没有产生，也没有被破坏，只是催化 2 个臭氧分子转化为 3 个氧分子。该反应的重要性在于其损耗臭氧但不需要自由氧原子。

上平流层中两个反应对奇氧混合物的损耗同样重要。

第一个反应涉及 1 个自由氢原子作为中间化合物。接着，2 个氧原子转化为氧分子。

$$H + O_2 + M \to HO_2 + M$$
$$HO_2 + O \to OH + O_2$$
$$\boxed{Net:\ 2O \to O_2} \tag{5.48}$$

第二个反应也是氢自由基催化导致臭氧损耗，如方程（5.43）所示。其中，Z 可以代表氯或者溴。该催化循环在下平流层也同样重要。这些循环还会与氯、溴的循环产生相互作用。

$$ZO + HO_2 \rightarrow HOZ + O_2$$
$$HOZ + h\nu \rightarrow OH + Z$$
$$HO + O_3 \rightarrow HO_2 + O_2$$
$$Z + O_3 \rightarrow ZO + O_2$$
$$\boxed{Net:\ 2O_3 \rightarrow 3O_2}$$

（5.49）

5.11.4 氮自由基的催化循环

活性氮自由基，包括一氧化氮和二氧化氮，也能通过催化循环损耗奇氧混合物。类似氢自由基，氮自由基的源也主要位于对流层。平流层中的氮自由基约有 90%来自对流层的一氧化二氮，也称笑气。与水汽和甲烷类似，一氧化二氮主要通过 BD 环流热带上升支输送进入平流层。

图 5.10 为 UARS CLAES 观测的平流层 1 月一氧化二氮浓度随高度和纬度的分布。一氧化二氮浓度最大值位于热带低平流层。冬季北半球一氧化二氮的浓度相当较高。

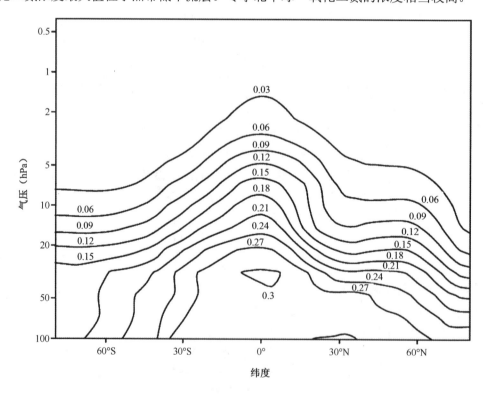

图 5.10 UARS CLAES 资料平流层 1 月平均一氧化二氮浓度随高度和纬度的分布
（单位：ppmv，引自 SPARC 资料中心）

活性氮自由基由一氧化二氮与单线态氧原子反应得到。该反应将氮从惰性物质转化为活性物质，有

$$N_2O + O(^1D) \rightarrow 2NO \tag{5.50}$$

消耗一氧化二氮的另一个反应是光解反应。高能紫外光子能够将一氧化二氮分裂为氮分子和单线态氧原子。氮分子为惰性物质，有很长的寿命。虽然氮分子是大气中含量最大的气体，但是其基本上不参与化学过程。

$$N_2O + h\nu \rightarrow N_2 + O(^1D) \tag{5.51}$$

地面上一氧化二氮的源包括海洋、森林土壤、氧化、生物质燃烧、化肥。每年的氮排放量为 4.4～10.5 万亿吨。平流层中有许多含氮物质，但它们均不参与平流层氮光化学反应或一氧化二氮的反应。例如，硝酸溴能吸收高能光子而光解形成 Br 和 NO_3，即

$$BrONO_2 + h\nu \rightarrow Br + NO_3 \tag{5.52}$$

氮自由基消耗奇氧混合物的催化循环类似于氢自由基的催化循环。第一步，一氧化氮与臭氧反应形成二氧化氮和氧气。第二步，二氧化氮与氧原子反应重新组成一氧化氮。该催化循环损耗了两个奇氧分子，并没有消耗催化剂氮自由基。

$$NO + O_3 \rightarrow NO_2 + O_2$$
$$NO_2 + O \rightarrow NO + O_2$$
$$\boxed{Net: O_3 + O \rightarrow 2O_2} \tag{5.53}$$

5.11.5 氮自由基催化反应随温度的变化

化学反应速率与温度有关，而温度对氮自由基的反应速率有强烈的影响。图 5.11（a）显示了平流层中 $NO+O_3 \rightarrow NO_2+O_2$ 的反应速率随温度的变化。这类反应的反应物涉及两个分子，被称为双分子反应。其反应速率随着温度的升高而迅速加快。这是因为，随着温度升高，分子平均速度增加，移动更快，分子间发生碰撞及反应的可能性变得更高。当然，一些其他因素，如分子化学键的能量，也可以影响反应速率。

与之相反，三分子反应的反应速率却随着温度升高而减慢。图 5.11（b）显示了距地表约 40 km 高度上，$O+O_2+M \rightarrow O_3+M$ 的反应速率随温度的变化。在该反应中，反应速率随着温度升高而减慢。其原因是随着温度升高，分子移动更快，从而导致三分子同时发生碰撞而反应的可能性急剧下降。

氮自由基的催化反应速率随温度的变化可以解释上平流层臭氧量与温度的相关关系。本节会对相关的三分子反应的反应速率进行详细介绍，结合下面 3 个方程式，可以得到臭氧浓度随温度和奇氧混合物浓度变化的复杂表达式。

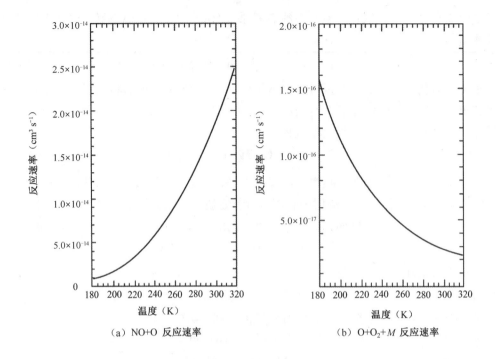

（a）NO+O 反应速率 　　　　　　　　　　　（b）O+O$_2$+M 反应速率

图 5.11　反应速率随平流层温度变化（引自 NASA）

1．氮自由基催化和光解导致的奇氧变化

$$k_1[\text{NO}][\text{O}_3]+k_2[\text{NO}_2][\text{O}]=J_1[\text{NO}_2]+2J_2[\text{O}_2] \tag{5.54}$$

其中，方程左边第一项为一氧化氮和臭氧的化学反应损耗臭氧的反应速率，第二项为二氧化氮和氧原子的化学反应损耗氧原子的反应速率；方程右边第一项为二氧化氮光解生成氧原子和一氧化氮的反应速率，右边第二项为氧分子光解生成两个氧原子的反应速率。

2．奇氮在一氧化氮与二氧化氮间的转化

$$k_1[\text{NO}][\text{O}_3]=k_2[\text{NO}_2][\text{O}]+J_1[\text{NO}_2] \tag{5.55}$$

该方程表示二氧化氮的产量与其损耗相等。其中，方程左边为一氧化氮和臭氧反应生成二氧化氮的速率；方程右边第一项为二氧化氮和氧原子反应消耗二氧化氮的速率，右边第二项为光解损耗二氧化氮的速率。

3．奇氧在氧原子与臭氧间的转化

$$k_3[\text{O}][\text{O}_2][M]=J_3[\text{O}_3] \tag{5.56}$$

其中，方程左边为氧原子和氧分子通过第三体生成臭氧的速率，而方程右边为臭氧的光解速率。

图 5.12 表明上平流层臭氧浓度随温度升高而减小，其原因主要是一氧化氮和臭氧反应随温度升高而加速，导致臭氧损耗加速。

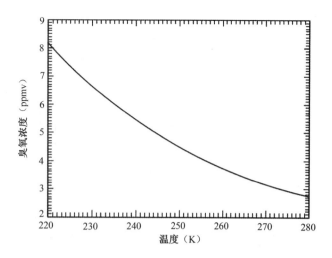

图 5.12　春秋分时地表以上 40 km 处臭氧浓度与温度的关系（引自 NASA）

5.11.6　氯的源

氯的源为对流层，很大一部分氯原子来自各种人造氯氟烃（CFC）和氢氯氟烃（HCFC）。由于这些分子寿命很长，它们可以被输送进入平流层。20 世纪 30 年代，氯氟烃被研制出来用于替代氨，作为安全无毒制冷剂。由于其造价低廉，不易燃，不可溶，在 20 世纪 40 —80 年代全球对其有巨大的需求。

虽然在自然界中也有氯的源，但这些氯大部分都被限制在大气低层，而目前在平流层中观测到的氯大部分是人造氯氟烃光解释放的氯原子。因为氯氟烃寿命很长且不溶于水，它们能被输送进入平流层。在上平流层，高能紫外辐射能破坏氯氟烃的化学键，释放出活性氯，使其催化损耗奇氧混合物。也就是说，人类活动导致了大气环境的剧烈变化。

图 5.13 为对流层和平流层中四氟化碳（CF_4）和 CFC-11 含量的垂直分布。四氟化碳在低于 50 km 的高度上完全不反应，观测显示其在整层大气中分布几乎保持一致。CFC-11 在低层大气（低于 15 km）中不反应，含量也不变。然而，在更高的高度上，因为太阳紫外辐射的作用，CFC-11 含量随高度上升迅速减少。平流层中的氯就是从这个过程中释放出来的，而每个氯原子都可以破坏数千个臭氧分子。

5.11.7　氯自由基的催化反应

氯原子能与臭氧反应，方程为
$$Cl + O_3 \rightarrow ClO + O_2 \tag{5.57}$$
在上平流层中，臭氧损耗主要是由氯原子和一氧化氯催化造成的，可表示为
$$Cl + O_3 \rightarrow ClO + O_2$$
$$ClO + O \rightarrow Cl + O_2$$
$$\boxed{Net: O_3 + O \rightarrow 2O_2} \tag{5.58}$$

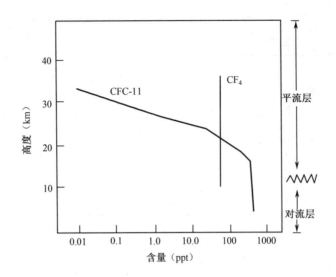

图 5.13 在对流层和平流层中 CF_4 和 CFC-11 的垂直分布（引自 WMO/UNEP，1995）

其中，活性氯自由基为氯原子和一氧化氯。净反应是将奇氧转化为氧分子。因为下平流层自由氧原子较少，该反应可能不是极地下平流层臭氧损耗的主要机制。

与氮自由基类似，活性氯自由基也可以转化为储库物质，反应为

$$Cl + CH_4 \rightarrow HCl + CH_3 \tag{5.59}$$

$$ClO + HO_2 \rightarrow HOCl + O_2 \tag{5.60}$$

$$ClO + NO_2 + M \rightarrow ClONO_2 + M \tag{5.61}$$

氯的储库物质氯化氢、次氯酸和硝酸氯的光解速率决定了它们的寿命。氯化氢寿命最长，达到数周；次氯酸寿命最短，仅为数小时。

在下平流层，另一个氯的催化循环对臭氧平衡有重要影响，该循环涉及三氧化氮和硝酸氯的光解，反应为

$$ClONO_2 + h\nu \rightarrow Cl + NO_3$$
$$NO_3 + h\nu \rightarrow NO + O_2$$
$$NO + O_3 \rightarrow NO_2 + O_2$$
$$Cl + O_3 \rightarrow ClO + O_2$$
$$ClO + NO_2 + M \rightarrow ClONO_2 + M$$
$$\boxed{Net: 2O_3 \rightarrow 3O_2} \tag{5.62}$$

上述反应的净效果是将两个臭氧分子转化为 3 个氧分子。

5.11.8 南极臭氧洞和氯自由基的催化反应

冬季和春季极地臭氧的化学损耗主要是由氯自由基（Molina and Molina，1987）和溴（McElroy et al.，1986）的催化循环造成的。这两个关键的催化循环破坏了极地平流层臭氧，导致臭氧洞的形成，在第 6 章会详细介绍南极臭氧洞的细节。

第一个催化循环为

$$ClO + ClO + M \rightarrow Cl_2O_2 + M$$
$$Cl_2O_2 + h\nu \rightarrow Cl + ClO_2$$
$$ClO_2 + M \rightarrow Cl + O_2 + M$$
$$2(Cl + O_3 \rightarrow ClO + O_2)$$
$$\boxed{Net: 2O_3 \rightarrow 3O_2}$$

（5.63）

第二个催化循环为

$$BrO + ClO \rightarrow Br + ClO_2$$
$$ClO_2 + M \rightarrow Cl + O_2 + M$$
$$Cl + O_3 \rightarrow ClO + O_2$$
$$Br + O_3 \rightarrow BrO + O_2$$
$$\boxed{Net: 2O_3 \rightarrow 3O_2}$$

（5.64）

在这两个催化循环中均未涉及氧原子。但是，过氧化氯吸收紫外辐射，光解释放氯原子或溴原子而破坏臭氧。因此，这些反应能在氧原子非常少的下平流层破坏臭氧。

另外，活性氮自由基能与氯自由基反应，降低臭氧的损耗速率，即

$$Cl + O_3 \rightarrow ClO + O_2$$
$$ClO + NO \rightarrow Cl + NO_2$$
$$NO_2 + h\nu \rightarrow NO + O$$
$$\boxed{Net: O_3 + h\nu \rightarrow O_2 + O}$$

（5.65）

这一系列反应将奇氧从一种形式转化为另一种形式，而不造成净损失，同时也使氮自由基和氯自由基难以参与正常的催化循环，从而减缓了对奇氧的损耗。因此，只有当极地平流层云出现时，活性氮自由基才能通过反应生成硝酸，并凝结沉降。这使得活性氮自由基不能干扰氯自由基对奇氧的催化损耗。

5.11.9　溴的源

溴自由基也能有效地破坏臭氧。在南极臭氧洞中，由溴导致的臭氧损耗量约占臭氧损耗总量的20%～40%。溴既来源于人类活动，又来源于自然界。溴甲烷在对流层产生，来自陆地和海洋的生物过程，也来自农业熏蒸杀虫、生物质燃烧及汽车尾气。溴甲烷可以与水、羟基和氯离子反应，也可以吸收紫外辐射光解。由于其寿命很长，可以进入平流层，并成为溴在平流层的主要源物质。另外，作为灭火剂的卤代烷-1211 和卤代烷-1301 也是溴的主要来源之一。因为这些卤代烷只会被波长小于 280 nm 的紫外辐射破坏而光解，所以其只能在上平流层光解。因此，卤代烷具有非常长的寿命，可以通过 BD 环流输送进入平流层。

5.11.10 溴自由基的催化反应

活性溴自由基以溴和一氧化溴的形式存在，惰性溴化物包括次溴酸和硝酸溴。它们非常容易光解，即使可见光都可以触发其光解反应，所以寿命很短，不是典型的储库物质。因此，惰性溴化物不能像硝酸氯固定活性氯自由基一样固定活性溴自由基，因而在平流层中的溴物质基本上以活性溴自由基的形式存在。而活性溴自由基对臭氧的催化消耗主要有4种。

1. Br_x-O_x 的反应循环

在这个反应循环中，活性溴自由基与奇氧发生两步反应。首先，一氧化溴分子与自由氧原子反应形成自由溴原子和氧分子。其次，自由溴原子与臭氧分子反应形成一氧化溴分子和氧分子。其净反应是2个奇氧物质——1个氧原子和1个臭氧分子，转化为2个氧分子。

$$BrO + O \rightarrow Br + O_2$$
$$Br + O_3 \rightarrow BrO + O_2$$
$$\boxed{Net: O + O_3 \rightarrow 2O_2}$$

$$(5.66)$$

2. Br_x-Cl_x-O_x 的反应循环

这个反应循环的4个反应涉及活性溴自由基、活性氯自由基及臭氧形式的奇氧。其净反应是将2个臭氧分子转化为3个氧分子。

$$BrO + ClO \rightarrow Br + ClO_2$$
$$ClO_2 + M \rightarrow Cl + O_2 + M$$
$$Cl + O_3 \rightarrow ClO + O_2$$
$$Br + O_3 \rightarrow BrO + O_2$$
$$\boxed{Net: 2O_3 \rightarrow 3O_2}$$

$$(5.67)$$

3. Br_x-NO_x-O_x 的反应循环

这个反应循环的5个反应涉及活性溴自由基、活性氮自由基及臭氧形式的奇氧。惰性的硝酸溴也在反应循环中，并被较低能量的近紫外辐射及可见光光解，而这些辐射可以到达下平流层。其净反应是将2个臭氧分子转化为3个氧分子。

$$BrO + NO_2 + M \rightarrow BrONO_2 + M$$
$$BrONO_2 + h\nu \rightarrow Br + NO_3$$
$$NO_3 + h\nu \rightarrow NO + O_2$$
$$NO + O_3 \rightarrow NO_2 + O_2$$
$$Br + O_3 \rightarrow BrO + O_2$$
$$\boxed{Net: 2O_3 \rightarrow 3O_2}$$

$$(5.68)$$

4．Br_x-HO_x-O_x 的反应循环

这个反应循环的 4 个反应涉及活性溴自由基、活性氢自由基及臭氧形式的奇氧。惰性的硝酸溴也在循环中，其在近紫外辐射和可见光下迅速光解。其净反应是将 2 个臭氧分子转化为 3 个氧分子。

$$BrO + HO_2 \rightarrow HOBr + O_2$$
$$HOBr + h\nu \rightarrow OH + Br$$
$$OH + O_3 \rightarrow HO_2 + O_2$$
$$Br + O_3 \rightarrow BrO + O_2$$
$$\boxed{Net: 2O_3 \rightarrow 3O_2}$$

(5.69)

这些反应循环使溴成为臭氧损耗最有效的物质之一，有两个原因：第一，反应循环式（5.67）、式（5.68）和式（5.69）不需要自由氧原子去破坏臭氧，这意味着这些反应能在缺少氧原子的下平流层发生；第二，次溴酸和硝酸溴非常易于光解，使得溴往往以活性物质（溴或一氧化溴）而不是惰性物质（次溴酸或硝酸溴）存在。

5.12　平流层颗粒物

在整个平流层中充斥着各种颗粒物。在平流层中只有很少几类颗粒物能吸附或吸收气体。在平流层中最常见的颗粒物是硫酸盐气溶胶。

5.12.1　硫酸盐气溶胶

平流层硫酸盐气溶胶是亚微细粒子，由硫酸和水组成。在中纬度地区，由于温度足够高，硫酸盐气溶胶以液态形式存在。BD 环流的热带上升支输送来的羰基硫化物、二氧化硫和强烈的火山爆发产生的二氧化硫是硫酸的源物质。因为硫酸盐气溶胶很小，故其从平流层沉降清除的速度非常慢。一个半径为 0.1 μm 的硫酸盐气溶胶的沉降速度约为 100 m y^{-1}。由于沉降极慢，大部分硫酸盐气溶胶是通过 BD 环流在较高纬度地区的下沉支输送出平流层的。

5.12.2　极地平流层云的化学成分

极地平流层云对南极臭氧洞的形成起到重要作用，其提供了臭氧损耗非均相化学反应的反应表面。极地平流层云分为两类，Ⅰ类和Ⅱ类。两类极地平流层云都需要极低的温度才能形成，而这种低温只在冬季平流层的南、北极涡旋区域偶尔出现。南极涡旋比北极涡旋强，温度也较低，因此南极臭氧损耗较北极臭氧损耗更强。

II 类极地平流层云比 I 类极地平流层云更好理解。II 类极地平流层云由冰粒子组成，当温度降低至 188 K 时才能形成。这些颗粒物相对较大，直径至少为 10 μm，其沉降速度相当快，约 1.5 km d^{-1}。

对 I 类极地平流层云组成成分的认识仍然不是很清楚。其成分可能包括过冷却的硝酸、硫酸、冰，以及凝固的三水合硝酸化合物。I 类极地平流层云的霜点为 195 K。I 类极地平流层云的颗粒物比 II 类极地平流层云的颗粒物小很多，直径约为 1 μm。因此，其沉降速度也慢很多，约为 10 m d^{-1}。

5.13 对流层化学

对流层化学相当复杂，在辐射平衡和低层大气热力结构中扮演了重要角色。在对流层中各种气体不断地进行着混合和反应。另外，自然界和人类活动排放的气体改变着大气的化学平衡。

人类活动对对流层化学过程的影响越来越重要。化石燃料燃烧产生氧化硫，可以生成硫酸；汽车排放氮氧化物气体，可以形成光化学烟雾和硝酸。火山爆发、森林火灾、闪电和太阳紫外辐射这些自然因素也影响着对流层的化学过程。海洋和生物圈也与大气底层有巨量的气体交换。在这些过程中，碳循环和氮循环起到了重要的作用。

5.13.1 对流层化学成分的源

对流层中的二氧化碳由动植物的呼吸、有机物的分解和化石燃料燃烧产生。二氧化碳是对流层中最重要的温室气体。一氧化碳由森林火灾、火山爆发和汽车燃料不完全燃烧产生。一氧化碳是有毒气体，被氧化后成为二氧化碳。

化石燃料燃烧能够产生由氢原子和碳原子组成的烃，它是烟雾的成分之一。虽然甲烷在大气中的浓度不高，但是它是强力的温室气体，对地球能量平衡有重要影响。过氧化氢通常出现在大气中的云滴、雨滴等液滴中，其含量很少，但它能与二氧化硫反应生成硫酸和酸雨。二氧化硫和三氧化硫来自煤和石油燃烧、火山爆发及其他人类或自然源，其与水滴结合形成亚硫酸和硫酸，是酸雨的成分之一。

氮气分子在对流层大气中占到 78%。氮氧化物在空气发生高温燃烧时形成，如在机动车尾气中。这些氮氧化物能够形成烟雾并与水混合形成硝酸和酸雨。

过氧乙酰硝酸酯是一种有毒刺激性气体，是光化学烟雾的成分之一。它由二氧化氮、氧气及挥发性有机物的产物反应而成。光化学烟雾常见于城市中，是有毒的大气污染物。它由氮氧化物、臭氧、挥发性有机物及过氧乙酰硝酸酯组成。

5.13.2 对流层臭氧

对流层臭氧在大气中既由光化学反应产生，又由光化学反应破坏。臭氧是对流层氧化过程的重要成分，其通过氧化剂羟基与其他气体，如奇氮、一氧化碳、甲烷、水等进行反应。

奇氮对对流层臭氧的形成至关重要。因此，在郊区和无污染地区奇氮含量非常低，对流层臭氧含量也较小；在城市地区，大气污染严重，奇氮含量较高，对流层臭氧含量也较高。对流层臭氧化学基本循环示意如图 5.14 所示。

臭氧的产生过程和损耗过程具有很强的非均相性，再加上臭氧寿命较短，在大气边界层更是如此。因此，臭氧有很强的时空变化。特别地，在污染区，臭氧含量非常高；而在春季极区海洋表面，卤素含量较高，使得该处边界层臭氧被大量损耗。

对流层臭氧还是一种温室气体。自工业化时期以来，对流层臭氧增加的直接辐射强迫强度排在温室气体第 3 位。此外，臭氧通过对羟基的影响，可以改变其他温室气体的寿命，如甲烷，从而进一步影响温度变化。

在海洋上空，由于受人为排放的影响可忽略不计，对流层低层臭氧含量的变化小于 10 ppbv。在受人为排放污染物强烈影响的地区，臭氧损耗显著，可以超过 100 ppbv。平流层高臭氧浓度空气向对流层输送是上对流层的主要臭氧源，其特征混合比约为 100 ppbv。对流层臭氧的去除是通过化学反应、云、降水和臭氧的直接沉积完成的。

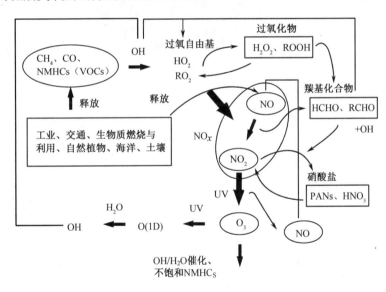

图 5.14 对流层臭氧化学基本循环示意（引自 Sudo Kengo)

5.13.3 对流层甲烷

甲烷寿命约长达 1 年，所以其在全球充分混合。尽管全球甲烷的平均浓度正在缓慢增加，但其排放速率大致与损耗速率相等，为 $450 \sim 550$ Tg y^{-1}。对流层甲烷的来源分为两类

（见图 5.15）。人类活动对甲烷的贡献超过 80%，包括稻田、牲畜反刍、天然气钻井、煤矿开采、垃圾填埋和生物质燃烧等。甲烷的自然源为湿地、沼泽、白蚁、湖泊和海洋。其中，海洋中甲烷逸出的原因是厌氧菌的作用。甲烷扩散过程模型已被提出，但计算得到的甲烷通量的绝对值具有一定的不确定性。甲烷通量与发生该过程的海洋厚度、温度、风等扰动有关（Enhalt，1999）。因为要对这些甲烷来源的强度和贡献做出可靠的估计非常困难，所以在过去的 30 年内甲烷的来源分布一直是争论的焦点。

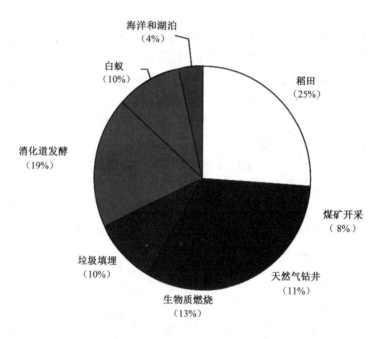

图 5.15　甲烷来源的分布（引自 Whiticar，1993；WMO，2007）

5.14　大气化学和气候

　　大气化学和气候之间存在强烈的相互作用。大气化学主要是臭氧化学。温度、湿度、风等气象要素影响了臭氧的形成，而臭氧反过来也会影响这些气象要素。图 5.16 为太阳紫外辐射与大气化学反应的相互作用示意。

　　臭氧含量变化对紫外辐射和气候具有影响。观测显示，地表紫外辐射增加的水平分布与平流层臭氧含量减少的水平分布类似。地表紫外辐射还受到云量、地表反照率和大气气溶胶的强烈影响。在南极，1991 年 2 月至 1992 年 12 月的观测显示，臭氧含量减少 60%，到达地表的太阳紫外辐射会增加 150%（见图 5.17）。由于臭氧与其他大气过程密切耦合，因此区分臭氧含量变化的影响非常困难。

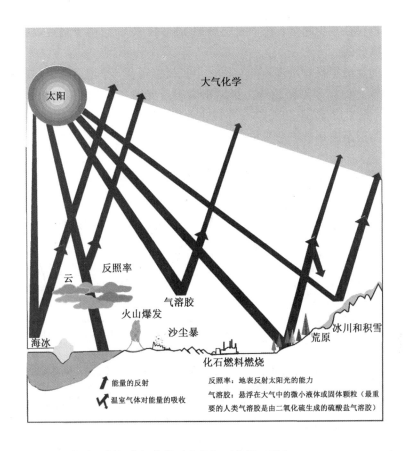

图 5.16　太阳紫外辐射与大气化学反应的相互作用（引自 UNEP/IPCC，1996）

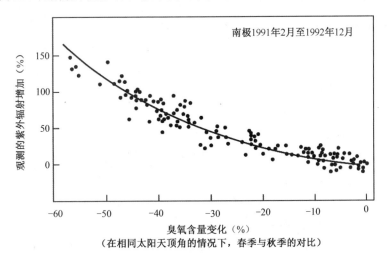

图 5.17　观测显示平流层臭氧减少造成南极的紫外辐射增加（引自 WMO/UNEP，1995）

　　臭氧对气候的影响主要是其对温度的影响。空气中臭氧浓度越大，吸收的热量就越多。臭氧通过吸收太阳紫外辐射和吸收来自对流层的红外辐射加热平流层。因此，平流层臭氧含量减少会造成温度降低。观测显示，近几十年来，平流层中上层变冷了 1～6 ℃，而平流层臭氧含量也存在减少趋势。在平流层冷却的同时，对流层由于温室效应而增暖，这两个过程是相互耦合的。

平流层中的臭氧损耗和降温可能存在一个正反馈过程。平流层臭氧损耗越严重，平流层温度降得越低。而温度降得越低，极地平流层云就越多，臭氧损耗就越大（Zeng and Pylee，2003）。图 5.18 显示了自 1979 年以来北极臭氧总量和平流层温度的年际变化，由图可知北极平流层温度和臭氧总量均存在下降趋势。

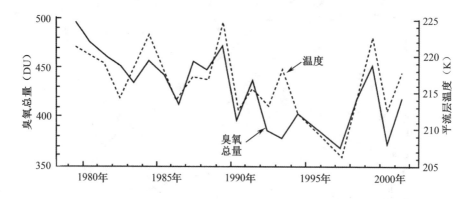

图 5.18　北极臭氧总量和平流层温度的年际变化（Paul Newman，NASA GSFC）

最近 30 年，平流层发生了显著的冷却，其原因主要是平流层臭氧的损耗。未来平流层是否继续冷却尚不能确定，原因是未来卤素减排导致的臭氧增加可能会被动力作用抵消。还有研究显示，上平流层冷却将减缓自然的臭氧损耗循环，其可以抵消氯催化的臭氧损耗，使臭氧含量相对增加（Thompson and Solomon，2005；Randel and Wu，2006）。

观测证据显示，自 1981 年以来，平流层水汽含量每年增加约 1%。其增加趋势大大超过了平流层甲烷含量变化对水汽含量的影响。而水汽还可以通过热带对流层顶进入平流层。因此，水汽含量的这种变化趋势可能是由热带上对流层和下平流层的变化导致的（Stenke and Grewe，2005）。因为水汽对对流层向平流层的输送非常敏感，所以研究水汽含量变化有助于更好地理解对流层成分进入平流层的方式。

未来卤素减排将使极地臭氧损耗减少。然而，气候变化将调制极地平流层的动力过程。与臭氧损耗相关的主要动力过程取决于极涡的稳定性和特征。而臭氧损耗的关键化学过程氯的活化和脱氮作用也与温度密切相关。

有趣的是，到目前为止，热带地区观测到的臭氧总量没有显著的变化趋势。然而，许多热带的过程对于平流层的结构和成分有重要影响。热带对流层顶层，在很大程度上决定了许多进入平流层的短寿命成分及水汽的浓度。另外，热带是清除许多对流层化学成分的关键区域，其结构对气候变化是敏感的。

理论和模拟研究显示，平流层极涡强度的波动能够影响对流层的天气形势和海表温度（Taguchi and Hartmann，2006；Butchart et al.，2006）。因此，未来平流层成分及其环流变化能对主要的气候型（如北极涛动和北大西洋涛动）的形态和趋势产生重要影响。

　　臭氧与气候间的相互作用，不仅发生在平流层，也发生在对流层。对流层臭氧吸收太阳辐射、地表辐射，并发射长波辐射，控制着地气系统的辐射平衡。因为臭氧能强烈地吸收波长为 9600 nm 的地表辐射，所以对流层臭氧含量增加使低层大气升温。对流层臭氧含量增加已经成为工业时期以来的第三大辐射强迫，其对全球变暖有显著的影响。

　　对流层臭氧通过光化学反应形成。形成臭氧的化学物质包括氮氧化物、挥发性有机物。因为温度升高能够加速光化学反应的反应速率，所以高臭氧含量和高温天数有很强的相关。在气温较高时，臭氧含量偏高，户外运动对肺有害。但是，臭氧含量并不总是随温度升高而增加的，当氮氧化物和挥发性有机物的浓度较小时，臭氧含量并不随温度升高增加。

　　对流层全球增暖能够导致臭氧含量变化。虽然对流层增暖一般不能改变所有生成臭氧的复杂化学反应，但是可以改变其中的一些反应，如涉及甲烷的反应。因为这些化学成分本身寿命短且存在时空变化，所以不确定性太大而难以做出预测。通常，科学家只能推测气候对一些特定地区、特定化学过程的作用，以及对臭氧含量的影响。

　　气候变暖能导致对流层水汽含量增多，从而使对流层臭氧含量减少。云量增多会使阳光减少，减缓生成臭氧的化学反应速率。另外，夏季高温可能会提高空调使用率，导致电力需求增加，而大部分的发电厂又排放奇氮，奇氮排放量增加导致对流层臭氧污染程度加重。

　　由于工业的快速发展，未来臭氧前体物的排放将会显著增加。因此，21 世纪人类排放将继续导致对流层臭氧增加，从而使全球继续变暖。政府间气候变化专门委员会（2001）认为，臭氧造成的全球辐射强迫将在 2050 年达到 $0.4\sim1.0$ W m^{-2}，在 2100 年达到 $0.2\sim1.3$ W m^{-2}。图 5.19 显示了主要温室气体的辐射强迫及不确定性。可以看到，在 21 世纪末，对流层臭氧含量将超过甲烷含量排在二氧化碳含量之后，成为第二强的温室气体。

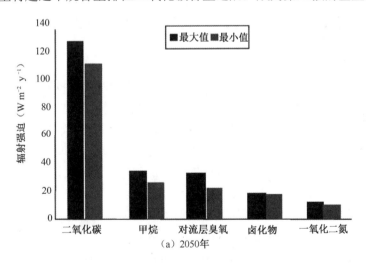

图 5.19　甲烷、一氧化二氮等温室气体的辐射强迫（引自 EUR，2003）

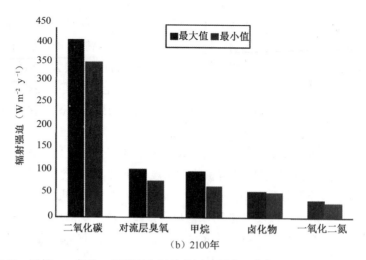

图 5.19　甲烷、一氧化二氮等温室气体的辐射强迫（引自 EUR，2003）（续）

模拟研究（Sausen et al.，2002；Joshi et al.，2003）表明，臭氧含量变化导致的最强辐射强迫位于对流层顶附近，这是因为该区域温度很低。气候对给定臭氧辐射强迫的响应取决于臭氧含量发生变化的高度。数值模拟显示，对于相同量级的辐射强迫，气候对对流层臭氧辐射强迫的响应较对二氧化碳辐射强迫的响应小 25%左右。

5.15　大气化学领域的诺贝尔奖

1995 年，诺贝尔化学奖共同授予了 3 位科学家：麻省理工学院的 Mario J. Molina 博士，加利福尼亚大学欧文分校的 F. Sherwood Rowland 博士，德国马克斯普朗克化学研究所的 Paul Crutzen 博士。

1974 年，Molina 以博士后身份进入加利福尼亚大学欧文分校 Rowland 博士的实验室工作。同年，他们在《自然》上发表了文章《平流层吸收氯氟甲烷：氯原子催化破坏臭氧》，概述了喷雾罐、冰箱、空调和泡沫聚苯乙烯中的氯氟烃气体对臭氧层的威胁。Molina 和 Rowland（1974）认为，稳定的氯氟烃能够被输送到臭氧层，这里强烈的紫外线能使其光解成活性成分，尤其是氯原子；而氯原子对臭氧的破坏已经被人们所认识。他们警告，如果人类继续使用氯氟烃气体，臭氧层将会受到剧烈损耗，甚至在大气中产生一个空洞。事实上，该研究结果在政治领域、环保人士及使用氯氟烃的制造商中引起了巨大的分歧，甚至有许多科学家批评、指责他们的预测。但 1985 年，他们的预测成为现实，科学家们在南极臭氧层发现了一个空洞。目前，根据新的研究成果，科学家们认识到 Molina 和 Rowland 实际上还低估了臭氧层所受到的威胁。在获得诺贝尔奖之后，Molina 继续研究了南极平流层最冷区臭氧损耗的原因。其研究发现，相对稳定的氯化物能在冰云中分解，并释放出损耗臭氧的化学物质。另外，Molina 最近研究关注大气圈与生物圈的相互作用，这对理解全球气候变化非常重要。Crutzen 博士（1979）发现了氮氧化物会加速臭氧减少的速率。其研究对于解释南极臭氧损耗机制也起到了推动作用。

Crutzen、Molina、Rowland 和其他同仁的研究引起了世界各国对臭氧层的关注，促使国际上对保护臭氧层及时采取了一致行动，从而避免了由于臭氧层耗损可能带来的巨大灾难。

思考题

5.1 臭氧的 Chapman 循环导致臭氧浓度在热带地区较高，是实际观测值的 2 倍，在中高纬度地区则低于实际观测值。哪些因素导致了该差异的产生？

5.2 根据 Chapman 理论，在日落太阳辐射消失后， O 和 O_3 会发生什么变化？如果存在催化剂，X 和 XO 会有何变化？假设在平流层中 $k_2[O][M]+k_3[O_3] \geqslant 10^{-1}\,s^{-1}$。

5.3 什么是奇氧？奇氧的源是什么？它是怎么消失的？在臭氧的 Chapman 循环中，奇氧的作用是什么？

5.4 一个分子的吸收截面是什么？解释氧分子或臭氧分子的吸收截面。

5.5 计算温度为 198 K 时双分子反应 $NO+O_3 \rightarrow NO_2+O_2$，以及三分子反应 $O+O_2+M \rightarrow O_3+M$ 的反应速率系数。

5.6 如果 O_2 在反应 $O_2+h\nu \rightarrow O+O$ 中被破坏而没有再生，那么其浓度降低到初值的 10% 需要多长时间？

5.7 白天中纬度地区低平流层 1 个自由氧原子及 1 个臭氧分子的平均寿命是多长？另外，为什么大气中的臭氧没有被完全消耗？

5.8 上平流层中 O_x 损耗大多涉及氧原子。假设上平流层（距地表约 40 km 处），O_2 和 O_3 的寿命的时间尺度分别为 1 天和 1 分钟。那么，由 O_3 光解反应生成的氧原子，以及与 O_2 反应生成 O_3 的氧原子，两者的比值为多少？

5.9 简述 $ClONO_2$ 在火山气溶胶中的非均相反应。

5.10 若化学反应 $CH_4+OH \rightarrow CH_3+H_2O$，在温度为 298 K 时的反应速率系数为 $6.2 \times 10^{-15}\,cm^3\,mol$，[OH] 为 $5.0 \times 10^5\,mol\,cm^{-3}$。试估算 CH_4 被 OH 损耗的 e 折时间。

5.11 观测到的平流层水汽和甲烷随高度是如何分布的？解释其原因。论述水汽和甲烷在臭氧化学中的重要性。

5.12 Br_x-NO_x-O_x 的催化反应循环是什么，其净效果是什么？讨论在这组反应中，平流层中储库分子 $BrONO_2$ 发生的变化，以及对溴的作用？

参考文献

Brasseur GP, Solomon S (2005) Aeronomy of the Middle Atmosphere, Springer, The Netherlands.

Butchart H, Scaife AA, Bourqui M, de Grandpre J, Hare SHE, Kettleborough J, Langematz U, Manzini E, Sassi F, Shibata K, Shindell D, Sigmond M (2006) Simulations of anthropogenic change in the strength of the Brewer Dobson Circulation, Clim Dyn, 27, 727–741.

Chapman S (1930) A theory of upper atmospheric ozone, Mem Royal Met Soc, 3:103–125.

Crutzen PJ (1979) The role of NO and NO_2 in the chemistry of the troposphere and stratosphere, Ann Rev Earth Planet Sci, 7: 443–472.

Dessler A (2000) The Chemistry and Physics of Stratospheric Ozone, Academic, New York.

Enhalt DH (1999) Gas-phase chemistry in the troposphere, in Global Aspects of Atmospheric Chemistry, R. Zellner (ed.), Springer, The Netherlands.

European Community Report (2003) Ozone-climate interactions, Scientific Assessment Report No. EUR 20623, Brussels, Belgium.

IPCC (Intergovernmental Panel on Climate Change) (2001) Climate Change, 2001.

Joshi M, Shine KP, Ponater M, Stuber N, Sausen R, Li L (2003) DLR-Institut fur Physik der Atmosphere, Report No. 173, Oberpfaffenhofen, ISSN 0943–4771.

Kengo S (2002) Warming and atmospheric composition change interaction, fourth assessment report, IPCC Working Group 1 (http://www.kyousei.aesto.or.jp/~k021open/results/FY2004/figure2004.31.gif).

McElroy MB, Salawitch RJ, Wofsy SC, Logan JA (1986) Reductions of Antarctic ozone due to synergistic interactions of chlorine and bromine, Nature, 321: 759–762.

Molina MJ, Molina LT (1987) Production of chlorine oxide (Cl_2O_2) from the self-reaction of the chlorine oxide (ClO) radical, J Phys Chem, 91: 433–436.

Molina MJ, Rowland SF (1974) Stratospheric sink for chlorfluoromethanes: chlorine atom catalyses destruction of ozone, Nature, 249: 810–812.

NASA (2007) Studying Earth's Environment from Space (http://www.ccpo.odu.edu/SEES/index.html).

Newman PA, Morris G (2003) Stratospheric Ozone: An Electronic Textbook, Studying Earths Environment from Space, NASA.

Pitts FBJ, Pitts JN Jr (2000) Chemistry of the Upper and Lower Atmosphere, Academic, San Diego, CA.

Randel WJ, Wu F (2006) Biases in stratospheric and tropospheric temperature trends derived from historical radiosonde data, J Clim, 19: 2094–2104.

Rasmussen RA, Khalil MAK (1981) Atmospheric methane (CH_4): trends and seasonal cycles, J Geophys Res, 86: 9826–9832.

Salby ML (1996) Fundamentals of atmospheric chemistry, Academic Press, San Diego, CA.

Saltzman ES, Aydin M, De Bruyn WJ, King DB, Yvon-Lewis SA (2004) Methyl bromide in pre-industrial air: Measurements from Antarctic ice core, J Geophys Res, 109, doi:10.1029/2003JD004157.

Sausen R, Ponater M, Stuber N, Joshi M, Shine K, Li L (2002) Climate response to inhomogeneously distributed forcing agents, in Non-CO$_2$ Greenhouse Gases Millpress, Rotterdam, The Netherlands, ISBN 90-77017-70-4: 377–381.

Science and Society, Stratospheric Ozone: Production, Destruction and Trends Lecture Notes, Columbia University (http://www.ideo.columbia.edu/edu/dees/V1001/images/chapman. profile. gif).

Solomon S (1997a) Chemistry of the Atmosphere: NATO ASI Series, The Stratosphere and its Role in the Climate System, GP Brasseur (ed.), Springer, Heidelberg, 54: 219–226.

Solomon S (1997b) Chemical Families: NATO ASI Series, The Stratosphere and its Role in the Climate System, GP Brasseur (ed.), Springer, Heidelberg, 54: 227–241.

SPARC Data Center, Institute for Terrestrial and Planetary Atmospheres State University of New York, Stony Brook (http://www.sparc.sunysb.edu).

Stenke A, Grewe V (2005) Simulations of stratospheric water vapor trends: impact of stratospheric ozone chemistry, Atmos Chem Phys, 5: 1257–1272.

Taguchi M, Hartmann DL (2006) Increased occurrence of stratospheric sudden warmings during El Nino as simulated by WACCM, J Clim, 19, 324–332.

Thompson DWJ, Solomon S (2005) Interpretation of recent southern hemispheric climate change, Science, 296 (5569): 895–899.

UNEP/IPCC (1996) The science of climate change, Contribution of Working Group I to the Second Assessment Report (http://www.grida.no/climate/vitalafrica/English/graphics/10-threefactors.jpg).

United National Environmental Programme (UNEP) (2002) Production and consumptions of ozone depleting substances under the Montreal Protocol 1986–2000, Ozone Secretariat, Nairobi, Kenya.

Wayne RP (1991) Chemistry of Atmosphere, Oxford University Press, New York.

Whiticar MJ (1993) Stable Isotopes and global budgets, in Atmospheric methane: sources, sinks, and role in global change, MAK Khalil (ed.), NATO ASI Series I, Global Environmental Change, 13: 138–167.

WMO/UNEP (1995) Scientific Assessment of Ozone Depletion: 1994, Global Ozone Research and Monitoring Project Report No. 37 Executive Summary (http://www.esrl.noaa.gov/csd/assessments/1994/commonquestionsq1.gif; http://www.esrl.noaa.gov/csd/assessments/1994/commonquestionsq7.gif).

World Meteorological Organisation (WMO) (2007) Scientific Assessment of ozone Depletion: 2006, Global ozone Research and Monitoring Project Report No. 50, Geneva, Switzerland.

Zeng G, Pylee JA (2003) Changes in tropospheric ozone between 2000 and 2001 modelled in a chemistry-climate model, Geophys Res Lett, 30: 1392, doi: 10.1029/2002GL016708.

第6章

平流层臭氧损耗和南极臭氧洞

•••••••

6.1　引言

平流层臭氧在地球大气系统的辐射平衡中起到重要作用，它还保护了地表生物免受紫外辐射的伤害。平流层臭氧的变化可以影响人类的健康、生态系统及对流层的化学过程。

第 5 章提到了大气臭氧可以被许多自由基催化损耗。这些自由基主要包括羟基自由基（OH）、一氧化氮自由基（NO）、氯（Cl）原子和溴（Br）原子。这些自由基既有自然源，也有人为源。如今，大多数的平流层 OH 和 NO 均来自自然源，而 CO_2、Cl 原子和 Br 原子的巨量增加则是由人类活动引起。在一些稳定的、很难反应的化合物中，如氯氟烃（Chlorofluorocarbons，CFCs）中，存在这些元素。一旦受到太阳紫外辐射的作用，这些化合物的表面就会释放 Cl 和 Br。而 Cl 和 Br 能够在平流层继续存在相当长时间，持续地破坏其所在区域的臭氧。

1 个 Cl 原子可以持续地破坏臭氧达到两年之久。在这段时间里，它会通过化学反应形成储库分子氯化氢（HCl）和硝酸氯（$ClHNO_2$），但不会被清除掉，直到被输送到对流层。对于 1 个 Br 原子来说，其比 Cl 原子对臭氧的损耗效率要高，但是如今大气中 Br 原子比 Cl 原子要少得多。因此，Cl 原子和 Br 原子均对臭氧损耗起到重要作用。实验室的一些研究工作表明，氟（F）原子和碘（I）原子也能够参与消耗臭氧的催化循环。但是，在地球大气中，F 原子可以和水、甲烷迅速反应生成稳定的氟化氢（HF），而包含碘元素的有机分子在低层大气就迅速反应消耗掉了，因此在平流层它们的含量并不多。

图 6.1 所示为 2006 年 10 月南极臭氧层的状态。除了都是全球尺度，以及氯氟烃和其他卤代烃都对其起到重要作用，臭氧损耗和气候变化通常被认为是具有很少共同之处的环境问题。随着对它们认识的深入，两者之间一些重要的联系逐渐清晰起来。这些联系为臭氧损耗和气候变化这两个环境问题的解决，以及作为一个整体的大气在未来如何变化提供了依据。

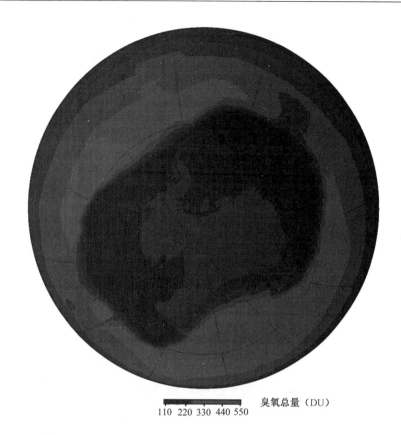

臭氧总量（DU）

110　220　330　440　550

图 6.1　2006 年 9 月 24 日卫星观测的南极臭氧洞（引自 NASA）

6.2　影响平流层臭氧变率的因素

各种各样的自然因素和人为因素影响着平流层臭氧变率。其中一个主要的科学问题是，这些因素导致的臭氧变率与卤素含量变化导致的臭氧变率是否相似。

6.2.1　化学过程

平流层臭氧是由含卤素的活性气体通过化学反应损耗的。这些活性气体主要由一些含卤素的气体光解产生。平流层卤素含量变化是影响臭氧的一个显著因素。平流层卤素含量变化对观测到的臭氧浓度减小起到重要作用。

除了臭氧损耗物质（Ozone-Depleting Substances，ODS）的增加，其他气体的变化也可以通过改变大气化学成分背景，影响臭氧变化和臭氧恢复时间。特别要指出的是，制造自由基的气体（如 N_2O、CH_4、H_2、H_2O）增加也会催化损耗臭氧。平流层臭氧的催化损耗由活性氮（NO_x）、氢（HO_x）、氧（O_x）、氯（ClO_x）、溴（BrO_x）族参与。由这些物质造成的臭氧损耗随高度和纬度变化很大。NO_x 在中平流层（距地表 25~40 km）起主导作用，HO_x 在上平流层和下平流层起主导作用。对于卤素来说，ClO_x 在上平流层很重要，峰值位于地表以上 40 km，ClO_x 在异相化学反应较强的区域也很重要，如春季的极地。

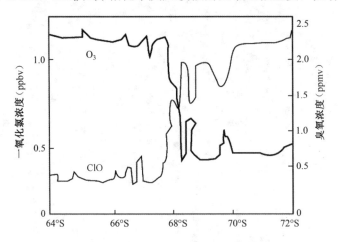

图 6.2　春季南极一氧化氯（ClO）浓度与臭氧（O_3）浓度之间的联系（引自 F. S. Rowland, Encyclopedia of Earth）

图 6.2 显示了 63°~72°S 南极的 ClO 浓度和 O_3 浓度的联系。Cl 原子在催化反应机制中起作用。1 个 Cl 原子在被通过其他反应清除前，可以破坏高达 100 万个 O_3。ClO 是该催化反应的中间产物，它在第一个基元反应中生成，又在第二个基元反应中被消耗。近年来，在平流层中探测到的 ClO 可以支持以上臭氧消耗机制。

下平流层 NO_x 的增加导致了 HO_x 和 ClO_x 催化损耗的减弱，并加速了对流层 O_3 的产生。在中平流层，NO_x 导致的 O_3 变化被 Cl 族的作用削弱了。另外，在一些个例中，不同化学过程的耦合可以放大化学作用的效果。例如，在南半球的中纬度地区，NO_2 对 O_3 含量变化的作用可以提高为原来的 2 倍。

平流层水汽的变化可以显著地影响平流层的 O_3 含量。水汽含量增加导致 HO_x 增加，因此使上平流层和下平流层的 O_3 含量减少。在极地，水汽含量的增加可以导致极地平流层云（Polar Stratospheric Cloud, PSC）上颗粒物表面积增加，并导致异相化学反应增速。这两种作用均导致 Cl 原子的活化和臭氧的损耗。

由于甲烷（CH_4）可以与 Cl 原子发生反应，使 ClO_x 减活并减少 ClO_x 导致的臭氧损耗。因此，CH_4 增加可以部分补偿水汽增加通过 HO_x 导致的臭氧损耗。这个作用在整个平流层都很重要。这种水汽、甲烷和 ClO_x 导致的臭氧损耗的耦合将在 ODS 减少的 21 世纪消失。图 6.3 显示了进入大气中的各种化学形式的 Cl 的分布。在稳定状态时，在所有高度上含 Cl 的各种化学物总体积混合比是常数，等于对流层中仅有的 CH_3Cl 的体积混合比。

未来，平流层的卤素浓度将依赖于 ODS 的排放和向平流层及穿越平流层的输送。模式模拟表明，温室气体的增加，如 CO_2、N_2O、CH_4 的增加，可能使平流层环流增强，从而使其传输的时间尺度减小（Stolarski et al., 2006a, 2006b）。

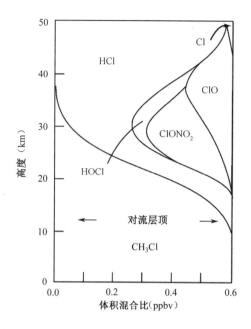

图 6.3　大气中各种化学形式的氯的分布（引自 F. S. Rowland，Encyclopedia of Earth）

6.2.2　动力过程

除了化学过程，大气臭氧变化还相当程度地受两个重要的动力传输过程的影响。它们分别为：①平流层平均经圈环流强度的年际变化及长期变化，其影响了冬季和春季热带外的臭氧；②对流层环流的变化，特别是局地天气尺度的非线性波强迫事件的频率变化，伴随着对流层顶高度的大幅升高，导致了一些微型臭氧洞的产生。因此，在评估动力传输过程对臭氧年际变化和趋势的作用时，需要考虑 BD 环流和天气尺度的非线性波动的年际变化。

当平流层极涡较强时，对流层波动强迫较弱，而 BD 环流也较弱。因此，在冬季和春季输送到热带外的臭氧较少。期间，中纬度地区下平流层纬向风场气旋频率较小、反气旋频率较大，导致微型臭氧洞的产生和局地对流层顶的升高。在北半球中纬度地区的冬季和春季，这两种动力机制为正反馈。

准两年振荡也导致了臭氧浓度在特定纬度的增大和减小，强度约为 3%。因为平流层的风场只能对臭氧进行输送，而不能消耗臭氧，所以，一个纬度地区臭氧减少，另一个纬度地区臭氧就会增加，在进行全球平均后，其效应相互抵消。

动力过程的变化也会对极涡产生影响，从而影响极地臭氧损耗。在初春极涡崩溃后，通过空气混合，中纬度地区的臭氧也受到极地臭氧损耗的影响。对流层行星波是 BD 环流最主要的驱动力，也与局地对流层顶的升高有关。

6.2.3 平流层温度

平流层的动力过程、辐射过程和大气成分决定了平流层的温度。同时，化学反应速率和极地平流层云的形成也依赖于温度。因此，温度变化对臭氧含量有很大的影响。在估计卤素含量对臭氧变化的影响，以及预测未来臭氧含量时，都需要考虑温度变化（Pawson et al.，1998）。极区臭氧浓度的年际变化与温度密切相关，南极上空极涡区（60°～70°S）的温度决定了其臭氧洞的大小，因此考虑温度的变化在极地尤为重要。

图 6.4 显示了 NCEP 再分析资料 1958—2005 年北极 30 hPa 3 月和南极 100 hPa 10 月的温度序列（Labitzke and Kunze，2005）。在过去 50 年，北极平流层低层温度降低，而南极平流层低层温度升高的趋势显著。但值得注意的是，20 世纪 70 年代末，北极、南极平流层低层温度变化趋势发生逆转。臭氧洞和对流层中的几个气候信号（如 ENSO、TBO 等）也存在类似变化趋势。

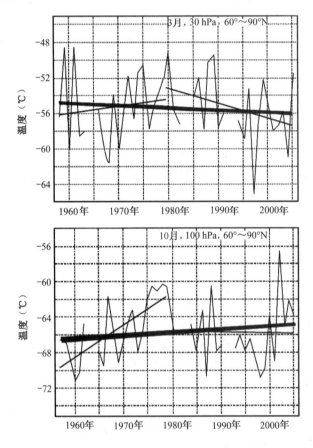

图 6.4　1958—2005 年北极（60°～90°N）30 hPa 3 月和南极（60°～90°S）100 hPa 10 月温度序列
（引自 Labitzke and Kunze，2005）

未来，平流层温度变化和臭氧变化并不一致。二氧化碳和其他温室气体增加的冷却效应可以使臭氧损耗的气相反应减缓。如果没有其他因素的影响，当平流层氯含量减小到1980年以前的水平时，该冷却效应会导致臭氧含量增加到高于1980年的水平。然而，温室气体的增加也将改变平流层的其他化学成分，并可能影响BD环流，从而对臭氧产生影响。平流层冷却对极地臭氧的影响可能与其他地区相反。

6.2.4　大气传输

大气传输是影响平流层臭氧变率的一个主要因素。平流层经圈环流、极地涡旋和对流层天气系统的变化对平流层臭氧多时间尺度的变率有强烈的影响。这些动力变化既与对流层波动传播有关，又与平流层内部动力过程有关。平流层和对流层之间传输过程的细节将在第7章进行介绍。

6.2.5　太阳周期

太阳活动11年循环直接影响中层大气辐射和臭氧收支。太阳活动强年，太阳紫外辐射增强，从而产生更多的臭氧，加热平流层及以上的大气。该加热通过改变经向温度梯度，可以改变行星波和较小尺度波动的传播，从而影响这些波动驱动的中层大气环流。虽然太阳周期对上平流层的直接辐射强迫相对较弱，但是通过调制极夜急流和BD环流，低层大气可能会对该辐射强迫产生很大的间接动力响应（Kodera and Kuroda，2002）。因为太阳活动11年循环的辐射效应，既能够通过影响温度变化进而影响化学反应速率，又能够通过影响动力过程进而影响成分传输，所以该辐射效应可以对大气成分产生影响。

在讨论臭氧损耗物质对最近平流层臭氧变化的影响时，需要考虑太阳活动11年循环对臭氧变化的影响。因为最近太阳活动较强的时间为1999—2003年，此时，等价有效平流层氯原子（Equivalent Effective Stratospheric Chlorine，EESC）刚好存在最大值。观测资料还表明，臭氧变化与太阳活动显著相关，太阳活动强，臭氧总量较大。1999—2003年较强的太阳活动能够减缓臭氧的减少（Dameris et al.，2005）。因此，在研究近年来臭氧变化的原因时，需要将太阳辐射变化与卤素含量变化造成的臭氧变化分开讨论。

图6.5显示了去除季节变化的5种资料在25°S～25°N平均臭氧含量距平百分率和太阳辐射通量的时间序列。太阳活动变化产生的臭氧变化的振幅随着高度和纬度变化。在上平流层，太阳活动最强年的臭氧含量比太阳活动最弱年的臭氧含量高2%～5%，其不确定性约为2%。敏感性试验表明，太阳活动11年循环对臭氧含量变化的影响是足够准确的，准确到可以将该影响和卤素含量变化对臭氧含量变化的影响分开讨论。

在观测数据和模拟结果中，太阳活动11年循环对臭氧含量的影响在不同地点都是不同的。在太阳活动极强年，臭氧含量会高出2～10 DU，其不确定性为2～5 DU（Reinsel et al.，2005；Steinbrecht et al.，2006）。太阳活动11年循环之所以对臭氧含量的影响有如此大的不确定性，是因为 1999—2003 年之前的两个太阳活动极强时期恰逢大型火山爆发。对于观测到的臭氧含量，火山爆发的影响和太阳活动 11 年循环的影响很难区分。1999—2003 年的太阳活动极强时期没有大型火山爆发事件。

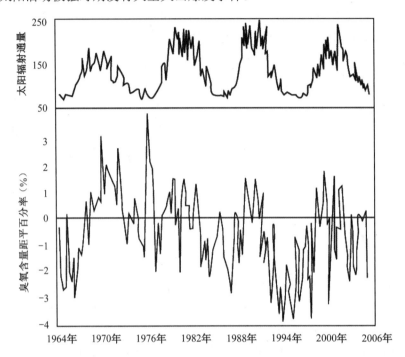

图 6.5　热带地区与臭氧含量距平百分率与太阳辐射通量的时间序列（引自 WMO, 2007）

6.2.6　火山爆发

火山爆发可以通过影响平流层的非均相化学反应、热力结构及环流对平流层臭氧含量产生巨大影响。因此，对观测的臭氧含量变化进行解释和对未来臭氧含量变化进行预测，考虑火山爆发的影响是有必要的。自 1991 年皮纳图博火山爆发以来，全球再也没有大型的火山爆发。因此，近年来平流层气溶胶含量也保持无火山爆发的较低水平。

但是，在讨论 ODS 对 20 世纪 90 年代臭氧含量变化的影响时，仍需要考虑皮纳图博火山爆发的影响。皮纳图博火山爆发导致北半球臭氧含量大幅下降。其后，平流层气溶胶含量减小至无火山爆发的较低水平，臭氧含量也随之增加（见图 6.6）。该气溶胶含量减小与 EESC 缓慢增加至峰值的时间相近。

在极地外，非均相化学反应速率加快导致了氮氧化合物含量减小。观测结果显示，在氯浓度较高的条件下，皮纳图博火山爆发导致了活性氯的增加及臭氧损耗的增强。然而，在氯浓度较低的条件下，大型火山的爆发使氮氧化合物含量减小，从而导致了臭氧含量的小幅增长。因此，在未来 20 年里，如果平流层氯浓度仍然较高，并且有类似皮纳图博火山爆发的话，可能会导致臭氧损耗增加，并使臭氧恢复暂时停滞。

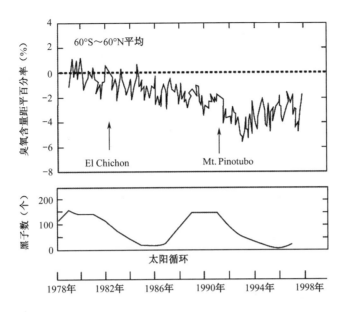

图 6.6　全球臭氧含量变化趋势和主要的火山爆发事件（引自 WMO，2007）

6.2.7　气溶胶

众所周知，平流层气溶胶增加会通过非均相化学反应导致臭氧的显著化学损耗。在低平流层，硫酸盐气溶胶表面为氯的活化提供了化学反应的场所。硫酸盐表面积的分布取决于硫的排放背景和火山爆发。因此，从皮纳图博火山爆发到现在，非均相化学反应可能在臭氧损耗中起到重要作用。

6.2.8　燃烧对流

除火山爆发外，燃烧对流，这个最近才发现的过程，也可能会导致平流层气溶胶浓度的增大。燃烧对流由火灾或生物质燃烧引起，可能与强烈的对流活动相结合（Fromm et al.，2005）。在北半球中高纬度地区所有经度的低平流层，均发现了此种气溶胶浓度增大的现象。

Blumenstock 等（2006）在冬末的北极低平流层观测到了氯的活化。森林大火和强对流使低平流层气溶胶浓度增大，通过非均相反应使氯活化。燃烧产生的气溶胶和其他化学物质在进入平流层后可以影响局地的臭氧含量。然而，如何估计燃烧对流发生的频率并定量计算其对臭氧含量的影响，仍然是悬而未决的问题。

6.2.9　极涡

极涡中导致臭氧损耗的空气输送可能对观测到的春季和夏季中纬度地区臭氧损耗有

显著作用。该效应在南北半球均存在，但南极涡旋的臭氧损耗规模更大、规律更强，所以南半球的极涡对导致臭氧损耗空气的输送作用更强。尽管该作用涉及输送过程，但其最根本的原因是极地 Cl 族与 Br 族对臭氧的化学消耗。臭氧洞中臭氧损耗的量级与中高纬度地区夏季臭氧损耗的量级相同，这说明两者之间具有很强的相关性。

6.3 臭氧损耗基础

平流层臭氧含量是由臭氧生成的光化学反应和臭氧光解反应的平衡决定的。在上平流层，臭氧光解反应更强，所以臭氧含量较小。光解反应在该地区产生了大量的氧原子，该地区是氧原子的源。在下平流层，臭氧损耗的机制更加复杂。下平流层臭氧含量的波动和天气过程、太阳活动和强烈的火山爆发事件有关（Solomon et al.，2005a，2005b）。

6.3.1 极地气象学的特殊性

为了理解春季南极的臭氧损耗程度，我们需要了解发生臭氧损耗的条件。因此，我们要了解极地大气的特点，特别是极地平流层的气象特点。

缺少阳光是南极臭氧在春季损耗最大的原因。极地冬季没有阳光，光化学反应就无法发生。同时，在平流层中下层存在很强的极地涡旋，隔离了极地的空气。冬季结束后，阳光出现，为光化学反应和损耗臭氧物质的生成提供了能量。

因为极夜没有阳光，极地涡旋中的空气会变得非常冷。一旦空气温度低于 195 K，极地平流层云（PSC）就能形成。极地平流层云最开始是由三水合硝酸组成的。随着温度变冷，极地平流层云中溶解了硝酸的冰滴和水滴体积变大。然而，极地平流层云的确切成分仍不完全清楚。这些极地平流层云对臭氧的损耗至关重要。

平流层的气象条件变化不能解释臭氧洞的变化（Brasseur and Solomon，2005）。观测显示，冬季南极平流层温度在过去几十年并没有发生明显变化。另外，地面、飞机和卫星观测显示，人类活动排放产生的氯、溴化合物在南极臭氧化学损耗中起到重要作用。

6.3.2 化学过程导致的极地臭氧损耗

人们普遍认为，观测到的南极臭氧洞和北极臭氧洞中的臭氧损耗是由大气中的氯、溴混合物造成的。平流层中几乎所有的氯和一半的溴来自人类活动（Schoeberl et al.，2006）。然而，不同地区大气中氯、溴对臭氧损耗作用的相对重要性尚不清楚。

图 6.7 显示了 CFCs 的生命周期。它们被输送至上平流层和低中间层，在阳光作用下分解，分解产物再下沉进入极地涡旋。长寿命无机氯的主要载体是盐酸（HCl）和硝酸氯（$ClONO_2$）。它们由 CFCs 的分解产物形成。五氧化二氮（N_2O_5）是氮氧化物的储库并且在化学过程中起到重要作用。硝酸（HNO_3）使活性氯保持较高的浓度。

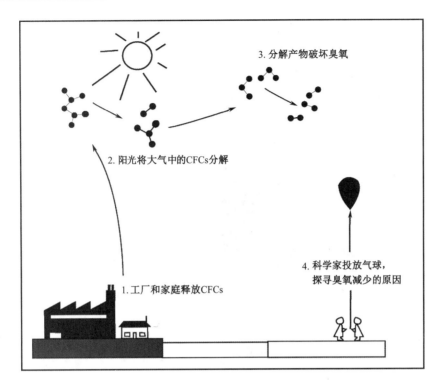

图 6.7　大气中 CFCs 的生命周期及输送过程示意（引自 Eduspace，European Space Agency）

6.3.3　氯自由基的产生

除非满足某些特殊条件，否则臭氧洞中臭氧损耗的一些关键化学反应将不能发生。这些关键化学反应将氯的源物质 HCl 和 $ClONO_2$ 在极地平流层云表面转化为活性氯。

6.4　人类活动对臭氧损耗的作用

人类活动产生可以导致臭氧损耗的气体，其中含有氯原子和溴原子。它们进入大气并最终导致平流层臭氧的损耗。可以导致臭氧损耗的气体如果仅含有碳、氯和氟元素，被称为氯氟烃（CFCs）。CFCs、四氯化碳（CCl_4）及甲基氯仿（CH_3CCl_3）是人类活动排放的破坏平流层臭氧最严重的含氯气体（见图 6.8）。

含氯气体应用很广，包括制冷剂、发泡剂、气溶胶喷射推进剂，以及金属电子零件的清洗剂。这些应用通常会引起含卤素气体的排放。卤代烃类气体和甲基溴（CH_3Br）也明显地消耗臭氧。卤代烃类气体被广泛用于保护大型计算机、军事硬件和飞机发动机（Ramaswamy et al.，2006），并被直接释放到大气中。甲基溴主要用于农用熏蒸剂，它是一个重要的大气溴源。

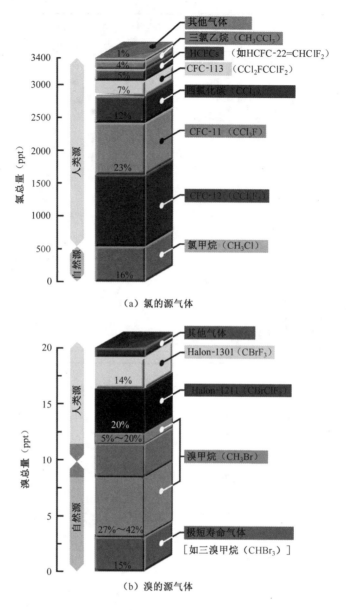

图 6.8　1999 年平流层中氯、溴的主要源气体及所占百分比（引自 WMO，2007）

卤素源气体被排放到空气中后，大气会通过物理过程和化学过程将其清除。清除 60% 卤素源气体所需的时间，通常被称为大气寿命。主要含氯、溴的气体的寿命短的不到 1 年，长的可达 100 年。其中，寿命较短的气体，如含氢氯氟烃（HCFCs）、甲基溴和甲基氯等，在对流层中就被大部分破坏，只有小部分可以输送到平流层消耗平流层中的臭氧。寿命长的气体，如 CFC-11、CFC-12 能到达平流层，并大量消耗臭氧。

20 世纪中期以来，人类排放的含氯、溴的气体大幅增加，导致了全球臭氧的损耗。臭氧最大损耗出现在极地。

6.4.1 氯化物

大部分平流层的氯来自人类活动在地表的释放。图 6.9 显示了由人类活动和自然因素释放并进入平流层的各种形式的氯化物。易溶于水的氯化物无法大量进入平流层，原因是对流层中的雨、雪能够使其沉降。例如，当海浪蒸发时，大量氯以海盐颗粒的形式释放出来。然而，由于海盐溶于水，这种氯会迅速地溶于云滴、冰、雪、雨滴中，而无法到达平流层。另外，用于游泳池和家用漂白剂的氯也是大气中氯的来源之一。当漂白剂中的氯释放时，会迅速转化为可溶于水的氯化物，但其在较低的大气中就会被清除。火山能释放大量的氯化氢，但这种气体迅速溶于雨水、冰和雪而转变为盐酸，不能到达平流层。虽然有些氯化氢能随着火山爆发的烟流上升到较高的高度，但是几乎所有的氯化氢在到达平流层前就因降水而清除。航天飞机和火箭释放的尾气中的氯可以直接进入平流层，但其数量很小。人类活动产生的卤代烃是消耗臭氧最主要的气体，如氯氟烃（CFCs）和四氯化碳（CCl_4）。因为它们不溶于水，并且比较稳定，在低层大气中不会通过化学反应而分解，所以这些卤代烃与其他人类产生的含氯物质能够到达平流层。

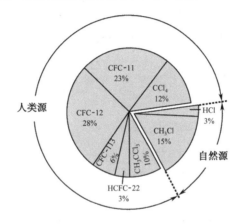

图 6.9　20 世纪 90 年代初进入平流层的氯的主要来源（引自 WMO，2007）

6.4.2　平流层中的氯氟烃

气球、飞机和卫星观测确认了平流层确实存在 CFCs。尽管氯氟烃（CFCs）的分子量比空气的分子量大好几倍，但是其不溶于水，在对流层中不发生化学反应，因此地球大气运动仍然能够克服其重力作用，将其输送到平流层。

6.5　南极臭氧洞

20 世纪 70 年代以来，南极每年都存在一个臭氧损耗极强的区域，称为臭氧洞。臭氧总量在 220 DU 以下的区域都是臭氧洞的一部分。臭氧洞的平均臭氧总量约为 100 DU。南极臭氧洞从每年 9 月开始发展，臭氧含量在几周内急剧下降，10 月初停止发展，11 月开始恢复，12 月初消失。

在这段时期，臭氧洞中臭氧总量下降达 50%。飞机、地面和卫星观测表明，平流层中氯、溴浓度的增加，结合南半球冬季独特的大气条件，导致了臭氧洞的产生。

开始于南半球春季（9—10 月）的臭氧洞中并非没有臭氧，而平流层臭氧损耗异常强烈。目前，南极的臭氧含量已经降到了 1975 年前的 33%。图 6.10 显示了南极 10 月平均的臭氧总量的年变化。从图中可以看出，10 月臭氧总量从 20 世纪 70 年代中期开始减少，减少的趋势在 20 世纪 80 年代以后增强。臭氧洞在 20 世纪 70 年代中期还不容易被观测到，但随着臭氧损耗的加强，在 20 世纪 80 年代初就可以轻易地观测到臭氧洞。臭氧洞中臭氧总量减少 60%，在地表以上 12～20 km 处的臭氧全部消失。臭氧洞与极涡及极涡内的低温有关。

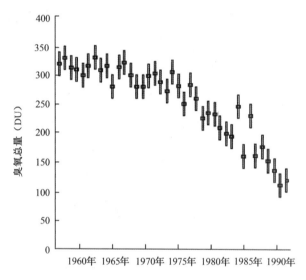

图 6.10 南极 10 月臭氧总量年变化（引自 F. S. Rowland，Encyclopedia of Earth）

图 6.11 为南极上空 1999 年 7 月 28 日无臭氧洞时的臭氧垂直廓线，以及 1999 年 10 月 13 日臭氧洞建立后的臭氧垂直廓线。在无臭氧洞时，臭氧浓度在极地低平流层距地表 12～24 km 处较高；但在臭氧洞建立后，距地表 13～23 km 处的臭氧几乎全部被损耗，这里极低的温度加速了非均相化学反应对臭氧的破坏。

美国雨云 7 号卫星上 TOMS 仪器观测发现，南半球春季臭氧损耗发生在以南极为中心的整个南极大陆。由于南极低臭氧区的外观，这种现象被称为南极臭氧洞。

臭氧洞的厚度和面积主要受南极平流层中氯、溴总量的控制。南极的低温导致了极地平流层云的形成。含氯的气体在极地平流层云上反应并释放出能轻易破坏臭氧的氯化物。而氯、溴破坏臭氧的化学反应需要阳光的参与（详见第 5 章）。因此，在冬季末，随着极夜结束，臭氧洞开始发展。

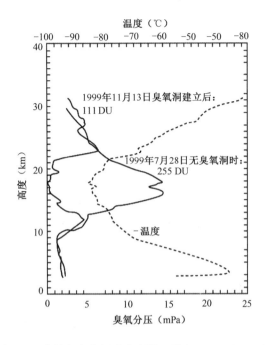

图 6.11　南极上空臭氧垂直廓线（引自 NASA，2003）

臭氧洞在 8 月下旬开始发展，并在 9 月中旬到 10 月初厚度和面积达到最大。20 世纪 80 年代，由于南极上空氯和溴的含量较低，臭氧洞还比较小。环境温度越低，臭氧洞面积越大，臭氧含量越低。因此，温度的年际变化造成了臭氧洞面积和厚度的年际变化。

6.5.1　南极臭氧洞的发现

20 世纪 70 年代，人们认识到南极较弱的向极、向下环流使臭氧含量减少。1985 年，英国的 Joesph Farman、Brian Gardiner 和 Jonathan Shanklin 发表的一篇文章显示，1979 年之后，南极春季大气臭氧总量显著减少（Farman et al.，1985）。观测到的南极春季臭氧总量很小，要比理论上的臭氧含量小得多。这个观测事实使学者们非常吃惊。

20 世纪 80 年代，人们第一次得到了臭氧损耗的观测记录。1984 年，英国首先报道了他们的发现，其观测的 10 月臭氧总量比 20 世纪 60 年代的平均值约低了 35%。由于在第一次观测结果中平流层臭氧含量下降得过分剧烈，以至于科学家们认为仪器出了故障。美国雨云 7 号卫星迅速确认了这一结果，于是南极臭氧洞研究成为热点。

最开始，人们认为臭氧的生成和损耗是由物理过程和光化学过程控制的。数值模式对臭氧的产生、传输和损耗过程的模拟与观测资料一致。根据 Halley Bay（76°S，27°W）的陆基观测结果，Farman 等（1985）发现，南极臭氧总量在 1975—1984 年初春损耗了约 50%，而且巨量的损耗局限在南半球春季 9—10 月。

英国南极考察站 Halley 上空观测到的 9 月、10 月、11 月平均的臭氧总量，与 1957 年开始获得的观测资料相比，首次揭示了 20 世纪 80 年代早期臭氧的显著减少。每年的南极春季，当南极大部分地区的臭氧总量急剧减少到原来的 60%，并延续 3 周甚至数月时，臭氧洞就形成了。20 世纪 80—90 年代，南极夏末 1—3 月该站的臭氧总量并未出现类似的剧烈减少。南极的其他 3 个观测站及卫星资料均显示出类似的春季臭氧总量的减少。

图 6.12 显示了南极考察站 Syowa 上空臭氧洞产生前（1968—1980 年）和臭氧洞严重时期（1991—1997 年）10 月臭氧分压的垂直分布。臭氧洞产生前的春季臭氧垂直分布与其他季节非常相似，臭氧含量大值区位于地表以上 13～23 km，在地表以上 14～16 km 达到最大值 15 mPa。然而，在臭氧洞严重时期，地表以上 14～16 km 臭氧含量下降到最小值，小于 2 mPa。地表以上 14～16 km 的臭氧损耗约占臭氧总损耗的 80%。

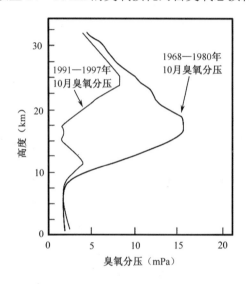

图 6.12　南极考察站 Syowa 上空春季臭氧损耗（引自 WMO，2007）

在平流层受到人类排放的氯和溴影响之前，南极上空春季的臭氧浓度约比北极上空春季的臭氧浓度小 30%～40%。多布森在 20 世纪 50 年代末首次发现了这种差异。其原因是南极比北极更加寒冷，且具有与北极不同的冬季风模态。这个现象与近年来南极上空臭氧含量显著下降的趋势不完全相同。臭氧洞首次出现在南极，正是因为破坏臭氧的化学过程在寒冷环境下更有效。

1979—2006 年，美国雨云 7 号卫星上的 SBUV 设备和 NOAA 极轨卫星上的 SBUV-7 设备探测到的 10—11 月平均的南极臭氧洞面积，即臭氧总量小于 220 DU 的面积如图 6.13 所示。臭氧洞面积在 1979—1998 年增加了 1600 万平方千米以上。虽然臭氧洞仅持续了两个月，但这正是其危险的地方。极夜结束，阳光使万物复苏，但是阳光中的紫外辐射会对生物产生很大的伤害。8 周之后，臭氧洞离开南极，却到达了人口更密集的地区，包括福克兰群岛、南乔治亚岛及美国南端。这种具有生物破坏性的高能辐射可导致皮肤癌、伤害眼睛和免疫系统，并破坏整个生态系统脆弱的平衡。

事实上，热带外的所有地方观测到的臭氧损耗都在加强。在中纬度地区，臭氧总量在冬季和夏季分别下降了 10% 和 5%。自 1979 年以来，平均每 10 年臭氧总量的年平均值就下降 5%（WMO，2007）；而在高纬度地区，臭氧损耗得更加严重。

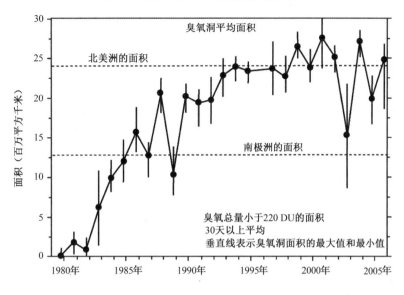

图 6.13　1979—2006 年南极臭氧洞平均面积的变化（引自 NASA，2003）

6.5.2　臭氧洞理论

早期，Farman 等（1985）试图解释臭氧洞突然形成的原因，以及强烈的南极臭氧季节性损耗的原因。由于南极上空的主要气象参数没有异常变化，并且对臭氧的输送作用较弱，因此，推测每年 10 月臭氧突然损耗的原因可能是 20 世纪 60 年代后卤代烃浓度的增加，以及南极上空低平流层的极低温度。在南极上空极低温度条件下，氯浓度的增加可以使臭氧损耗增加。

然而，采用 Farman 等的方法计算出的臭氧损耗率太小，无法解释 9 月出现的大量臭氧损耗。数值模式显示，在地表以上 15～24 km 这个大部分臭氧被损耗的高度上，破坏臭氧所需的催化剂自由氧原子的数量太少。因此，Farman 等的理论并不合理。此后，出现了 3 种理论来解释南极臭氧洞，分别是动力学理论、氮氧化物理论、非均相化学理论。

6.5.3　动力学理论

动力学理论认为，南极上空对流层低臭氧含量的空气被输送到下平流层，因此导致了臭氧减少。如果对流层低臭氧含量的空气确实被输送到下平流层，那么其他长寿命的微量气体也应该能被输送到下平流层。

一氧化二氮（N_2O）通过生物过程产生，并排放到对流层，在平流层被紫外辐射光解或与氧原子反应而被消耗（WMO，1995）。因为氧原子一般由氧气分子光解产生，而氧气分子光解需要波长低于 240 nm 的紫外辐射，所以 N_2O 的消耗发生在上平流层。但是，这样高能的紫外辐射被臭氧吸收，因而无法到达对流层。因此，N_2O 在对流层的含量相当高，为 300～310 ppbv，而在上平流层的含量很低。这种 N_2O 的垂直分布已经被卫星、气球和飞机观测证实。动力学理论预测，如果南极上空的空气从对流层进入下平流层，而南极上空下平流层的臭氧浓度较低，则南极上空下平流层 N_2O 的浓度应该较高。

臭氧洞动力学理论认为，与 BD 环流相联系的南极环流正在发生变化，来自对流层的低臭氧含量的空气被输送进入下平流层。但是，N_2O 和其他长寿命微量气体的观测证明该动力学理论是错误的。后来，人们又发现南极涡旋下平流层的空气是随着 BD 环流从平流层的中高层输送来的。如果按照动力学理论，高臭氧浓度的空气被输送下来，则南极下平流层的臭氧应该增加而不是减少。

观测结果表明，春季南极涡旋区的臭氧洞中 N_2O 浓度比对流层中 N_2O 的特征浓度（300～310 ppbv）低得多。这些 N_2O 和其他长寿命微量气体的观测证明，南极涡旋中下平流层的空气确实来自平流层中高层，否则 N_2O 的浓度应该较高而不是较低。另外，由于臭氧洞中的空气是由 BD 环流从更高的高度和更低的纬度输送来的，那么臭氧洞中的臭氧浓度应该较高。因此，臭氧洞动力学理论是不正确的。

6.5.4　氮氧化物理论

臭氧洞的氮氧化物理论由 Callis 和 Natarajan（1986）提出。该理论认为，1979 年太阳黑子极大期，紫外辐射增强，通过光化学反应，大量的 NO_x 在热带平流层中高层产生。而大量的 NO_x 被 BD 环流输送到极地下平流层，从而消耗臭氧。但是，观测显示，在春季极地臭氧洞内，NO_2 浓度很低。

6.5.5　非均相化学理论

第 3 个臭氧洞理论涉及发生在极地平流层云中的非均相化学反应。南极涡旋平流层中的极低温度是极地平流层云形成的必要条件。非均相化学反应使游离氯活化，使氯能在催化循环中消耗臭氧（见 5.11 节）。非均相化学理论认为，含氯化合物如硝酸氯（$ClONO_2$）和盐酸（HCl）很难在气相状态下反应，在一些固体、液体颗粒物表面才容易反应，并释放出能导致臭氧大量损耗的活性氯。进一步的研究表明，该理论与观测结果一致，是可信的，如图 6.14 所示；动力学理论和氮氧化物理论是存在问题的。

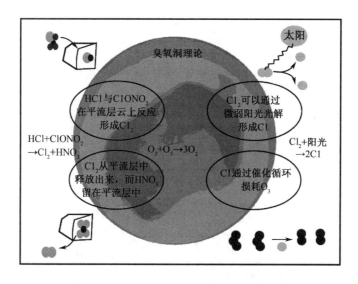

图 6.14 臭氧洞理论示意（引自 NASA，2003）

6.6 南极涡旋

冬半球的极地平流层被一个狭窄的高速西风带包围。冬季，急流风速在地表以上 21 km 高度处可以达到 50 m s^{-1}。类似于上对流层的急流，急流沿着等温线，并在等温线密集处发展。而温度梯度最强的位置位于极夜的边界线上，因此通常被称为极夜急流。南极涡旋处于极度急流中，并环绕南极大陆。

6.6.1 极地涡旋的环流场

南极涡旋的西风环流在上平流层最强（见图 6.15）。极夜急流阻碍了南极与南半球中纬度地区之间的空气交换，有效地阻止了极地涡旋内外空气的混合。因此，中纬度富含臭氧的空气很难被输送进极地，使得极地臭氧损耗持续积累。而中纬度地区能够影响臭氧损耗的其他化学成分也难以进入极地，进一步加强了臭氧的损耗。因此，极地涡旋对空气的隔绝作用是极地臭氧损耗的关键因素之一。然而，因为北半球的波动较南半球更强，导致更多的南北空气混合，所以北极涡旋对空气的隔绝作用相对南极涡旋更弱。

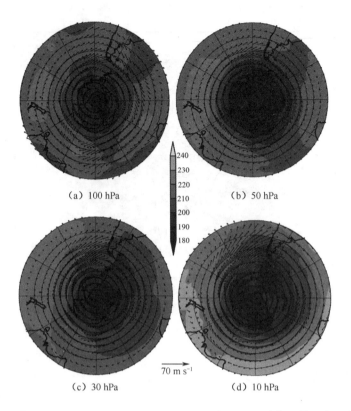

(a) 100 hPa　　　　　　　(b) 50 hPa

(c) 30 hPa　　　　　　　(d) 10 hPa

70 m s⁻¹

图 6.15　2001 年 8 月 14 日 100 hPa、50 hPa、30 hPa 和 10 hPa 南极涡旋风场形势
（NCEP/NCAR 再分析资料）

6.6.2　极夜急流和极地涡旋

　　ERA40 再分析资料 60°S 50 hPa 平均纬向风随高度和季节的变化如图 6.16 所示。该图描述了南极涡旋和南极极夜急流的发展。随着南极阳光的减少，温度开始降低，极夜急流的风速增大。在平流层中高层，极涡在初秋 3—4 月开始发展，在 5 月发展成熟，此时南极开始进入极夜。在平流层低层，极涡发展相对滞后，直到初冬 6—7 月才完全成熟。极夜急流在冬季后期 8—9 月达到最大风速，在春季后期 11—12 月开始减弱消亡。

　　图 6.17 显示了 50 hPa 纬向风的季节变化，描述了南极涡旋的季节演变。极夜急流的中心纬度几乎总是处于 60°。与南极极夜急流相比，北极极夜急流在冬季中期较弱，并在冬季后期 2—3 月开始减弱消亡。其消亡时间比南极极夜急流晚了近两个月，原因是南极涡旋更强，风速更大，温度更低，对空气的隔离作用更强。

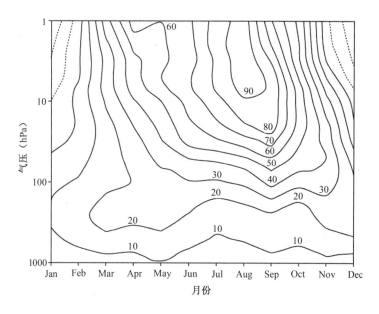

图 6.16　60°S 对流层和平流层平均纬向风随高度和季节的变化（ERA40 再分析资料）

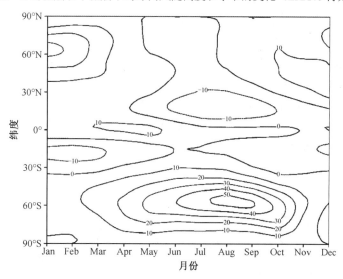

图 6.17　2000 年 50 hPa 纬向风的季节变化（ERA40 再分析资料）

6.6.3　温度

图 6.18 显示了 NCEP/NCAR 再分析资料 2006 年距地表以上 15～27 km 平均纬向温度随纬度和季节的变化，其中标出了极夜所在区域。70°S 以南地区的温度低于-80 ℃，其原因有两方面：一是由于极夜缺少阳光照射，空气辐射冷却至很低的平衡温度；二是极涡的隔离作用，使南北空气缺乏混合，南方的暖空气难以进入极地。

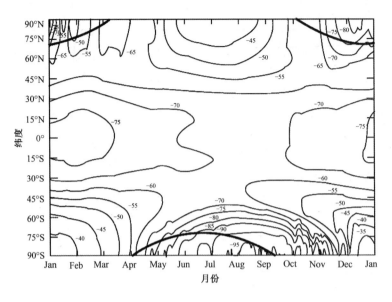

图 6.18　2006 年 50 hPa 平均纬向温度随纬度和季节的变化（NCEP/NCAR 再分析资料）

6.6.4　南极冬季的低温

　　南极上空低温的发展如图 6.19 所示。秋季，极地所有高度上的温度都降低。初秋，较高的高度（地表以上 40～48 km）处的降温尤其剧烈；6—7 月，各高度处开始增暖，其中 7 月地表以上约 24 km（30 hPa）处温度最低。因此，在上平流层，冬季早期最冷；而在下平流层，冬季晚期最冷。在极涡破裂过程中，温度迅速升高，而海拔较高的极涡破裂较早。由于臭氧洞发生在地表以上 30 km 以下，所以最受关注的温度区域为地表以上 10～30 km。

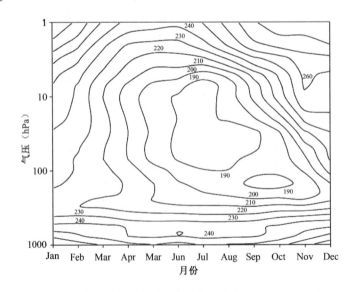

图 6.19　80°S 对流层和平流层平均温度的分布（ERA40 再分析资料）

南极涡旋内温度比北极涡旋内温度低（Ramaswamy et al., 2001）。极涡内的低温对大范围极地臭氧损耗至关重要。这是因为形成极地平流层云需要这样的低温，而极地平流层云是臭氧损耗过程的关键。尽管极地平流层云在北极也存在，但是在较冷的南极出现得更加频繁。

6.6.5 位势涡度

为了区别平流层极涡内外的空气，可以使用位势涡度。一个空气块的温度和速度可能会随着时间改变，但其位势涡度基本不改变。因此，位势涡度是在平流层追踪空气块运动的关键工具。平流层中空气的运动大多是水平的，垂直运动较弱，而水平运动一般发生在等熵面上。

图 6.20 显示了 2001 年 8 月 1 日至 10 月 10 日 70 hPa 上每隔 10 天的位势涡度变化。从图中可以看出，在南极附近，位势涡度为很强的负值，而在中纬度地区位势涡度为负，但负值较弱。其中，极涡的边缘标志着极夜急流的位置。

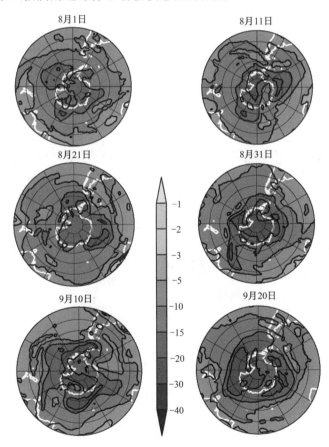

图 6.20　2001 年 8 月 1 日至 10 月 10 日南半球 70 hPa 位势涡度变化（NCEP/NCAR 再分析资料）

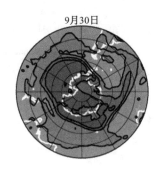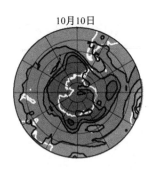

图 6.20　2001 年 8 月 1 日至 10 月 10 日南半球 70 hPa 位势涡度变化（NCEP/NCAR 再分析资料）（续）

6.6.6　加热

由 Goddard 辐射模式计算所得的平流层 20 km 上平均净加热量率显示，3—4 月南极上平流层大幅降温（Newman，2003）。这与 3 月底极地缺乏太阳辐射相对应，但是该过程不会一直持续下去。随着平流层的冷却，二氧化碳、臭氧和水汽发射的长波辐射也在减弱。8 月，温度很低，以至于净冷却接近于 0。10 月初，随着春天到来，阳光出现并加热平流层。但是，净辐射冷却保持在较低的水平，直到极涡在 11 月底解体。此时极地已经变暖，辐射冷却再次变得重要起来。

6.6.7　输送

南极涡旋，盛行西风。冬季中期，地表以上 20 km 处的空气每 4～6 天就绕南极一周。图 6.21 为从 1992 年 9 月 20 日格林威治标准时间的午夜运动到 9 月 24 日 00 时的一组轨迹。这些轨迹叠加在 1992 年 9 月 21 日臭氧总量填色图上。从该图可以看出每个空气块在 4 天时间内的轨迹（Newman，2003）。

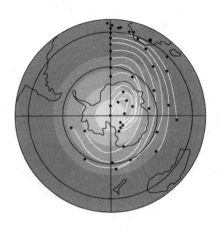

图 6.21　1992 年 9 月 20—24 日南极涡旋内空气块运动轨迹和臭氧总量分布（引自 NASA，2003）

6.6.8　垂直运动和臭氧输送

因为在极涡中空气是相对封闭的，所以研究垂直运动对研究臭氧洞的形成和演变至关重要。有一种观点认为，对流层中的低臭氧含量空气被输送到了下平流层，导致了臭氧减少。然而，Rosenfield 等（2002）认为，在 9 月南半球冬季臭氧洞中，低于 20 km 的空气是从约 25 km 高度上输送来的。这种下沉运动已被 UARS 卫星资料所证实（Schoeberl et al.，2006）。因此，对流层低臭氧含量的空气被输送到平流层导致臭氧洞产生的理论是存在问题的。

6.6.9　极地涡旋中的化学反应

图 6.22 显示了在臭氧洞存在的 4～6 周内发生的复杂大气化学反应。从图中可以看出，平流层极涡内外的化学成分变化剧烈。在进入极涡后，许多化学物质包括水汽、氮氧化物和臭氧的浓度剧烈减小，而另一些化学物质如一氧化氯的浓度剧烈增大（Maduro and Schauerhammer，1992）。极涡的边界成了这些化学物质浓度剧烈变化的边界。在这个时期，极涡封闭了南极大气，相当于制造了一个特殊的化学反应容器。极涡里水汽洞、氮氧化物洞和臭氧洞同时存在（Labitzke and Kunze，2005）。

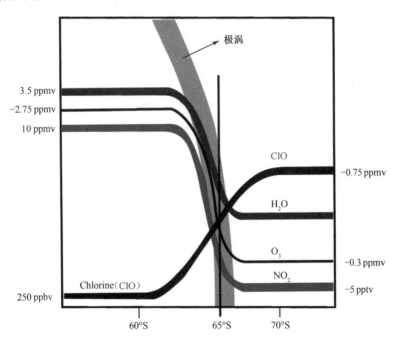

图 6.22　极涡内外化学物质的浓度（引自 Maduro and Schauerhammer，1992，John Wiley & Sons）

6.7 南极臭氧洞的结构与变化

6.7.1 水平结构

10 月南极臭氧洞的水平结构呈现以下 3 个特征：臭氧洞基本上是关于南极对称的，南极总是位于其中心；臭氧洞存在 1 波结构，在去掉纬向平均场时非常明显；臭氧洞向东旋转。

1. 对称性

臭氧洞基本上是关于南极对称的。臭氧总量在南极最低，在中纬度地区最高，在热带地区较低。在 1980 年之前，10 月极地臭氧总量超过 280 DU；在 20 世纪 80 年代末至 90 年代，10 月极地臭氧总量降低到约 150 DU（见图 6.23）。

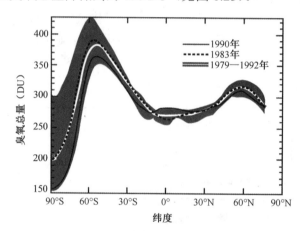

图 6.23　10 月纬向平均臭氧总量随高度和纬度的变化（引自 WMO，2007）

2. 1 波结构

10 月臭氧总量，在南大西洋存在一个臭氧谷，在约 150° W 存在一个臭氧脊，称为 1 波结构。约 60° S 的 1 波振幅最大，约 40° S 的 1 波振幅接近 0。

3. 向东旋转

臭氧洞缓慢向东旋转。例如，在 10 月的某一天，臭氧洞以极地为中心，向南美洲延伸；到了第二天，臭氧洞则向南大西洋延伸。臭氧洞顺时针旋转的周期约为 8 天。这种旋转过程导致臭氧洞边缘地区能够产生准周期的臭氧含量变化。

6.7.2 垂直结构

通过不同的测量方法检测臭氧混合比、臭氧密度和臭氧分压随高度的变化，以研究臭氧洞的垂直结构。

在平流层中，臭氧通过氧分子在高能紫外线下光解产生。因此，臭氧的混合比在热带地区平流层中层最大。BD 环流可以将热带地区高臭氧浓度的空气输送向极地，在极地从上平流层输送到平流层中下层。

图 6.24 显示了 1987 年 10 月美国雨云 7 号卫星上 SBUV 观测的臭氧纬向平均分布，图 6.24（a）为臭氧混合比，图 6.24（b）为臭氧密度。从图 6.24 可以看出，大部分臭氧均位于地表以上 18～28 km，南极上空臭氧密度和臭氧混合比都非常低。其他的特征还包括：①化学损耗过程导致南极下平流层臭氧含量偏低；②接近极涡边缘的向极和向下环流，使得中纬度地区臭氧含量较高；③在热带地区，对流层低臭氧含量空气向上抬升导致了其臭氧含量偏低；④氧分子光解产生臭氧，随高度上升紫外辐射的吸收增加，臭氧含量相应增加。

应该指出的是，SBUV 并不能很好地描述下平流层的垂直结构，因此不能监测主要发生在下平流层的臭氧损耗。

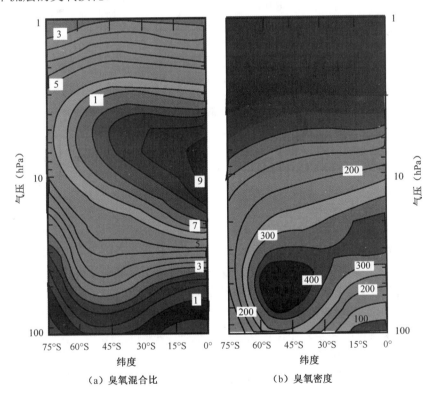

(a) 臭氧混合比　　　　　　　(b) 臭氧密度

图 6.24　1987 年 10 月美国雨云 7 号卫星上 SBUV 的臭氧纬向平均分布（引自 NASA，2003）

6.7.3 臭氧探空的垂直廓线

臭氧探空仪观测的 10 月南极（90°S）和 3 月芬兰 Sodankyla（67°N）的臭氧垂直廓线如图 6.25 所示。从图 6.25 中很明显可以看到，臭氧洞大部分位于地表以上 14～22 km。在该区域，1992—2001 年臭氧损耗几乎超过了 95%。在臭氧洞出现前的 10 年（1962—1971年），南极上空臭氧分压最大值位于地表以上 14～18 km。2001 年 10 月 2 日，春季南极地表以上 14～20 km 处的臭氧被完全损耗。

有些年份的 3 月，如 1996 年 3 月 30 日，北极上空臭氧分压低于正常水平。在这些年里，冬季最低温度一般会低于形成极地平流层云所需的温度。

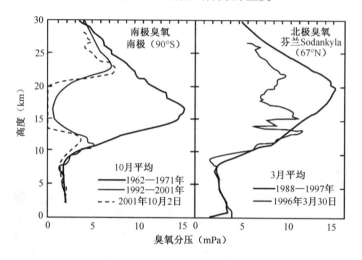

图 6.25 90°S 和 67°N 臭氧分压的垂直廓线（引自 WMO，2007）

6.8 臭氧 220 DU 等值线

臭氧 220 DU 等值线能很好地代表臭氧洞，将臭氧洞内的臭氧总量低值区和外面臭氧的相对高值区分开。在 1979 年之前，南极上空的臭氧总量一直都大于 220 DU。后来，220 DU 等值线就代表了显著的臭氧损耗。220 DU 等值线位于臭氧总量梯度极大值区，因此，就算仪器在测量时的校准误差（约 5 DU）会导致臭氧洞面积估算存在误差，面积误差也会被最小化。但是，其他等值线的效果就比较差。例如，300 DU 附近的臭氧总量梯度相当小，5 DU 的仪器校准误差会在计算臭氧洞面积时产生较大的误差（Newman，2003）。

图 6.26 为 1979—1994 年平均的南极臭氧洞面积在 7—12 月的演变。其中，黑线代表1992 年臭氧 220 DU 等值线所围面积，黑点代表 1996 年臭氧 220 DU 等值线所围面积，灰线代表 1979—1994 年平均臭氧 220 DU 等值线所围面积，灰色阴影代表 1979—1994 年每天臭氧 220 DU 等值线所围面积的变动范围。

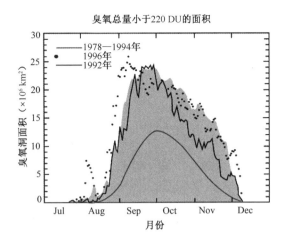

图 6.26　1979—1994 年南半球 40°～90° S 平均臭氧洞（臭氧总量<220 DU）的面积（引自 NASA，2003）

6.9　臭氧损耗强度

有许多指标可以描述臭氧损耗的强度，如臭氧洞面积、臭氧总量最小值、臭氧质量赤字，以及臭氧洞出现和消失的时间。图 6.27（a）、图 6.27（b）、图 6.27（c）分别显示了臭氧洞面积、臭氧总量最小值、臭氧质量赤字的时间序列。

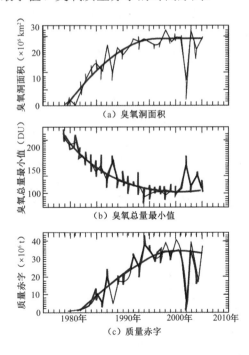

图 6.27　1979—2005 年南极臭氧洞面积、9 月 21 日至 10 月 16 日南极每日臭氧总量最小值，
9 月 21—30 日平均臭氧质量损耗（引自 WMO，2007）

6.9.1 臭氧洞面积

臭氧洞面积是臭氧总量小于 220 DU 的地理面积，它是对臭氧洞强度的初步估计（WMO，2007）。220 DU 被用来定义臭氧洞，是因为其几乎总是位于臭氧总量梯度大值区，并且低于 1980 年以前观测到的南极臭氧总量。

目前，平均春季臭氧洞面积达到 25000000 km²，在 2000 年 9 月单日最大值达到近 30000000 km²（Schoeberl et al.，1996；Newman et al.，2004）。火山爆发能增强臭氧损耗。例如，在 1994 年皮纳图博火山爆发后，观测到明显的臭氧损耗和臭氧洞的加深。20 世纪 90 年代中期，臭氧洞面积缓慢增大，在 2002 年存在明显减弱 ［见图 6.27（a）］。

6.9.2 臭氧总量最小值

每日臭氧总量最小值被广泛应用于估计臭氧洞的强度。对于 9 月 21 日至 10 月 16 日南极上空每日臭氧总量最小值的平均值，20 世纪 90 年代中期比 1979 年有明显的减小，其最小值出现在 1994 年 ［见图 6.27（b）］。

6.9.3 臭氧质量赤字

臭氧质量赤字结合了臭氧洞面积和厚度的信号，并直接估算了臭氧洞中臭氧总量低于 220 DU 部分的质量。图 6.27（c）显示了 9 月 21—30 日平均臭氧质量赤字的逐年变化。臭氧质量赤字的长期变化受卤素含量变化的强烈影响，其变化还具有高频的年际变率。波动活动强年（1988 年、2002 年和 2004 年）南极臭氧损耗较弱，而波动活动弱年南极臭氧损耗严重（Huck et al.，2005）。

比较图 6.27（c）中 2002—2005 年和 1990—2001 年南极上空臭氧质量赤字可知，2002 年、2004 年南极臭氧洞较弱，而 2003 年、2005 年南极臭氧洞强度与 20 世纪 90 年代相当。2004 年臭氧质量赤字较低的原因如下。虽然 2004 年下平流层最低温度低于南极冬季多年平均温度，但该温度在 8 月中下旬增大到多年平均的水平（Santee et al.，2005）；9 月，下平流层迅速增暖，9 月底极涡中的非均相化学反应停止，这导致了臭氧质量赤字的缓慢增加，并在 9 月下旬趋于稳定；9 月底，极涡减弱崩溃，南北空气混合迅速加剧，臭氧洞迅速减弱消失。

6.10　南极臭氧的年循环

图 6.28 显示了美国雨云 7 号卫星 TOMS 资料 1979—1992 年平均臭氧总量随纬度和季节的变化。因为 TOMS 资料的臭氧测量技术需要太阳紫外辐射，所以其无法在极夜期间

测量，这导致极地冬季月份资料的缺测（Newman，2003）。从图 6.28 中可以明显看出，热带地区臭氧总量季节变化不大，而极地臭氧总量季节变化很大。10 月南极上空臭氧总量极低，40°～70°S 地区存在臭氧总量的大值区，而整个热带地区臭氧总量相对较小。南半球中纬度地区臭氧总量在 10 月下旬最大，夏季较小，但是中纬度地区的臭氧总量整年都相对热带地区和极地的臭氧总量高。其原因是 BD 环流的向极和向下输送使得臭氧在中纬度地区下平流层不断积累。

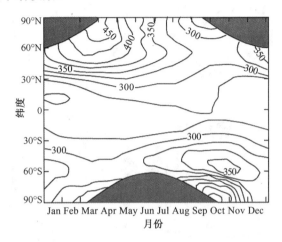

图 6.28　臭氧总量随纬度和季节的变化（引自 NASA，2003）

6.11　2002 年南极臭氧洞异常

2002 年，南极臭氧洞的异常特征震惊了科学界。与前几年相比，2002 年的臭氧洞面积和臭氧质量赤字都非常小。图 6.29 显示了 2001 年、2002 年和 2003 年南极臭氧洞面积和臭氧总量的最小值。臭氧损耗所需的条件，如温度、活性卤素气体，在 2002 年都没有强烈的异常，因此 2002 年南极臭氧洞的异常出乎了人们的预料。

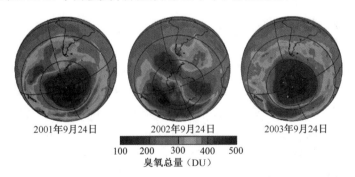

图 6.29　2001 年、2002 年、2003 年 9 月 24 日观测的南极臭氧洞（引自 WMO，2007）

2002 年 8 月至 9 月上旬存在臭氧损耗，但是，臭氧洞在 9 月的最后一周内一分为二

（见图 6.30）。这两个区域的臭氧损耗明显比 2001 年和 2003 年弱，但仍远大于 20 世纪 80 年代前的观测值。2002 年南极臭氧洞异常的原因是极地大气运动异常，而不是南极平流层活性氯、溴含量的大幅减小。

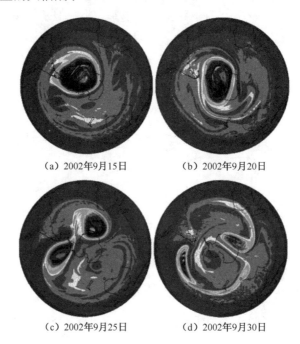

(a) 2002年9月15日　　　　(b) 2002年9月20日

(c) 2002年9月25日　　　　(d) 2002年9月30日

图 6.30　2002 年 9—10 月 TOMS 臭氧总量，其中南极周围白色空白区域为极夜，该处无法测量
（引自 Stolarski et al.，2005，AMS）

一般来说，9 月南极温度极低，臭氧损耗率也接近峰值。但是，2002 年 9 月下旬，生成自中纬度地区对流层的很强的大尺度天气系统，向极、向上传播进入平流层，扰乱了绕极气流，导致正发生臭氧损耗的南极下平流层增温。由于这些天气系统在臭氧损耗关键期的影响，该年的臭氧损耗减弱。

南半球的强爆发性增温事件

爆发性增温事件一般发生在北半球，其原因是对流层行星波的上传。北极涡旋经常受波动影响，每 2～3 年就会发生强爆发性增温事件。而在南半球，海陆纬向差异较小，因此行星波活动较弱，不容易形成爆发性增温事件。另外，南极高原也会将空气抬升冷却，因此南极冬季平流层温度比北极低得多，而且少变。然而，2002 年 9 月，南半球平流层发生了史无前例的强爆发性增温事件。该过程显著改变了平流层环流，破坏了极涡的形态，并影响了臭氧洞（WMO，2007）。

在 1940 年以来的温度资料中，完全没有显示出任何南极强爆发性增温的痕迹（Naujokat and Roscoe，2005）。2002 年 9 月的南极强爆发性增温事件引起臭氧洞面积的急剧减小，比 2001 年的 20000000 km² 减小了 5000000 km²，其对臭氧总量也有巨大的影响

（Stolarski et al.，2005）。2002 年 9 月 23 日，臭氧洞拉长并一分为二（见图 6.30）。其中一部分移动到南美上空并消失；另一部分移回南极上空，成为很弱的南极臭氧洞。2002 年臭氧总量日最低值大于 150 DU，而前几年的臭氧总量日最低值约 100 DU。2002 年 9 月中旬至 10 月中旬，极地臭氧总量较高。几种臭氧洞强度指标均显示 2002 年南极臭氧洞与过去 10 年存在显著差异（WMO，2007）。

一些研究讨论了造成 2002 年强爆发性增温的条件和原因。数值模拟显示，平流层气流有时比较稳定，有时扰动较多。2002 年冬季，从 6 月开始，南极平流层气流出现波动，导致极夜急流的系统性减弱，使得行星波更容易上传破碎，产生爆发性增温。

6.12　北极臭氧洞

近几年的冬末或初春（2—3 月），北极平流层也有明显的臭氧损耗，但其强度较南极臭氧洞弱，并且年变化较强。虽然在每个冬末或初春都能观测到北极臭氧总量的些许损耗，但与南极臭氧洞不同的是，北极臭氧洞并没有在某些垂直层次被完全损耗。

北极平流层的臭氧含量取决于化学和动力条件，并具有很强的年际变率。利用平流层温度，可以分析生成北极平流层云的可能性及其随时间的变化。在过去 40 年中，生成北极平流层云的可能性在增加。1995/1996 年、1999/2000 年、2004/2005 年冬季温度较低，北极平流层云生成的可能性较大，而 1998/1999 年、2001/2002 年、2003/2004 年冬季温度较高，北极平流层云生成的可能性较小。在平流层云产生时，平流层温度较低，极涡较强，非均相反应较强，臭氧损耗严重。

图 6.31 显示了北极和南极卫星和地面观测的春季平均臭氧总量在过去几十年的变化。在极地臭氧洞出现前（1970—1982 年），南极 10 月和北极 3 月的臭氧总量均存在较弱的减小趋势。20 世纪 80 年代，北极臭氧总量减小了 5%～6%，1995 年北极臭氧总量减小了约 30%，达到了极小值。南极臭氧总量在该时期也存在减小趋势，且减小的速度较北极快。1982 年以后，大部分年份北极都存在显著的臭氧损耗，而南极每年都会有显著的臭氧损耗。自 1990 年以来，最强的臭氧损耗发生在南极。

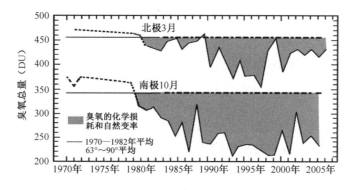

图 6.31　春季北极和南极上空臭氧总量平均值（引自 WMO，2007）

南极和北极臭氧的年际变化反映了与极地低温和臭氧输送有关的气象条件的变化。所有的南极臭氧损耗和几乎所有的北极臭氧损耗都是由于活性卤素气体导致的。北极初冬臭氧总量较南极初冬臭氧总量大，是因为北半球臭氧向极地的输送较南半球强。

南极臭氧洞和北极臭氧洞的差异主要是由其天气系统的差异造成的（见图 6.31）。南极大陆面积很大，并且被海洋包围，而北极是北冰洋。这使得北极涡旋较南极涡旋更弱，北极臭氧南北交换更强，极地平流层云在北极产生的可能性更小，臭氧损耗更弱。

虽然近年来，北极存在显著的臭氧损耗，但北极未来的臭氧损耗却难以预测，因为北极平流层未来的气候无法准确预测。

6.13　蒙特利尔议定书

1985 年，20 个国家在维也纳签署了保护臭氧层的维也纳公约。公约签署国同意采取适当措施保护臭氧层免受人类活动的破坏。维也纳公约支持研究、交换信息，并为未来议定书的签署做准备。终于，蒙特利尔破坏臭氧层物质管制议定书在 1987 年签署，并于 1989 年生效。该议定书旨在约束发达国家和发展中国家对造成臭氧损耗的卤素源气体的生产和消耗。一个国家对一种卤素气体的消耗量定义为生产量、进口量与出口量的差值。

6.13.1　修正与调整

后来，臭氧损耗的科学依据更加充分，科学家还研制出了臭氧损耗物质的替代产品，因此蒙特利尔议定书也相应进行了修正与调整，以加强对这些臭氧损耗物质的管制。蒙特利尔修正案增加了受臭氧损耗管制的物质，加强了现有的控制措施，并规定了特定气体停产和停止使用的日期。最初的议定书只要求减缓氯氟烃和卤代烃的生产，而 1990 年伦敦修正案要求，发达国家到 2000 年，发展中国家到 2010 年，应该停止生产和使用损耗臭氧最严重的那些物质。1992 年哥本哈根修正案，将发达国家的停产和停止使用日期提前到了 1996 年。后来，在维也纳（1995 年）、蒙特利尔（1997 年）和北京（1999 年）的会议中，各国约定了更多关于臭氧损耗物质的管制条例。

6.13.2　蒙特利尔议定书的影响

根据蒙特利尔议定书，我们可以计算未来平流层等价有效氯含量，而平流层等价有效氯含量反映了含氯、含溴气体对臭氧的影响。图 6.32 显示了过去和未来平流层等价有效氯含量，未来情景分为：没有协议时的情景，根据蒙特利尔议定书的情景，根据后来的补充协议的情景。当不按照蒙特利尔议定书及其修正案执行，而继续使用氯氟烃和其他臭氧损耗物质时，平流层等价有效氯含量到 21 世纪 50 年代将会达到 1980 年的 10 倍。如此高含量的氯和溴会造成巨量的臭氧损耗，并且比目前观测到的臭氧损耗多很多。

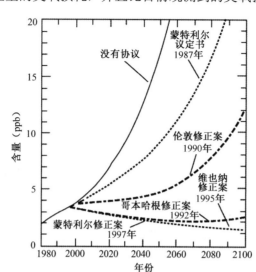

图 6.32　国际协定对损耗平流层臭氧的氯和溴的影响（引自 WMO，2007）

6.14　目前的臭氧损耗

最近的臭氧损耗科学评估报告（2007，WMO）认为，南极的臭氧损耗稳定维持在过去 10 年的水平（1995—2005 年）。大多数诊断分析研究也显示，臭氧洞在 20 世纪 90 年代中期以后趋于平稳。最近，冬季臭氧洞面积、臭氧质量赤字和每日臭氧总量最小值均低于平均水平。也就是说，现在全球臭氧含量已不再像 20 世纪 70 年代末到 20 世纪 90 年代中期那样下降，而且出现了臭氧恢复。臭氧恢复的时间刚好和平流层卤素含量下降的时间一致，而卤素含量的下降反映了蒙特利尔议定书及其修正案在控制臭氧损耗物质方面的成功。

平流层臭氧浓度除受大气中臭氧损耗物质浓度的影响外，还受许多自然因素或人为因素的影响，如温度、传输、火山爆发、太阳活动、氢和氮氧化物。由于这些因素影响臭氧的过程存在非线性作用，将这些因素对臭氧的作用区分开是很困难的。图 6.33 描述了过去 40 年各种影响臭氧的因素和臭氧总量的时间序列。

2002—2005 年全球平均臭氧总量较 1964—1980 年全球平均臭氧总量减小了约 3.5%。然而，2002—2005 年臭氧总量平均值与 1998—2001 年臭氧总量的平均值相近，表明臭氧总量不再减小。这个变化在全球的表现一致。

过去 25 年，热带地区（25°N～25°S）的臭氧总量保持不变。2002—2005 年北半球、南半球中纬度地区（35°～60°）的平均臭氧总量与 1998—2001 年的平均臭氧总量相当，但分别较 1964—1980 年的平均臭氧总量低 3%和 5.5%。自 1980 年以来，臭氧总量发生变化，在北半球中纬度地区春季较大，而在南半球中纬度地区几乎全年一致（WMO，2007）。

在垂直方向上，1979—1995 年上、下平流层臭氧含量下降，但在过去 10 年相对稳定。中纬度地区臭氧净含量减少 10%～15%，热带地区臭氧含量变化较小但仍然显著。大量的观测证实了以上的结论。

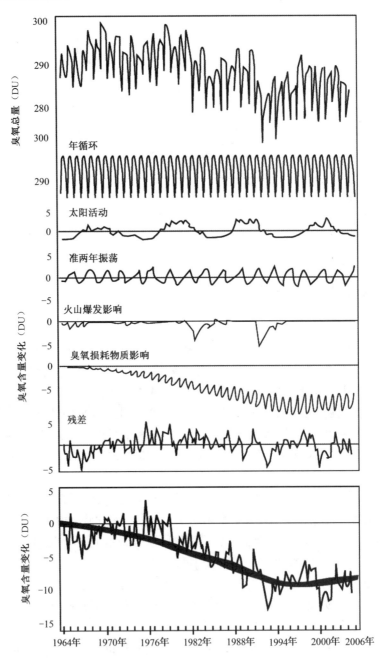

图 6.33　去除季节变化后，1964—2005 年 60°S～60°N 臭氧总量距平对太阳活动、
　　　　火山爆发和准两年震荡影响的响应（引自 WMO，2007）

1979—1995 年，臭氧探空仪在北半球平流层低层（距地表 12～15 km 处）探测到臭氧总量的剧烈减小；1996—2004 年，臭氧总量增加，导致平流层臭氧总量没有长期的减小趋势；而 1995 年以后，在该高度上，南半球中纬度地区臭氧总量并没有出现类似增加。

1979—2004 年，25°N～25°S 上空对流层顶至 25 km 处，SAGE 资料发现臭氧总量显著减少了约 3%；但是，热带地区臭氧总量没有变化，所以热带地区对流层臭氧总量可能存在显著增加。虽然研究者观测到热带地区局部的对流层臭氧有增加趋势，但不是所有热带地区或所有臭氧资料都显示对流层臭氧存在增加趋势。

6.15　未来的臭氧层

臭氧层的恢复过程不仅依赖于臭氧损耗物质的减少，还与许多其他因素有关。虽然有些因素可以利用经验公式表示，但臭氧含量变化受到动力、化学、辐射等过程的耦合控制，因此为了预测未来臭氧含量变化，需要使用包含了以上过程的数值模式。特别是，要包含温室气体含量增加对温度和传输的影响。

对臭氧总量的预测分为 3 个时期：①本世纪初期（2000—2020 年），预计平流层等价有效氯含量将会开始减少或持续减少；②本世纪中期（2040—2050 年极区外，2060—2070 年极区），预计平流层等价有效氯含量将低于 1980 年的水平；③本世纪末期（2090—2100 年），预计其他因素对平流层臭氧含量的影响将超过臭氧损耗物质对其的影响。

对本世纪初期臭氧总量预测的可信度高于对本世纪中期或末期的预测，因为前者有观测资料、实证研究和外推法的支持，而影响后者的排放背景、边界条件的不确定性很大。在一般情况下，不同因素对臭氧总量变化的单独影响在模式中无法输出。因此，模式输出的臭氧总量时间序列并不能用于讨论臭氧损耗物质对臭氧总量变化的影响。

6.15.1　全球臭氧恢复的 3 个阶段

全球臭氧恢复过程如图 6.34 所示。在蒙特利尔议定书签署后，臭氧损耗物质减少，全球臭氧有望恢复到接近或者超过 1980 年以前的水平。臭氧恢复分为 3 个阶段：①臭氧总量减少的初步放缓，定义为臭氧总量下降趋势在统计上显著减小；②开始转变为臭氧总量增加，定义为臭氧总量高于以往最低值，并在统计上显著增加；③臭氧总量完全恢复，定义为人类活动产生的臭氧损耗气体不再显著地影响臭氧总量变化。

6.15.2　自然因素

平流层臭氧受两个重要的自然因素影响，即太阳活动和火山爆发。太阳活动对臭氧影响的预测可以基于太阳活动的 11 年周期。火山爆发非常重要，因为其增加了消耗臭氧的活性卤素气体，但火山爆发无法预测。在未来 10 年中，平流层等价有效氯含量仍然很高，而大型火山的爆发可能会暂时增加臭氧损耗从而阻碍臭氧恢复。

自然过程会将人类产生的氯化物、溴化物慢慢地从平流层中清除，因此由其造成的臭氧损耗预计将逐渐减弱，并在 21 世纪中叶消失。这个环境保护的巨大成就要归功于国际协定对臭氧损耗物质的管制。

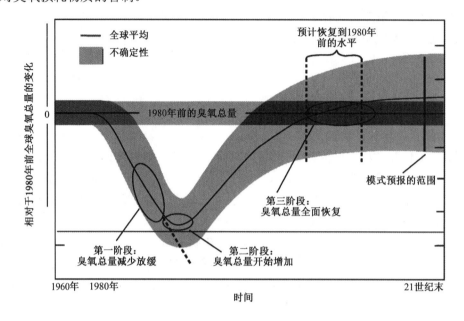

图 6.34　未来 100 年全球臭氧恢复（引自 WMO，2007）

然而，未来臭氧层的状态取决于更多的因素，而不仅是平流层中人类产生的氯化物和溴化物。人类活动还会影响其他一些大气成分的变化，如甲烷、一氧化二氮和硫酸盐粒，而且人类活动还会影响气候变化。这些都对臭氧有一定程度的影响，因此臭氧层不太可能还是 1980 年以前的那个臭氧层。尽管如此，氯化物、溴化物造成臭氧损耗这个问题的发现和研究，以及一个全球遵守的国际协定的签署，将会使地球紫外辐射保护伞的恶化状况减弱甚至消失。

 思考题

6.1　论述人类活动造成平流层臭氧损耗的主要过程。

6.2　平流层臭氧被称为"善良的臭氧"，而对流层臭氧被称为"邪恶的臭氧"。为什么？当对流层臭氧增加会发生什么？

6.3　大气中卤素的自然来源是什么？其与工业来源相比，哪个更重要？为什么？

6.4 南极臭氧洞是什么？它是如何定义的？它与每年春季南极臭氧总量低值相比有什么共同点和不同点？

6.5 臭氧洞第一次出现是什么时候？臭氧洞有多大，它变大了吗？臭氧洞会继续发展吗？

6.6 从经向和纬向对称性、春季臭氧量随时间的变化及臭氧洞移动几个方面描述南极臭氧洞。

6.7 在评估南极臭氧损耗表面积时，使用了臭氧 220 DU 等值线。为什么臭氧 220 DU 等值线能合理地描述臭氧洞？

6.8 论述太阳活动和火山爆发对臭氧损耗的影响。

6.9 人类活动排放的何种物质导致臭氧损耗？论述破坏平流层臭氧的活性卤素气体。

6.10 氯氟烃和其他卤素源气体产生于对流层，并且比空气重。它们是如何到达平流层并消耗臭氧的？

6.11 损耗臭氧的气体大多来自北半球国家的排放，但为什么南极会出现较强的臭氧洞？

6.12 人类活动导致了平流层臭氧损耗，那么人类是否可以生产臭氧并将其输送到平流层，从而弥补全球平流层臭氧的损失？如果可以，其主要困难和可能影响是什么？

6.13 极夜急流和极涡的特征是什么？极夜急流是怎样影响极地平流层臭氧浓度的？

6.14 为什么冬季极涡温度极低？冬季，这种极端低温是否会同时出现在所有高度上？为什么？

6.15 什么证据显示南极涡旋能够将其内的空气与其外的空气隔离开来？为什么？位势涡度对臭氧洞有什么影响？

参考文献

Brasseur G, Solomon S (2005) Aeronomy of the Middle Atmosphere, 2nd edition, Springer, Dordrecht.

Blumenstock T, Kopp G, Hase F, Hochschild G, Mikuteit S, Raffalski U, Ruhnke R (2006) Observation of unusual chlorine activation by ground-based infrared and microwave spectroscopy in the late Arctic winter 2000/01, Atmos Chem Phys, 6: 897–905.

Callis, LB, Natarajan M (1986) Ozone and nitrogen dioxide changes in the stratosphere during 1979–1984, J Geophys Res, 91:10771–10796.

Dameris M, Grewe V, Ponater M, Deckert R, Eyring V, Mager F, Matthes S, Schnadt C, Stenke A, Steil B, Bruhl C, Giorgetta MA (2005) Long-term changes and variability in a transient simulation with a chemistry climate model employing realistic forcing, Atmos Chem Phys, 5:2121–2145.

Eduspace, The ozone hole, European Space Agency (http://eduspace.esa.int/subdocument/images/ozone-gen.jpg).

Huck PE, McDonald AJ, Bodeker GE, Struthers H (2005) Interannual variability in Antarctic ozone depletion controlled by planetary waves and polar temperatures, Geophys Res Lett, 32: doi: 10.1029/2005GL022943.

Farman JC, Gardiner BG, Shanklin JD (1985) Large losses of total ozone in Antarctica reveal seasonal ClOx/NOx interaction, Nature, 315: 207–210.

Fromm M, Bevilacqua R, Servranckx R, Rosen J, Thayer JP, Herman J, Larko D (2005) Pyrocumulonimbus injection of smoke to the stratosphere: Observations and impact of a super blowup in northwestern Canada on 3–4 August 1998, J Geophys Res, 110: D08205, doi: 10.1029/2004-JD005350.

Kodera K, Kuroda Y (2002) Dynamical response to the solar cycle, J Geophys Res, 107: 4749, doi: 10.1029/2002JD002224.

Labitzke K, Kunze M (2005) Stratospheric temperatures over the Arctic: Comparison of three data sets, Meteorol Z, 14: 65–74.

Langematz U, Kunze M (2006) An update on dynamical changes in the Arctic and Antarctic stratospheric polar vortices, Clim Dyn, 27: 647–660, doi: 10.1007/s00382-006-0156-2.

Maduro RA, Schauerhammer R (1992) The holes in the ozone scare: the scientific evidence that the sky is not falling, In 21st Century Science Associates, John Wiley&Sons, Washington DC.

NASA (2003) Studying Earth's Environment from Space (http://www.ccpo.odu.edu/SEES/index.html).

Naujokat B, Roscoe HK (2005) Evidence against an Antarctic stratospheric vortex split during the periods of pre-IGY temperature measurements, J Atmos Sci, 62: 885–889.

Newman PA (2003) The Antarctic ozone hole, Chapter 11: Stratospheric Ozone: An Electronic Text, NASA, GSFC.

Newman PA, Kawa SR, Nash ER (2004) On the size of the Antarctic ozone hole, Geophys Res Lett, 31, doi: 10.1029/2004GL020596.

Newman PA, Nash SR, Kawa ER, Montzke SA (2006) When will the Antarctic ozone hole recover? Geophys Res Lett, 33: doi. 10.1029/2005GL025232.

Pawson S, Labitzke K, Leder S (1998) Stepwise changes in stratospheric temperature, Geophys Res Lett, 25: 2157–2160.

Reinsel GC, Miller AJ, Weatherhead EC, Flynn LE, Nagatani R, Tiao GC, Wuebbles DJ (2005) Trend analysis of total ozone data for turnaround and dynamical contributions, J Geophys Res, 110: D16306, doi: 10.1029/2004JD004662.

Rosenfield JE, Frith SM, Stolarski RS (2005) Version 8 SBUV ozone profile trends compared with trends from a zonally averaged chemical model, J Geophys Res, 110: D12302, doi: 10.1029/-2004JD005466.

Ramaswamy V, Chanin ML, Angell JK, Barnett J, Gaffen D, Gelman ME, Keckhut P,

Koshelkov Y, Labitzke K, Lin JJR, ONeill A., Nash J, Randel WJ, Rood R, Shine K, Shiotani M, Swinbank R (2001) Stratospheric temperature trends: Observations and model simulations, Rev Geophys, 39: 71–122.

Ramaswamy V, Schwarzkopf MD, Randel WJ, Santer BD, Soden BJ, Stenchikov GL (2006) Anthropogenic and natural influences in the evolution of lower stratospheric cooling, Science, 311: 1138–1141.

Rosenfield JE, Douglass AR, Considine DB (2002) The impact of increasing carbon dioxide on ozone recovery, J Geophys Res, 107: 4049, doi 10.1029/2001JD000974.

Rowland RF (2007) Stratospheric ozone depletion by chlorofluorocarbons (Nobel Lecture), Appeared in Encyclopedia of Earth (ed; C. J. Cleveland).

Santee MI, Manney GL, Livesey NJ, Froidevaux L, MacKenzie IA, Pumphrey HC, Read WG, Schwartz MJ, Waters JW, Harwood RS (2005) Polar processing and development of the 2004 Antarctic ozone hole: First results from MLS on aura, Geophys Res Lett, 32, doi: 10.1029/2005GL022582.

Schoeberl MR, Douglass AR, Kawa SR, Dessler A, Newman PA, Stolarski RS, Roche AE, Waters JW, Russel III JM (1996) Development of the Antarctic ozone hole, J Geophys Res, 101: 20909.

Schoeberl MR, Kawa SR, Douglass AR, McGee TJ, Browell EV, Waters J, Livesey N, Read W, Froidevaux L, Santee ML, Pumphrey HC, Lait LR, Twigg L (2006) Chemical observations of a polar vortex intrusion, J Geophys Res, 111: D20306, doi: 10.1029/2006JD007134.

Solomon S, Garcia RR, Rowland FS, Wuebbles DJ (2005a) On the depletion of Antarctic ozone, Nature, 321: 755–758.

Solomon S, Portmann RW, Sasaki T, Hofmann DJ, Thompson DWJ (2005b) Four decades of ozonesonde measurements over Antarctica, J Geophys Res 110: D21311, doi:10.1029/2005JD005917.

Steinbrecht W, Hassler B, Bruhl C, Dameris M, Giorgetta MA, Grewe V, Manzini E, Matthes S, Schnadt C, Steil B, Winkler P (2006) Interannual variation pattern of total ozone and lower stratospheric temperature in observations and model simulations, Atmos Chem Phys, 6: 349–374.

Stolarski RS, McPeters RD, Newman PA (2005) The ozone hole of 2002 as measured by TOMS J Atmos Sci, 62: 716–720 (http://www.eoearth.org/Rowland nobellecture fig05.gif).

Stolarski RS, Douglass AR, Steenrod S, Pawson S (2006) Trends in stratospheric ozone: Lessons learned from a 3D Chemical Transport Model, J Atmos Sci, 63: 1028–1041.

Stolarski RS, Douglass AR, Newman PA, Pawson S, Schoeberl MR (2006) Relative contribution of greenhouse gases and ozone changes to temperature trends in the stratosphere: A chemistry climate model study NASA Report Document ID: 20070008218.

WMO (1995) Scientific Assessment of Ozone Depletion: 1994, Global Ozone Research and Monitoring Project Report No. 37, Geneva, Switzerland.

WMO (World Meteorological Organization), Scientific Assessment of Ozone Depletion: 2006 (2007) Global Ozone Research and Monitoring Project Report No. 50, Geneva, Switzerland.

第 7 章

平流层和对流层的传输过程

• • • • • • • •

7.1 引言

穿越对流层顶的大气质量传输过程在决定平流层和对流层化学成分分布及与之相关的辐射属性中起到重要作用。由于包含多尺度过程，从全球尺度的平均经圈环流，到平流和对流过程，再到分子扩散，考虑这种传输过程是一个巨大的挑战。尽管如此，学界很早就认识到对流层空气主要在热带地区进入平流层，并在平流层向极地运动。

为了理解平流层中的大尺度环流，了解纬向平均的传输过程是必要的。臭氧的生成主要发生在热带平流层。太阳辐射使氧分子光解为氧原子，氧原子很快与其他氧分子形成臭氧。但是，臭氧的最大值出现在更高纬度地区，而不是臭氧的生成源地——热带地区。这是由于缓慢的大气环流将热带的臭氧输送至更高的纬度。这种环流被称为 BD 环流。

7.2 BD 环流

图 7.1 表示了中层大气平均纬向环流和年均臭氧密度，其中 BD 环流用粗箭头表示。BD 环流是一个缓慢的环流，最初由 Brewer 提出，用来解释平流层水汽含量较少的原因。他推测水汽在被垂直输送通过赤道对流层顶的低温区时，存在冻干过程。当该区域温度冷却到 193 K 以下时，就会导致水汽凝结和沉降，从而产生脱水。因为 BD 环流在热带地区上升，所以在热带对流层顶附近的冻干过程使水汽浓度最小。因为 BD 环流在高纬度地区下沉，所以尽管高纬度下平流层距离热带中平流层光化学反应源地很远，臭氧浓度仍然较高。此外，BD 环流还能解释长寿命成分（如一氧化二氮、甲烷）的纬向分布。

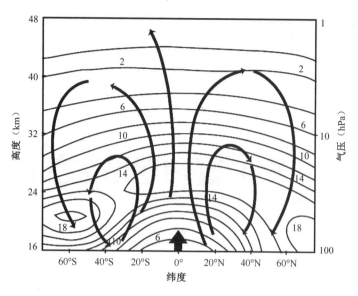

图 7.1　美国雨云 7 号卫星上 SBUV 观测的 1982—1989 年中层大气纬向平均环流和年均臭氧密度
（单位：DU km^{-1}，引自 NASA）

　　该概念模型经过多次改进，不过没有大的变化。BD 环流，有时又称为热带外抽吸
（见图 7.2），由平流层波拖曳控制，可以通过 EP 通量散度来量化。其任意一层环流都被
其上层的波拖曳作用控制。然而，波拖曳作用很难被精确计算，所以通常利用非绝热加热
来诊断其平均环流。通过计算非绝热加热可以估计穿越某一等熵面的净质量通量。

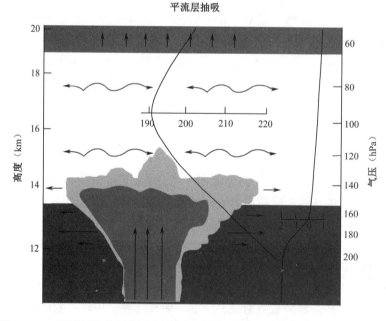

图 7.2　BD 环流导致的平流层和对流层传输（引自 University of Washington）

沿着等熵面（如位于热带上对流层与下平流层之间的等熵面）的物质传输更加难以量化，特别是在估计双向混合导致的成分净输送量时。观测显示，下平流层成分存在季节变化，这与平流层向下输送和上对流层水平输送的季节变化有关。对于任意时间段，进入中高纬度地区对流层的质量通量就是穿越 380 K 等位温面的净质量通量，其等于热带地区上对流层、下平流层之间的净质量通量，加上（减去）下平流层减少（增加）的质量通量（Appenzeller et al.，1996）。第一个量很容易计算，但是后两个量对于小尺度过程（包括天气尺度扰动和对流）很敏感，所以计算存在困难。

7.2.1　热带平流层臭氧总量低值

BD 环流包括 3 个基本部分：第一部分是从对流层进入平流层的热带上升运动；第二部分是平流层中的向极运动；第三部分是中纬度地区和极地平流层的下沉运动。中纬度地区平流层的下沉运动可以进入对流层，而极地平流层的下沉运动只能到达下平流层，并使空气堆积。这个模型就解释了，虽然臭氧的源区位于热带，但是热带的臭氧浓度低于极地的臭氧浓度。

7.2.2　热带的环流

过去几年的研究表明，BD 环流的热带上升支能够将对流层的空气输送进入平流层。在皮纳图博火山爆发后的气溶胶观测中，该现象首次被观测到。该观测显示，在地表以上 22 km 处，副热带向上输送较弱。长寿命化学成分经向廓线也显示，副热带向上输送存在障碍。也就是说，热带和副热带的垂直混合存在显著差别。卫星观测的热带下平流层水汽浓度可能是最明显的证据，其显示了存在经向边界的热带上升支。

热带地区的输送和混合特征与中纬度地区相比有很大差异（Appenzeller et al.，1996；Bonazzola and Haynes，2004）。在理想情况下，可以假设热带空气与中纬度地区的空气不存在水平方向的交换，而只有向上的输送，称为热带流管。然而，精细化学模式模拟结果表明，观测到的化学成分垂直分布并不能只用热带流管解释，还需要考虑中纬度地区大气，特别是 22 km 以下大气的交换稀释作用。一些研究（Rind et al.，2001；Cordrro et al.，2002）利用热带上升支输送、化学过程和中纬度地区的交换稀释过程的平衡性，量化了中纬度地区的交换稀释作用，结果表明热带上升区域地表以上 22 km 附近约 50%的空气来自中纬度地区。

图 7.3 显示了涉及化学、动力过程的平流层和对流层传输。热带对流层空气缓慢地进入平流层，该空气水汽浓度极低，臭氧浓度较低，氯氟烃浓度较高。热带平流层的上升运动非常缓慢，约 20～30 m d⁻¹。空气密度在 16～32 km 下降了 90%，绝大部分从对流层进入平流层的空气不会进入上平流层（地表以上 32 km），而会向中纬度地区传输。

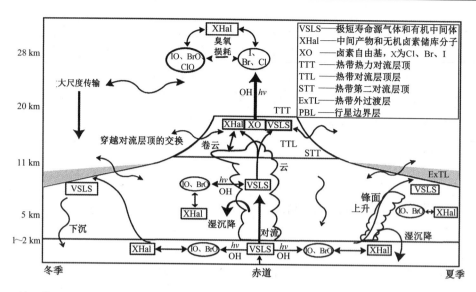

图 7.3　涉及化学、动力过程的各种平流层和对流层传输（引自 Cox and Haynes，2003，WMO，2007）

7.2.3　臭氧输送

对流层空气中臭氧浓度相对较低。严重污染城区对流层中的臭氧浓度相对其他地区对流层中的臭氧浓度较高，但仍低于平流层的臭氧浓度。对流层低臭氧浓度空气在热带缓慢上升进入平流层。在进入平流层之后，太阳紫外辐射和氧分子相互作用，产生臭氧，臭氧浓度逐渐升高。虽然热带下平流层臭氧生成速度很慢，但是其上升速度也很慢，所以臭氧生产具有充足的时间。热带对流层顶附近（地表以上 16 km）的空气通常需要 6 个月才能上升到地表以上 27 km 左右（Cox and Haunes，2003；WMO， 2007）。而臭氧浓度也在地表以上 27 km 左右达到最大，该高度通常被认为是臭氧层所在高度。

7.2.4　热带外的环流

估计热带外下平流层化学成分的全球收支，必须考虑该区域化学成分的输入和输出。该区域的辐射时间尺度较长，因此稳定的下行控制机制不适用于季节尺度，穿越热带外对流层顶的下沉运动会滞后于热带外的波拖曳（Perlwitz and Harnik，2004）。另外，当对流层顶季节性上升或下降时，平流层质量也会随之变化。

在平流层，BD 环流把空气从赤道传输到极地，如图 7.4 所示。在南北纬 30°，环流开始向下、向极传输，使中高纬度下平流层臭氧浓度增大。另外，臭氧分子在该区域内具有更长寿命，这也是导致臭氧总量增大的一个原因。因为光解生成氧原子的紫外线在更高的高度上被吸收了，所以下平流层含有较少的氧原子。基于此，下平流层臭氧寿命更长，下平流层更不容易被破坏。另外，当 BD 环流将热带臭氧源地的高臭氧浓度空气传输送至更高纬度，并向下传输到更低高度时，中高纬度下平流层臭氧浓度将增大。

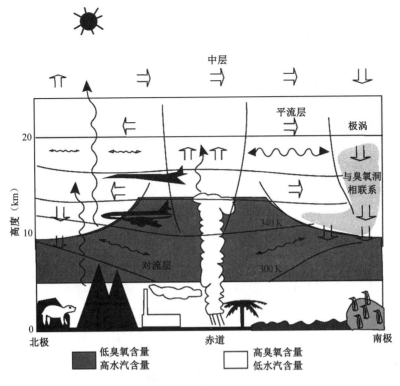

图 7.4　热带地区向极地的大气传输过程（引自 WMO/UNEP）

7.2.5　氯氟烃的输送

BD 环流将大部分氯氟烃从热带地区对流层输送到平流层，并再次输送回中高纬度地区对流层，如图 7.5 所示。由于 BD 环流速度很慢，氯氟烃被输送到上平流层需要很长时间。另外，空气密度随高度上升而减小，故氯氟烃密度在上平流层很小，所以大量氯氟烃不能被输送到上平流层。而只有上平流层的高强度紫外辐射可以分解氯氟烃，因此氯氟烃的寿命很长。CFC-12 的 e 折时间尺度约为 120 年。

7.2.6　BD 环流的形成

BD 环流的形成机制是复杂而又有趣的。有研究认为，热带地区加热和极地冷却导致了热带暖空气上升和极地冷空气下沉这种巨大的经向翻转，于是 BD 环流产生（Austin and Li，2006）。虽然这种加热和冷却效应确实存在，并且这样的经向翻转也存在于哈德莱环流中（见图 7.6），但是它却不是 BD 环流形成的原因。BD 环流形成的原因是热带外平流层的波活动。

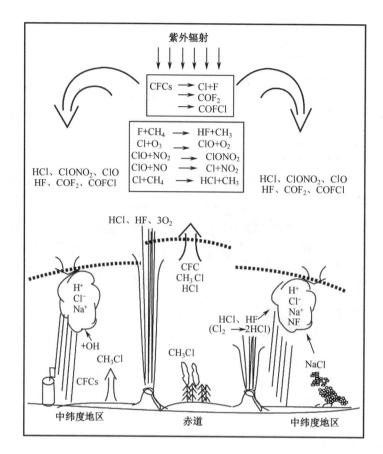

图 7.5 氯向平流层输送示意（引自 WMO/UNEP）

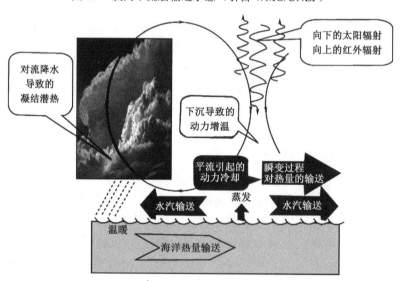

图 7.6 哈德莱环流中与热量收支相关的过程示意（引自 Trenberth and Stepaniak，2003，American Meteorological Society）

7.2.7　BD 环流和辐射平衡

如果没有平流层波动和 BD 环流，冬季极地会比实际更冷。据估计，极地距地表 30 km 处的温度约为 160 K，比观测值 200 K 小得多。BD 环流在冬季极地下平流层是下沉运动。这种绝热下沉会导致局地空气压缩，使辐射平衡温度升高。

7.2.8　BD 环流的半球差异

BD 环流在赤道地区上升，接着向极地输送，在高纬度地区下沉。然而，BD 环流在强度和结构上存在明显的半球差异。这些差异可以从平流层纬向平均的臭氧、痕量气体、温度、纬向风的大尺度特征中体现出来。

北半球冬季和南半球冬季 BD 环流存在巨大差异，其原因是半球间来自对流层行星波强迫的差异。像落基山和青藏高原这样的大地形主要位于北半球，而南半球的陆地面积较少，从 55°S 到南极大陆几乎全为海洋。这导致了南半球的波活动较弱。这种波活动强迫差异导致北半球冬季 BD 环流比南半球强，而南半球冬季极涡比北半球强。由于南极涡旋较强，南北的交换过程被局限在亚热带地区和中纬度地区，很少到达南极，而半球交换过程经常发展进入北半球极区（Eichelberger and Hartmann，2005）。

7.3　大气波动和痕量气体的输送

大尺度大气波动的发展和耗散导致了 BD 环流的产生。这些波动在全球尺度上输送热量和动量。它们也可以使痕量气体暂时或永久地离开原有位置。因此，臭氧和其他痕量气体的输送主要被大气波动及其发展、耗散过程所控制。

平流层波动大多产生于对流层。有两种波动对混合过程和 BD 环流很关键：重力波和罗斯贝波。重力波对平流层和中间层整体环流的形成非常重要，而罗斯贝波对 BD 环流的形成非常重要（Scott and Polvani，2004）。罗斯贝波是由大地形强迫作用形成的定常行星波，其垂直传播并在平流层破碎，形成极地冬季的平流层爆发性增温，导致 BD 环流的产生。

在夏季半球，重力位势场上平流层波动极弱（Gettleman and Forster，2002）；而在冬季半球，大尺度波对热带外平流层有重要影响。由于波强迫机制的半球间差异，北半球平流层波活动明显强于南半球平流层。北半球的行星波活动较强，使得北半球 BD 环流较强，极涡较弱且较早破碎，极地温度较暖。另外，较强的 BD 环流使更多的臭氧被输送进入北半球极地下平流层，使该区域臭氧浓度增大。因此，这种波动活动的半球不对称性，会强烈影响两个半球臭氧和其他痕量气体的分布和混合过程。

图 7.7 显示了北半球行星波活动强年和行星波活动弱年对应的极地臭氧损耗。在行星波活动强年，高纬度地区平流层比正常年份偏暖，臭氧损耗偏小；在行星波活动弱年，极地平流层比正常年份偏冷，臭氧损耗偏强。

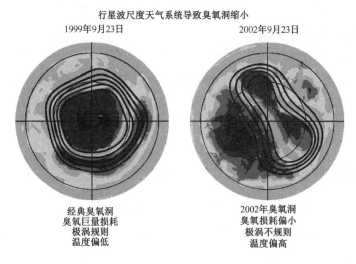

图 7.7　行星波活动与臭氧损耗的关系示意

大地形和海陆热力差异可以在大气中产生行星波。行星波的波长很长，一些行星波甚至可以环绕整个地球。这些行星波在绕地球传播时，可以导致空气的南北输送。行星波产生的极地与赤道间的大气输送可以使极地大气升温。

北半球的行星波较强，加热了北极平流层，抑制了臭氧损耗。南半球的地形也会产生行星波，但南极周边多为开阔的海洋，高山较少，因此行星波比较弱。

7.3.1　波动的传播

行星波在对流层产生后，沿着急流轴垂直传播进入平流层，并接着向热带地区传播，如图 7.8 所示。当这些波动向上进入平流层后，由于平流层空气密度较对流层低，波动振幅因此随之增大。波动将东风动量沉积进入盛行西风的极夜急流中，使急流减速。急流减速及与之相伴的平流层爆发性增温导致了 BD 环流的产生。

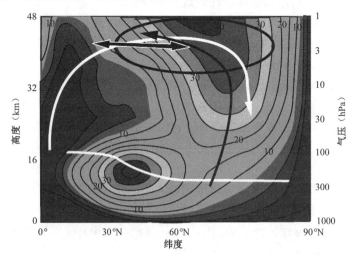

图 7.8　行星波垂直传播进入平流层（引自 NASA）

7.3.2　波动的发展和耗散

大气波动的发展和耗散导致了平流层空气的经向交换或输送。热带外行星波的迅速发展在北半球冬季高纬度地区最为常见，称为波的瞬变。这种波动的快速发展可以导致平流层温度和环流特征的急剧变化，也就是本书第 1 章、第 4 章解释过的平流层爆发性增温现象。波动的发展也发生在冬末和春季的南半球高纬度地区，虽然这种波的发展较北半球弱，但可以导致南半球极涡破裂。

波耗散有两个主要原因：热耗散和波破碎。热耗散通过辐射过程起作用，波破碎则与不同区域空气块的迅速混合过程有关（Sherwood and Dessler，2001）。

1．热耗散

罗斯贝波的形成与大尺度温度扰动有关。而在热耗散过程中，暖区相对于冷区具有更大的辐射冷却速率，辐射冷却和加热使形成罗斯贝波的温度差异减小。一般来说，在平流层，高度越高，热耗散过程就越显著。

2．波破碎

波破碎也能导致波动的耗散或衰减。大气波动发展，振幅增大，接着波破碎，导致空气在经向迅速混合。该过程在冬季中纬度地区尤为显著。波动从对流层垂直传播进入平流层，然后向赤道地区传播进入副热带地区。当波动向上传播时，大气密度降低，波动振幅增大，最终导致波破碎。在波破碎过程中，空气块产生了迅速的、巨大的经向位移，因此导致长寿命的痕量气体发生强烈的、不可逆转的经向混合（Trenberth and Stepaniak，2003）。

混合的强度与波动的强度有直接联系。这就意味着北半球冬季的混合过程比南半球冬季强得多。充分混合的区域位于极夜急流向赤道一侧，称为破碎区（Surf Zone）。在波破碎发生时，大尺度波动的能量向小尺度波动转移。通常只有在波速与平均流的风速匹配时，行星波才会破碎。

不仅平流层行星波会发生破碎，小尺度的重力波也会发生破碎。重力波破碎对于大气中间层很重要。在中间层，当重力波振幅变得足够大时，就会产生对流不稳定、空气反转和垂直方向上的迅速混合。重力波也能使上平流层和中间层的平均气流减速，即影响平均环流。

7.3.3　波动导致的输送

波动的发展和耗散通过两个过程引起经向的质量输送：第一，波活动通过动量和能量的输送生成 BD 环流，BD 环流可以导致辐射和质量的不平衡；第二，波动的耗散导致质量经向交换或混合过程，这个过程常发生在等熵面上。

7.3.4　波动导致的混合

天气尺度行星波可以导致臭氧浓度的不可逆变化。BD 环流使热带外平流层的臭氧浓度较高，使热带平流层臭氧浓度较低，从而产生臭氧梯度（Stohl et al.，2003）。而波的混合作用使得臭氧梯度减小。波活动使热带低臭氧浓度空气进入热带外区域，使热带外高臭氧浓度空气进入热带，即波动的混合作用可以导致空气的混合，进而改变痕量气体的分布（Shepherd，1997）。

7.3.5　波动对平均环流的影响

行星波导致的臭氧变化（见图 7.7 和图 7.8）增强了全球臭氧变率。但是，这种变率并不会影响几个月或更长时间尺度的全球平均臭氧分布。而全球平均臭氧分布主要是由 BD 环流导致的。BD 环流导致热带外平流层臭氧浓度较大，而热带平流层臭氧较低（Stohl et al.，2003）。另外，波动的混合作用会导致这种臭氧的南北梯度减弱甚至消失。这些波动过程会不断地将热带地区低臭氧浓度的空气输送至热带外地区，也会将热带外地区高臭氧浓度的空气输送至热带地区。

7.4　其他因素

大多数研究关注下平流层从中纬度地区进入热带地区的混合过程，也有研究显示下平流层存在从热带地区进入中纬度地区的混合过程。对痕量气体平流的计算及气溶胶的观测均支持下平流层存在从热带地区进入中纬度地区的混合过程。中纬度地区下平流层的水汽、二氧化碳、臭氧观测也显示，存在从热带地区上对流层和下平流层向中纬度地区下平流层的输送，该输送环流也被称为浅 BD 环流。

7.5　准两年振荡和 BD 环流

天气和波动过程每年都在变化。波动的年际变化可以影响 BD 环流的年际变化，从而影响臭氧分布。年际变化中的一个重要因子就是准两年振荡。在准两年振荡中，东风和西风交替向下传播。因为准两年振荡是由热带波动的内部动力过程导致的，而不受季节变化影响，所以风场振荡的周期在 22～34 个月变化很大。

准两年振荡通过两个过程影响臭氧分布。

（1）准两年振荡影响整个赤道纬向风场，从而产生温度异常，影响平流层温度结构。而平流层温度结构可以影响上平流层的光化学平衡，进而影响臭氧的生成和损耗，如第 5 章所述。

（2）准两年振荡产生的温度异常可以直接调制 BD 环流，从而影响臭氧输送。

7.5.1　准两年振荡环流

风场的准两年振荡产生的温度异常调制了 BD 环流。准两年振荡产生的异常环流叠加在 BD 环流上，因此准两年振荡的位相决定了 BD 环流是增强还是减弱。

在准两年振荡西风位相下传时，根据热成风原理，上层西风和下层东风之间温度异常偏高，如图 7.9（a）所示。这就导致准两年振荡温度偏高的区域向外的红外辐射异常偏大。因为太阳紫外辐射加热几乎不变，所以热带地区总加热效果异常偏小（Shepherd，2002）。而热带地区异常冷却导致该地区 BD 环流上升减速。

相反，在准两年振荡东风位相下传时，根据热成风原理，上层东风和下层西风之间温度异常偏低，如图 7.9（b）所示。这就导致准两年振荡温度偏低的区域向外的红外辐射异常偏小。因为太阳紫外辐射加热几乎不变，所以热带地区总加热效果异常偏大（Shepherd，2002）。而热带地区异常加热导致该地区 BD 环流上升加速。

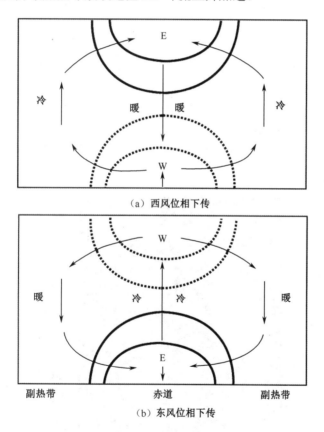

图 7.9　准两年振荡西风位相下传和东风位相下传的示意（引自 NASA）

准两年振荡导致的赤道附近异常下沉运动和上升运动分别对应副热带地区的异常上升运动和下沉运动。这些异常垂直运动还伴随着异常向极地和向赤道的运动。这个异常环流被称为准两年振荡引发的经圈环流或准两年振荡环流。准两年振荡环流位于 15°S～15°N。该环流会对热带地区平流层的痕量气体产生影响。长期的卫星观测资料也显示，臭氧、甲烷、氢、氟、一氧化二氮中存在准两年振荡信号。

7.5.2 准两年振荡对臭氧输送的影响

准两年振荡是平流层臭氧变率的影响因子之一。赤道纬向风的准两年振荡局限于赤道平流层中，在该区域内臭氧浓度同时受到动力输送和光化学反应的影响。在热带地区地表以上至 30 km 以下，臭氧主要受动力控制，其主要受到叠加在 BD 环流上的准两年振荡环流的影响。热带地区距地表 30 km 以上，臭氧主要受光化学反应的控制逐渐加强，因此主要受准两年振荡导致的温度异常的影响。

1．热带臭氧和准两年振荡

在准两年振荡西风位相下传时，准两年振荡环流在热带地区下沉，在副热带地区上升，BD 环流减弱。因为热带下平流层较低臭氧浓度空气的上升速度减小，所以臭氧生产的过程就可以持续更长时间，导致热带臭氧总量异常增大；同理，副热带臭氧总量异常减小。在准两年振荡东风位相下传时，BD 环流增强，臭氧生产时间缩短，热带臭氧总量异常减小；同理，副热带臭氧总量异常增大。

如图 7.10 所示，地表以上 20～30 km 存在交替出现的臭氧高值区和低值区，它们分别对应准两年振荡的西风切变区和东风切变区。距地表 30 km 以上，与温度相关的光化学反应过程比臭氧输送过程更重要，因此距地表 35～45 km 臭氧变化是准两年振荡和准半年振荡产生的温度变化的响应。

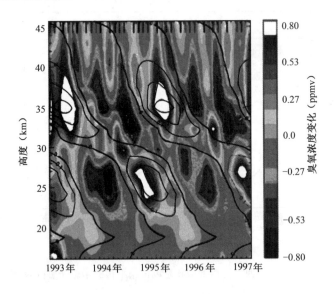

图 7.10　UARS HALOE 观测的 4°S～4°N 平流层臭氧异常（填色图）和 HRDI 的纬向风（等值线）垂直分布。

2．热带外臭氧和准两年振荡

观测发现，热带外平流层的动力场和大气成分（如臭氧总量和水汽）也存在准两年振荡信号。热带平流层臭氧的准两年振荡机制已经比较成熟，但是热带准两年振荡传播到热带外的机制尚不清楚。事实上，对于热带外准两年振荡信号的大小都存在争论。一般认为，中纬度地区臭氧总量准两年振荡的振幅为 5～20 DU。虽然该研究领域仍存在很多问题和不确定性，但可以明确的是准两年振荡对热带外环流和大气成分有着重要的影响。

7.6　对流层经圈环流

BD 环流是影响平流层臭氧的最重要的环流，其他环流对平流层的影响则相对次要。哈德莱环流是对流层环流，其在热带地区上升，在副热带地区下沉。暖湿空气在热带对流层中沿着热带辐合带上升，因此此对流层形成积雨云（雷暴云）高耸于大气中。这些对流云将地表附近的物质抽吸进入热带上对流层，接着可以缓慢地进入平流层。

7.7　平流层和中间层平均经圈环流

在夏至和冬至时，上平流层和中间层（地表以上 30～90 km）被一个环流单体所控制。如图 7.11 所示，该环流单体在夏季半球上升，在冬季半球下沉，经向运动的方向从夏季半球指向冬季半球。因此，夏季极地较冷，而冬季极地较暖。该环流单体通常被小尺度的重力波所控制，在所有季节和所有纬度的中间层都可以发生。

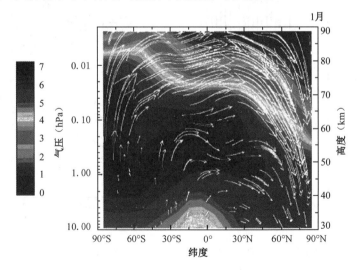

图 7.11　平流层至中间层环流和水汽分布（引自 NASA）

上平流层（距地表约 50 km 处）是水汽的光化学源，上中间层（距地表约 80 km 处）是水汽的汇。如图 7.11 所示，在夏季半球中高纬度地区，环流把上平流层高水汽浓度的空气输送到上中间层地表以上 80 km 附近。随后，在冬季半球中高纬度地区，环流把低水汽浓度的空气从下热层地表以上 90 km 向下输送到下中间层和上平流层。

7.8　平流层空气的年龄

痕量气体（如氯），能通过催化反应消耗平流层的臭氧。平流层中氯的释放主要通过紫外辐射光解人类产生的氯氟烃。然而，氯氟烃光解需要波长小于 240 nm 的辐射，而臭氧和氧分子吸收了绝大多数此波段的辐射，所以氯氟烃必须上升到很高的高度才可以吸收这种波长的辐射发生光解。光解反应释放的氯自由基可以消耗臭氧分子。缓慢的 BD 环流至少需要 1～2 年才能把对流层的空气输送到上平流层，使氯氟烃光解。氯氟烃在平流层内停留的时间越长，就会有越多的氯自由基释放出来，也就会有越多的臭氧被损耗。

输送模式可以被用来估计平流层空气的平均年龄。年龄是指空气块从地面被输送到平流层特定纬度和高度所需的平均时间。图 7.12 显示了模式模拟的空气平均年龄。该年龄示意图基于空气年龄随着对流层理想示踪成分的混合比增加而线性增加的假设。图 7.13 显示了在热带平流层中源于二氧化碳观测得到的平均年龄，以及源于水汽观测得到的位相滞后时间的垂直廓线。

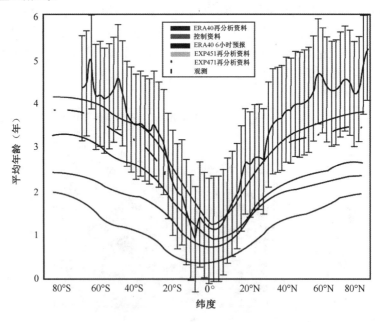

图 7.12　模式模拟的地表以上 20 km 处的空气平均年龄（引自 Beatriz Monge Sanz，University of Leed）

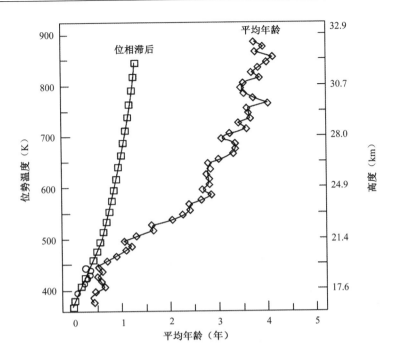

图 7.13　源于二氧化碳观测得到的热带平流层空气平均年龄垂直廓线，以及源于水汽观测得到的
位相滞后时间的垂直廓线（引自 Waugh and Hall，2002，AGU）

　　在对流和天气系统中，对流层空气被迅速混合，所以该区域空气年龄较为一致。空气
穿越热带对流层顶进入平流层，再上升穿越热带平流层。大约 90% 的进入平流层的空气不
能到达平流层顶，而是进入热带外平流层低层和中层。年轻的热带平流层空气与年龄超过
5 年的中高纬度地区平流层空气形成鲜明对比。年老的空气氯自由基含量较高，而氯氟烃
含量较小，原因是光解反应的时间更长（Finlayson-Pitts and Pitts，2000）。相比之下，热
带平流层下层氯自由基含量较低，而氯氟烃含量较高。因为只有很小一部分对流层空气能
到达平流层顶，而到达平流层顶需要 4～5 年，所以要使大部分对流层空气通过循环到达
上平流层，需要长达数十年的时间。

 **思考题**

7.1　什么是 BD 环流？讨论 BD 环流在热带地区到更高纬度地区传输过程中的重要性。

7.2　BD 环流是如何维持的？讨论南半球和北半球 BD 环流之间的差异。

7.3　当 BD 环流将水汽输送进入热带平流层时，水汽有何变化？热带地区的 BD 环流抬升
速度有多快？

7.4　热带对流层空气是如何输送进入下平流层的？在进入下平流层后，大部分空气会有
什么变化？

7.5 讨论定常行星波对平流层和对流层热量、动量、能量输运的作用。当这些定常行星波到达平流层后，会发生什么变化？

7.6 平流层波破碎是如何产生的，又导致了什么现象发生？

7.7 当平流层爆发性增温事件发生后，极地平流层空气会迅速产生什么变化？会产生怎样的垂直运动和经向运动？

7.8 讨论 BD 环流如何调制冬季极地平流层的辐射平衡温度。

7.9 为什么南半球冬季的波活动弱于北半球冬季的波活动？

7.10 北半球冬季强烈的波活动对于北极下平流层臭氧分布有什么影响？

7.11 平流层中波耗散的两个主要原因是什么？

7.12 波破碎发生在什么区域？

7.13 准两年振荡如何调制热带地区的 BD 环流？

7.14 在赤道准两年振荡西风位相和东风位相，热带地区和副热带地区有怎样的臭氧异常？

参考文献

Austin J, Li F (2006) On the relationship between the strength of the Brewer Dobsun circulation and the age of stratospheric air, Geophys Res Lett, 33, doi: 10.1029/2006GL026867.

Appenzeller C, Holton JR, Rosenlof KH (1996) Seasonal variation of mass transport across the tropopause, J Geophys Res 101: 15071–15078.

Brasseur G, Solomon S (2005) Aeronomy of the Middle Atmosphere, 3rd edition Springer, Dordrecht.

Bonazzola M, Haynes PH (2004) A trajectory based study of the tropical tropopause region, J Geophys Res, 109 doi: 10.1029/2003JD004536.

Butchart N, Scaife AA, Bourqui M, de Grandpre J, Hare SHE, Kettleborough J, Langematz U, Manzini E, Sassi F, Shibata K, Shindell D, Sigmond M (2006) Simulations of anthropogenic change in the strength of the Brewer Dobson circulation, Clim Dyn, 27, 727–741, doi: 10.1007/s00382-006-0612-4.

Cordero E, Newman PA, Weaver C, Fleming E (2002) Stratospheric dynamics and transport of ozone and other tracer gases, Chapter 6: Stratospheric Ozone AnElectronic Text, NASA, GSFC.

Cox ME, Haynes P (2003) Scientific assessment of ozone depletion: 2002, WMO Report No. 47, Geneva, Switzerland.

Eichelberger SJ, Hartmann D (2005) Changes in the strength of the Brewer Dobson circulation in a simple AGCM, Geophys Res Lett, 33, doi: 10.1029/2005GL022924.

Finlayson-Pitts BJ, Pitts JN Jr (2000) Chemistry of the upper and lower atmosphere, Academic, London.

Gettleman A, Foster PMdeF (2002) A climatology of the tropical tropopause layer, J Meteorol Soc Japan, 80, 911–924.

Holton JR, Haynes PH, McIntyre ME, Douglas AR, Rood RB, Pfister L (1995) Stratosphere troposphere exchange, Rev. Geophys, 33: 403–439.

NASA (2003) Studying Earth's Environment from Space (http://www.ccpo.odu.edu/SEES/index.html).

Perlwitz J, Harnik N (2004) Downward coupling between the stratosphere and troposphere: The relative role of wave and aonal mean processes, J Clim, 17: 4902–4909.

Rind D, Lerner J, McLinden C (2001) Changes of tracer distributions in the doubled carbon dioxide climate, J Geophys Res, 106: 28061–28080.

Scott RK, Polvani LM (2004) Stratospheric control of upward wave flux near the tropopause, Geophys Res Lett, 31, doi 10.1029/2003GL017965.1.

Shepherd TG (1997) Transport and mixing in the lower stratosphere: a review of recent developments, SPARC Newsletter, 9, July 1997.

Shepherd TG (2002) Issues in stratospheric tropospheric coupling, J Meteorol Soc Japan, 80: 769–792.

Sherwood SC, Dessler AE (2001) A model for transport across the tropopause, J Atmos Sci, 58: 765–779.

Stohl A, Wernli H, James P, Bourqui M, Forster C, Liniger MA, Seibert P, Sprenger M (2003) A new perceptive of the stratosphere-trposphere exchange, Bull Amer Meterol Soc, 84, 1565–1573.

Trenberth KE, Stepaniak DP (2003) Seamless poleward atmospheric energy transports and implications for the Hadley circulation, J Climate, 16: 3705–3721.

Waugh DW, Hall TM (2002) Age of stratospheric air: Theory, observations, and modeling, Rev Geophys, 40, doi: 10.1029/2000R000101.

WMO (2007): Scientific Assessment of Ozone Depletion: 2006, Global ozone research and monitoring project Report No. 50, Geneva, Switzerland.

第 8 章

平流层和对流层的交换过程

....

8.1 引言

　　平流层和对流层交换（Stratosphere-Troposphere Exchange，STE）是输送空气和大气成分穿越对流层顶的大气环流的一部分。平流层和对流层是两个具有不同特征的相邻区域，它们通过辐射、化学、动力等过程耦合在一起。来自太阳的辐射加热了陆地、海洋表面和大气。热带地区加热最强，中高纬度地区加热较弱。也就是说，热带地区的对流最强，与地球其他地区相比空气上升的高度更高。

　　在对流层顶以上，臭氧对太阳辐射的吸收加热了平流层。加热在热带地区上空最强，在极地较弱，在极地的冬季加热为零。因为对流层的稳定度比平流层小得多，所以对流层的混合比平流层快得多。因此，对流层顶可以被认为是空气和污染物向上输送的屏障。如图 8.1 所示，暖空气在热带地区上升，接着冷却向极地移动。

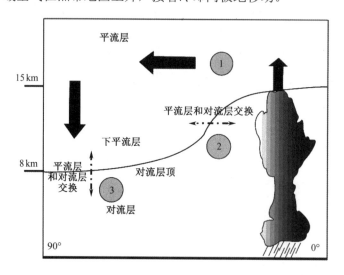

图 8.1　全球大气环流及平流层和对流层交换的方向

　　尽管平流层和对流层的动力过程是密不可分的,但这两个区域也可以被看作两个独立的部分。空气的垂直混合在对流层需要几小时到几天,而在平流层则需要几个月到几年。大气和化学成分的垂直传输,可以通过湿对流传输几个小时到达整个对流层,也可以通过中纬度地区的斜压涡旋运动传输几天到达整个对流层。另外,如果在平流层垂直输送同样高度的话,需要经历数月到数年,还要伴随辐射加热和冷却。

　　平流层和对流层垂直输送时间尺度的差异主要原因是,在对流层顶上方,随着高度的升高臭氧浓度迅速增大,而水汽浓度迅速减小。基于化学成分的差异,区分平流层和对流层的空气块成为可能。

　　中尺度 STE 可以作用于大气臭氧的分布。下平流层臭氧含量的减少和对流层臭氧含量的增加就预示着 STE 的发生(Hartmann et al.,2000)。STE 也作用于飞行器排放成分的分布,以及气溶胶和温室气体的垂直结构。

　　各种观测资料显示,人为的和自然的化学成分从对流层输送到平流层,并发生化学反应导致了臭氧损耗。另外,从平流层向下的输送,不仅清除了平流层的一些成分(包括参与臭氧损耗化学反应的成分),还把大量的臭氧和其他活跃成分输送到了对流层化学系统。

　　人为化学成分(如 CFCs)从对流层向平流层的传输,影响了平流层和对流层两个区域的化学平衡,并且为平流层的臭氧损耗提供了必要的催化剂。平流层和对流层交换还控制了以平流层和对流层为源地的气体在源和汇之间的输送率,结果就造成平流层臭氧损耗和对流层痕量气体释放之间的一个很长的时间差。

　　因此,STE 不但包括穿越对流层顶的输送,还包括对流层物质向平流层许多重要化学物质的源汇区的输送率,以及这些物质在这些源汇区的清除率。因此,考虑不同高度和纬度上的成分及其光化学敏感性,并考虑全球尺度的环流(包括平流层传输的时空结构)是必要的。

　　南半球和北半球的大气环流存在轻微的差别。南半球的海陆分布比北半球更均匀,并且南半球的极地涡旋也更强。另外,还需要考虑季节变化。南半球和北半球不同的温度场、风场的变化影响了 BD 环流。

　　图 8.2 显示了 1 月从南极到北极纬向平均的气候态温度和风场的垂直剖面。在北半球冬季(1 月),可以看到冷的热带对流层顶和北极的极地涡旋。极地涡旋从对流层顶延伸至地表以上 25 km,在北极可高达地表以上 60 km。

　　早期的大气质量和成分的平流层和对流层交换主要强调交换的天气尺度和中尺度机制。然而,Holton(1995)提出了全球尺度交换的细节特征,例如,在热带对流层顶接近 100 hPa 的高度上,通过位势温度为 380 K 的等熵面的输送,在等位势温度面与对流层顶相交时,或在中纬度地区湍流和对流输送发生时,平流层和对流层间的空气可以交换。

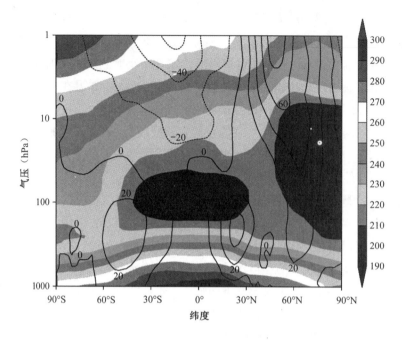

图 8.2　1957—2006 年 1 月平均温度场和风场分布（NCEP/NCAR 再分析资料）

8.2　穿越对流层顶的输送

　　平流层静力稳定度较对流层大得多。对流层顶是对流层和平流层的过渡层，常常被近似为一个物质面。热带对流层顶大致对应年平均位温为 380 K 的等熵面。温带对流层顶大致对应一个等位涡面。

　　观测显示，热带外对流层顶与 2 PVU 位涡面非常接近，其中 PVU 为标准位涡单位（1 PVU= 10^{-6} m^2 s^{-1} K kg^{-1}）。该对流层顶向下、向极倾斜，并与等熵面相交。在与其相交的等熵面上，对流层顶对应强烈的位涡梯度大值带，位涡约为 2 PVU。天气尺度的斜压涡旋和其他热带外天气扰动均会对 2 PVU 面造成强烈的、不可逆的影响。

　　由于时间尺度大于数月，穿越对流层顶的质量通量最终受与 BD 环流相关的大尺度过程的控制。图 8.3 将大气划分为上层（Overworld）、中层（Middleworld）和下层（Underworld），并显示了每层对应的动力过程。这样将平流层和对流层交换放在全球大气环流框架下来研究，有利于阐明不同机制的作用，以及多尺度间的相互作用。

　　因为对流层顶在热带平行于等熵面，在热带外与等熵面相交，所以穿越对流层顶的输送既可以沿着等熵面又可以穿越等熵面。而沿着等熵面的运动是绝热的，穿越等熵面的运动是非绝热的。因此，穿越对流层顶的输送分为绝热过程和非绝热过程两种。

　　上对流层和下平流层存在许多与对流层顶相交的等熵面，空气和化学成分可以通过绝热涡旋运动进行不可逆的输送。这会导致对流层顶产生经向位移，并且伴随着不可逆的小

尺度混合。穿越对流层顶的不可逆输送可能与天气尺度斜压涡旋的绝热过程和全球尺度的
非绝热的上升和下沉有关。

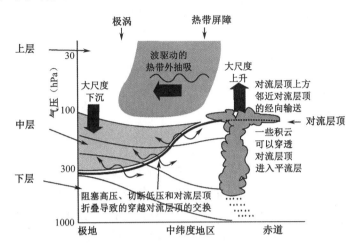

图 8.3 穿越对流层顶的平流层和对流层交换示意（引自 UGAMP）

　　如图 8.3 所示，上层的等熵面全部位于平流层。下平流层的等熵面的平均位温为 380 K
左右，因此 Holton 等（1995）使用 380 K 等熵面来确定上层的下边界，而实际边界可能
存在一定变化。该层的空气块不能直接到达对流层。空气块只能缓慢下降穿越等熵面，并
伴随非绝热冷却。下层的等熵面全部位于对流层。中层位于上层和下层之间，有时也认为
其位于对流层顶和 380 K 等熵面之间，是对流层空气和平流层空气的辐合区域（Hoskins，
1987；Holton et al.，1995）。仅由于输送的作用，该区域的臭氧和水汽混合比可以相差一
个量级，有时甚至相差几个量级。因此，研究该区域的臭氧输送是有重要意义的。

　　下平流层必须与中层的对流层部分严格加以区分，因为中层的对流层部分的对流可以
穿越等熵面将高水汽浓度、低臭氧浓度的空气进行输送。类似地，下平流层必须与平流层
的其他部分区分开，因为下平流层是平流层中唯一可以通过沿着等熵面的运动进行平流层
和对流层交换的层次。

　　中层是一个至关重要的层次，控制着热带对流层顶层和副热带急流的耦合，存在明显
的季节变化。在冬季末，中层的高纬度平流层部分与热带高于 390 K 的等熵面相联系，通
过副热带急流与低于 350 K 的上对流层相耦合。进入和通过中层的净经向风在冬季指向极
区，在夏季指向赤道，在春秋季时产生反转。这是由季风环流造成的。

　　上层的输送由 BD 环流控制，其时间尺度为季节尺度或更长的时间尺度。也就是说，
热带地区从对流层向平流层的输送强度，以及副热带地区从平流层向对流层的输送强度由
BD 环流控制，而不是由发生在对流层顶附近的小尺度局地输送过程控制。当物质从上层
进入下平流层后，再穿越对流层顶进入对流层。其穿越对流层顶的时间尺度约为季节尺度。
该过程是由许多更小尺度的副热带过程控制的，如阻塞高压、切断低压和对流层顶折叠。
而从对流层输送进入平流层也有一些更小尺度的过程，如积云对流、与锋面气旋联系的小
尺度混合过程等。

8.3　BD 环流与平流层和对流层交换

与大尺度 BD 环流相联系，当对流层和平流层之间发生净交换时，伴随着热带地区向上的净通量和副热带地区向下的净通量之间的平衡。但是，在对流层顶附近的交换过程更复杂，包括穿越副热带对流层顶的天气尺度和更小尺度的双向混合过程，以及由对流过程引起的热带对流层顶层中的垂直混合过程。在副热带下平流层之上和热带对流层顶层，空气缓慢地上升到平流层，这种交换过程主要是单向过程。

模式研究表明，气候变化会影响穿越对流层顶的空气交换。大气中二氧化碳总量的倍增会导致质量通量增加 30%（Rind et al.，2001）。气候变化同时也会导致热带对流层顶层向上的净质量通量每 10 年增加约 3%（Butchart and Scaife，2001）。当二氧化碳总量倍增时，所有的 14 种气候变化模式的模拟均表明对流层和平流层年均交换速率会增大，大约每 10 年增大 2%（Butchart et al.，2006）。该上升趋势在全年都会发生，但是平均而言北半球冬季要大于南半球冬季。

8.3.1　热带上升流

热带上升流与模式中的空气年龄有关（Austin and Li，2006），所以当平流层气候变化时，空气年龄也发生变化。如图 8.4 所示，空气年龄在 1975—2000 年明显减小，这与热带上升流增强一致，而热带上升流增强与臭氧损耗有关。

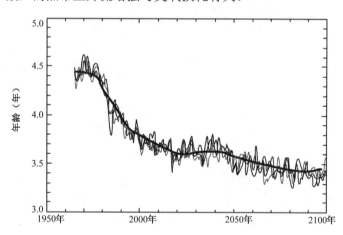

图 8.4　由 CCM AMTRAC 计算的 1960—2100 年热带上平流层空气年龄

（引自 WMO，2007；Austin and Li，2006）

当温室气体浓度和海表温度保持不变时，空气年龄也保持不变，这说明温室气体浓度和海表温度是影响空气年龄变化的主要因素。热带上升流增强和空气年龄减小，意味着长寿命的氯氟烃和其他源气体（如甲烷和一氧化二氮）的清除速度加快。

8.3.2　热带对流层顶层的变化

热带对流层顶层从地表以上 11～13 km 的温度垂直递减率最小值区，延伸到略高于冷点对流层顶的穿透性对流最高点（地表以上约 16～17 km）。根据云可以确定热带对流层顶层中辐射冷却和辐射加热过渡层，即零辐射加热层。而零辐射加热层将热带对流层顶层分为上层和下层（Ramaswamy et al.，2006）。在零辐射加热层以下，冷空气下降返回对流层；在零辐射加热层以上，暖空气上升进入平流层。

热带对流层顶层夹在温暖的对流层和寒冷的平流层之间，因此很难估算出冷点对流层顶温度的响应。图 8.5 为对流层顶的简单概念示意。若盛行对流的对流层中温度垂直递减率是常数，那么对流层增暖使对流层顶升高并增暖，冷点温度由 T_1 上升到 T_2。平流层冷却会使对流层顶进一步升高，但是会使温度由 T_2 降至 T_3（Shepherd，2002）。

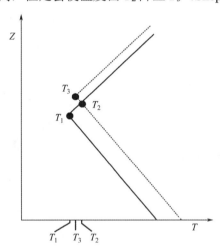

图 8.5　对流层顶温度和高度对平流层和对流层温度变化敏感性的示意。冷点 T_1 的参考廓线由实折线表示；冷点 T_2 反映了对流层增暖的廓线，由虚线和实线相交组成的折线表示；冷点 T_3 反映了对流层增暖和平流层冷却的廓线，由虚折线表示（引自 WMO，2007；Shepherd，2002）。

对流层增暖可能是对流层顶层温度变化的主要原因，因为温室气体增加导致的辐射冷却在对流层顶附近较弱。观测显示，热带对流层顶附近的温度每 10 年减小的量小于 0.4 K，这在统计意义上是不显著的（WMO，2003）。

对流层对地表增温的放大作用使热带对流层顶层温度升高；而 BD 环流增强又会使热带对流层顶层温度降低。BD 环流增强和对流增强对冷点温度有很大的影响，而二者的影响又是相反的，因此使热带对流层顶层温度演变更为复杂（Gettelman et al.，2004）。

热带对流层顶层的变化也可能会影响许多平流层大气成分的含量。一些短寿命的化学成分，如生物产生的溴化物，可能通过深对流输送穿越热带对流层顶层进入平流层。生物质燃烧产生的长寿命的化学成分，如溴化甲烷，可能以颗粒物的形式被输送穿越热带对流层顶层。学界对这些过程的了解不多，而对这些过程对气候变化的响应更是知之甚少。

因为没有深入地理解热带对流层顶层过去几十年的变化，所以对热带对流层顶层的预测能力仍极为有限。而在此区域里，还没有一套可供参考的、合并后的长期全球温度观测资料。

8.3.3　穿越热带对流层顶层的交换

热带对流层顶层的概念由 Highwood 和 Hoskins（1998）提出，其是一个位于 140 hPa～60 hPa 的过渡层，而不是一个离散的边界。他们认为，热带对流层顶层是理解平流层水平衡的关键。

热带对流层顶层是空气进入平流层的主要源区。大部分深对流不能到达冷点对流层顶，而只能到达其下方数千米处。冷点对流层顶和深对流顶部之间就形成了热带对流层顶层，其中的扰动相对较小，化学反应过程时间较长，空气可以缓慢地上升进入平流层。图 8.6 显示了对流活跃区和不活跃区上空的热带对流层顶层。

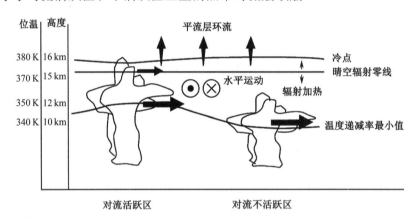

图 8.6　热带对流层顶层示意（引自 Gettelman and Forster，2002）。其中，垂直纸面向里和向外的矢量代表纬向风向，小垂直箭头代表辐射加热，大垂直箭头代表平流层环流（BD 环流）。

观测显示，卷云砧顶部很难到达 14 km，也就是说对流质量通量在地表以上 13 km 迅速减小。热带地区对流云团穿透地表以上 14 km 的概率约为 1%。在冷点对流层顶以下，臭氧浓度就开始增加。距地表 14 km 以下温度垂直递减率廓线和湿绝热递减率相差很大。

8.3.4　热带外对流层顶层的变化

热带外对流层顶层的空气位于局地热带外热力对流层顶附近。在该层，对流层空气和平流层空气会产生不可逆的混合。

在热带外对流层顶层中，臭氧存在明显的季节变化，夏季主要受生成臭氧的光化学反应的影响,冬季和春季主要受平流层向对流层输送的影响。热带外对流层顶存在升高趋势,该现象与臭氧总量的变化有关。热带外对流层顶的长期变化为研究人类活动对气候变化的作用架设了桥梁。然而,现在还不清楚热带外对流层顶的变化是否会对天气尺度或中尺度的平流层和对流层交换产生影响。

8.4　中纬度对流层顶附近的交换过程

中纬度的平流层和对流层交换存在明显的季节变化,被多种平流层过程所调制。这些过程主要有阻塞高压、切断低压、对流层顶折叠,还包括湍流混合、准等熵混合、对流性重力波破碎、深对流和辐射加热过程。对流层顶折叠的发展是可逆过程,而不可逆过程必须存在穿越对流层顶的永久性物质输送。穿越动力学对流层顶的过程很可能是不可逆过程,该过程可以使位势涡度发生变化。平流层和对流层之间大气质量和成分的交换机制和速率现在还不能确定。

行星波破碎和碎波区的建立使中纬度平流层产生扰动,这个理论已经比较完善。罗斯贝波关键层理论能够较好地解释行星波破碎(McIntyr and Palmer,1983)。从这个角度看,副热带输送屏障代表了中纬度碎波区对热带的限制。类似地,极涡输送屏障代表了碎波区对极地的限制。

8.4.1　阻塞高压

对流层大型的反气旋或者高压可以存在数天或者数周,它们被称为阻塞反气旋或者阻塞高压。阻塞高压可以通过两个过程使局地臭氧总量减少。第一,阻塞高压外围的反气旋气流把低纬度地区臭氧浓度较低的空气输送到中高纬度地区,导致局地臭氧总量减少。第二,阻塞高压对应的暖空气会使等熵面向上弯曲,导致对流层顶向上弯曲;而臭氧浓度在对流层比在平流层低,所以对流层增厚会使臭氧总量减小。另外,这两个过程还可以使平流层和对流层交换过程的持续时间增长。

8.4.2　切断低压

切断低压是从上对流层西风带或西风急流中切断或分离而形成的气旋。切断低压通常与阻塞形势有关。多数切断低压在夏季形成,并且可以持续数天。在通常情况下,它们的形成伴随着急流的弯曲和上对流层槽线的经向拉伸。当系统被切断时,其中来源于极地的空气就会被隔离。也就是说,切断低压对应低温、高位势涡度、较高浓度的高纬度地区的示踪气体。

切断低压对平流层和对流层交换过程很重要。切断低压具有大尺度积云对流,这种对流上升可以使对流层空气穿越对流层顶，并形成平流层和对流层气体垂直混合区。而对流层顶会在混合区的上方重建。

8.4.3 对流层顶折叠

对流层顶折叠是平流层和对流层交换的另一个机制，如图 8.7 所示。平流层空气下沉进入上对流层急流下方的斜压区域，这种空气入侵称为对流层顶折叠，具体见 1.6.5 节。对流层顶折叠是最主要、最有效的中纬度平流层和对流层交换过程。对流层顶折叠通常发生在切断低压的西侧。对流层顶折叠附近高臭氧浓度、低水汽浓度、高位势涡度的平流层空气向下进入对流层，而包含大量水汽、一氧化碳、气溶胶、低位势涡度的对流层空气也会向平流层输送。

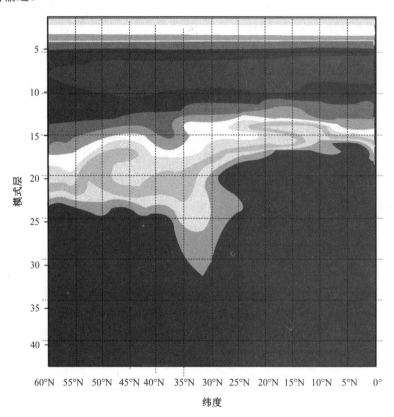

图 8.7 ECMWF 模拟的 1992 年 2 月 1 日对流层顶折叠沿 81° E 的垂直剖面，
其中显示了对流层顶和臭氧向对流层的输送（引自 SPARC，2004）。

对流层顶折叠大多发生在冬季和春季的上对流层急流附近，并且通常位于脊的下游。当平流层空气通过对流层顶折叠向下进入对流层时，其尺度会逐渐减小，并与对流层空气发生不可逆混合。因为在平流层中臭氧浓度较高，所以这种平流层入侵会使对流层臭氧浓度增大，该过程对全球对流层臭氧的贡献约为 10%。

8.5　热带对流层顶附近的交换过程

热带对流层顶附近的交换过程在近几十年一直存在巨大争议。其可能机制为：穿透性深对流穿透对流层顶，并将对流层空气输送进入平流层，如图 8.8 所示；平流层喷泉可以通过加热将空气抬升至平流层。观测显示，全年都有空气输送进入平流层，水汽和二氧化碳的季节循环就是最好的例证。

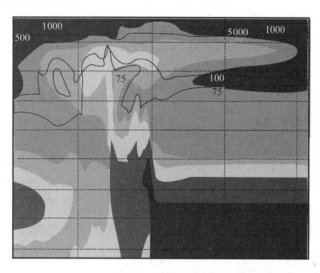

图 8.8　空气穿透对流层顶进入平流层

这些机制的相对重要性尚不清楚。定量分析从平流层进入对流层的臭氧对理解对流层臭氧收支至关重要。理解热带对流层水汽进入平流层的过程是评估平流层水汽浓度的关键。飞行器排放物的留存时间既与其排放在对流层还是平流层有关，又与穿越对流层顶的混合过程的强度有关。

穿越对流层顶输送的定量研究也较少。由表 8.1 可知，热带对流层向平流层的质量输送与热带外平流层向对流层的质量输送平衡。而在 12 月—次年 2 月热带对流层向平流层输送的质量通量要比 6—8 月输送的质量通量大得多。其原因是 12 月—次年 2 月北半球热带外向下的质量通量比 6—8 月热带外向下的质量通量大得多，也比南半球冬季和夏季热带外向下的质量通量大得多。

表 8.1 平流层和对流层之间的质量交换

通过 100 hPa 的质量通量（$10^8\,kg\,s^{-1}$）			
	冬季	夏季	年平均
北半球热带外地区	−81	−26	−53
热带地区	114	56	85
南半球热带外地区	−33	−30	−32

对流层中人类活动产生的成分被输入平流层，引发了多种损耗平流层臭氧的化学反应。而从平流层向下的输送，不仅将许多平流层成分（包括臭氧损耗气体）进行了清除，而且将臭氧和其他活性气体输送到对流层，并参与对流层的化学反应。另外，平流层和对流层交换产生的化学作用，反过来也会通过多种方式影响对流层和下平流层的辐射平衡（Ramaswamy et al.，1992；Toumi et al.，1994）。因此，平流层和对流层交换也对全球气候变化的辐射强迫存在重要影响。

8.5.1 冻干过程

20 世纪 40 年代，飞机观测资料发现平流层中的水汽含量在 5 ppmv 以下，明显低于中纬度地区局地对流层顶温度饱和时的水汽含量。Brewer 认为，所有进入平流层的空气都在温度普遍低于 195 K 的热带对流层顶经历了冻干过程。

冻干过程是空气穿越热带对流层顶时发生的过程，该过程使水汽混合比降低到空气位于或接近对流层顶时的冰面饱和水汽混合比。从对流层进入热带平流层的空气，在经过对流层顶时脱水变干，接着通过甲烷氧化或热带外的弱混合过程逐渐变得潮湿。

卫星资料显示，北半球冬季热带下平流层中的纬向平均水汽混合比最低约为 23 ppmv；随着高度和纬度的升高，纬向平均水汽混合比增大，可达 46 ppmv。因为卫星观测的垂直分辨率很低，所以热带温度和水汽的最小值很难确定。

8.5.2 大气录音机

进入热带平流层的水汽的季节变化与热带对流层顶温度的季节变化一致。与磁带经过录音机磁头时会将信号记录下来类似，空气随着大尺度环流抬升经过热带对流层顶附近时，热带对流层顶附近的饱和水汽混合比的最小值也会在抬升的空气中记录下来。因为观测到的热带与热带外的水平涡动输送的等熵混合相对较弱，所以当大尺度环流在热带上升时，空气在穿越热带对流层顶后，其水汽信号仍能保持数月。高垂直分辨率的饱和水汽混合比异常信号时间—高度图显示，饱和水汽混合比异常信号随时间增强，这表明了热带对流层顶饱和水汽混合比的季节性变化（见图 8.9）。

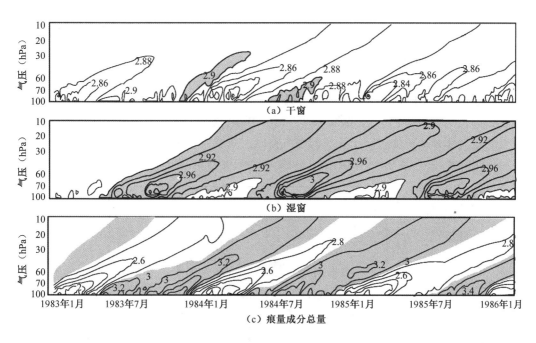

图 8.9 合成的大气录音机（引自 Mote et al., 1995, Amermican Geophysical Union）

高层大气研究卫星观测的水汽混合比资料已经证实了大气录音机效应。冻干过程导致的水汽混合比的变化信号被很好地记录在地表以上 15 km 至中平流层（见图 8.9）。邻近热带对流层顶空气的上升速度与质量通量基本一致，由北半球夏季的 0.2 mm s^{-1} 到北半球冬季的 0.4 mm s^{-1}。由于与甲烷氧化相联系的化学过程，热带外地区上层的总氢混合比是一致的，其数值接近于大气录音机记录的信号或者有轻微波动。也就是说，总氢混合比的信号仅由热带对流层顶附近的信号决定。因此，在上层，热带外空气的等熵面夹卷或气体混合很难改变该信号，只能使其减弱。该结果也证实了热带外等熵面夹卷作用较弱。

观测的水汽混合比"录音机"信号振幅显示，副热带输送屏障在上层底部的作用相对较弱，在其上空数千米处，作用最强，水平混合最强。在平流层中部，副热带输送屏障又变得很弱，特别是在准两年振荡的西风位相时。这与水平涡旋运动从副热带对流层向上层底部延伸是一致的。

穿越热带对流层顶的上升流与热带穿透性深对流的质量输送相联系。穿透性深对流对应的积雨云可以使热带低平流层进行深交换（SPARC，2000）。该过程常常发生在北半球夏季季风区，陆面条件使得积雨云对流加强、加深，而全球尺度的上升运动最小（Mote et al.，1995）。

最强的穿透事件位于"磁带"前进方向最前方的"记录头"。该"记录头"里的脱水信号最容易被保存下来。也就是说，该信号最不容易被消除，也不容易被下方的或旁边的强穿透信号所取代。深交换作用是决定"磁带"中总氢信号振幅的关键因素。它会使等熵面夹卷或混合作用在北半球夏季增强，在北半球冬季减弱。

8.5.3 平流层喷泉

平流层喷泉位于对流层空气进入平流层的区域。平流层喷泉主要发生在 11 月—次年 3 月的热带西太平洋、澳大利亚北部、印度尼西亚和马来西亚，以及夏季的孟加拉湾和印度。也就是大部分从对流层向平流层的水汽输送主要发生在 11 月—次年 3 月（Geller et al.，2002），如图 8.10 所示为卫星观测的 82 hPa 水汽浓度异常。

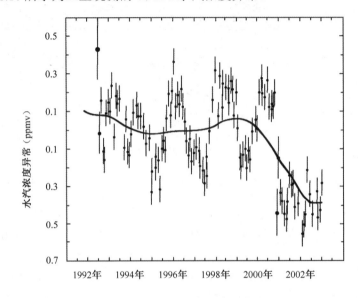

图 8.10 观测的下平流层水汽浓度异常（引自 WMO，2007）

如果按照热带对流层冷点温度的平均温度来估计冻干效应，则得到的平流层水汽浓度较观测的平流层水汽浓度大。因此，进入平流层的空气应该仅从最冷的时间和地点进入平流层。也就是说，其可能发生在北半球冬季的印度尼西亚。

为了进一步研究平流层喷泉理论，研究者比较了年平均进入平流层纬向平均的水汽体积混合比和热带对流层顶层饱和水汽体积混合比（Newell and Gould-Steuwart，1981）。进入平流层的水汽体积混合比 3.8 ± 0.3 ppmv 与热带对流层顶层的饱和水汽体积混合比 4.0 ± 0.8 ppmv 一致。然而，在热带对流层顶较冷的区域，平流层喷泉理论不成立。

另外，平流层喷泉理论还存在一些概念性的问题。卫星资料显示，对流层空气在全年都会进入平流层，并非仅在特殊季节才会进入。观测证据显示，印度尼西亚次大陆上空平流层下层的平均运动是向下的，这也与平流层喷泉理论的基本概念矛盾。观测还显示，中纬度地区平流层下层水汽含量存在增加趋势，而热带对流层顶和下平流层却存在降温趋势（Hartmann et al.，2001）。但是，平流层喷泉理论认为降温趋势应该与水汽含量减少相配合。因此，其他过程也很重要。

8.5.4　非绝热环流

对流层（地表以上 13 km）以下，晴空辐射冷却与对流潜热加热平衡。距地表 16 km 以上，辐射加热与上升流平衡，该上升流是波驱动的平流层抽吸导致的。其中，副热带波破碎非常重要。在地表以上 13～16 km，辐射加热与穿透性积云对流混合的冷却效应及 BD 环流的向下延伸平衡。

热带对流层顶层的下边界可能是混合效应的屏障。观测显示海洋上空卷云的云顶基本都在距地表 14 km 以下，也就是说对流质量通量在距地表 13 km 以上的区域迅速减小。热带对流云能够穿透地表以上 14 km 的概率约为 1%。邻近冷点对流层顶的下方，臭氧浓度开始增加。温度垂直递减率从距地表 14 km 下方开始迅速偏离湿绝热递减率（Folkins et al.，1999）。

8.5.5　热带对流层顶的热平衡

一般来说，对流层顶附近的卷云会被辐射加热；而深对流云毡上部的辐射冷却可以和下沉运动平衡。Holton 和 Gettleman（2002）猜测，纬向平流进入平流层的空气要先经过低温区，经过冻干过程，再通过辐射加热上升进入平流层。

因此，热带对流层顶附近的温度与平流层入口的水汽条件之间的关系并非像 Brewer 假设的那样简单。所以，学者们在寻找一种既可以解释观测到的平流层水汽平均值，又可以解释其时间变化的脱水机制。目前，在热带对流层顶可能的脱水机制中，有两种最为合理。一种机制涉及可以把冰晶向上输送到上对流层和下平流层的对流过程；另一种机制假设气块逐渐上升，最终穿越热带对流层顶层温度最低的区域。两种机制相配也是可能的，即对流将气块和冰晶输送至上对流层，接着逐渐脱水上升至平流层。如果仅有一种机制在起作用，那么该信息就会被记录在进入平流层的水汽中。

8.6　平流层下水道

Sherwood（2000）基于西太平洋上空存在下沉运动而非上升运动的观测证据，第一次提出了平流层下水道的概念。后来，Sherwood 和 Dessler（2001）研究了热带对流层顶层的穿透性对流，Hartmann 等（2001）研究了次网格卷云的辐射冷却对热力平衡的作用，这些均涉及平流层下水道问题。

观测到的平流层水汽浓度很小，必须由空气在经过西太平洋冷池时经历的冻干过程才能解释，但是观测显示冷池中的平均运动是下沉运动而不是上升运动。图 8.11 显示了对流层和平流层中的环流。该环流与 Gage 等（1991）的推导结果类似，但是明显偏弱。

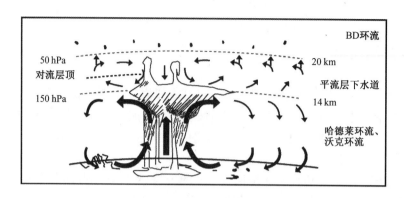

图 8.11 非绝热平均流（箭头）与深对流、对流溢出区的位置关系（引自 Sherwood，2000，American Geophysical Union）

计算得到的垂直速度廓线显示，发生平流层喷泉的地区也可能存在平流层下水道，因为该区域对流层顶的质量通量以向下为主，而非以向上为主。该下沉运动由探空资料计算得到，并仔细评估了其不确定性。另外，穿越对流层顶的补偿上升运动一定发生在热带的其他地区。该上升运动虽然还没有直接观测到，但可以通过辐射模式计算的 150 hPa 净辐射加热推测出来。

穿透性对流的冷却效应可以定性地解释这种不寻常的环流型，但还需要更多的模式和观测结果进一步验证。如果这个假设是正确的，那么非静力对流对大气环流的作用虽然不强，但可能是非常重要的。因为现有对流参数化大多是静力平衡的，所以该假设对气候模式和全球预报模式有重要的应用价值。另外，对流层顶的净垂直运动对理解夹卷机制有重要意义，而夹卷机制对定量研究进入平流层的输送通量非常重要。

8.7 交换的全球尺度动力特征：热带外抽吸

副热带地区平流层和中间层对热带地区平流层的作用与平流层和对流层交换直接相关。这个结论建立在声波和大尺度重力波在全球传输的时间尺度比其他时间尺度小这个事实基础上。早期的研究显示，副热带地区平流层和中间层持续地影响热带地区下平流层，通过某些涡旋运动驱动产生了全球尺度的流体动力学抽吸。地球自转在热带地区和副热带地区的差异是热带外抽吸的基础。

与罗斯贝波破碎和位势涡度输送有关的涡旋运动导致热带外抽吸的产生和维持。热带外抽吸使热带地区空气向上运动，非绝热冷却使温度低于辐射平衡温度，使高纬度地区的空气（特别是在冬季和春季）下沉，非绝热增温使温度高于辐射平衡温度。

这种全球尺度的机械式抽吸通常被认为是波驱动的环流。图 8.12 是平流层中波驱动环流的示意（Holton，2004）。该抽吸解释了观测温度与辐射平衡温度的差异，控制了长寿命示踪化学成分的寿命，如氯氟烃、一氧化二氮、甲烷等。许多研究都证实了热带外抽吸现象，但是其强度、季节循环、年际变化、精确路径等尚不清楚。

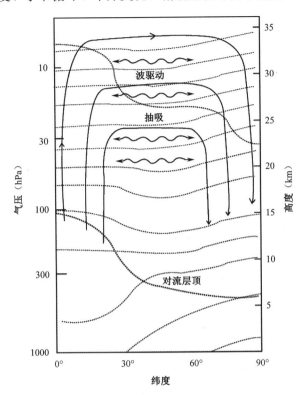

图 8.12　平流层中波驱动环流的示意。虚线表示等熵面，实线表示波强迫驱动的经圈环流，
波浪形箭头表示天气尺度涡旋引起的经向输送（引自 Holton，2004，Elsevier）。

8.8　波驱动环流的数学表达

基于理论模型（McIntyre，1992；Holton et al.，1995；Haynes，2005），可以讨论平流层和对流层交换过程中全球尺度动力过程的物理原理。对于纬向对称大气，单位质量的波作用力是 $\overline{G}$。

纬向动量方程为

$$\frac{\partial \overline{u}}{\partial t} - 2\Omega \sin \varphi \, \overline{v}^* = \overline{G} \tag{8.1}$$

该式表明波作用力与纬向风加速度加上经向运动导致的科氏力平衡。

热成风方程为

$$2\Omega \sin \varphi \frac{\partial \overline{u}}{\partial t} + \frac{R}{aH} \frac{\partial \overline{T}}{\partial \varphi} = 0 \tag{8.2}$$

该式表明纬向风的垂直切变与温度的经向梯度成比例。风场和温度场的耦合要在纬向流是静力平衡和地转平衡的假设下才能存在。

热力学能量方程为

$$\frac{\partial \overline{T}}{\partial t} + \overline{w}^* \left[\frac{HN^2}{R} \right] = \overline{Q}_s + \overline{Q}_t(\overline{T}) \tag{8.3}$$

该式表明净非绝热加热与垂直运动导致的绝热加热加上局地温度变化平衡。式中非绝热加热分为两部分，二者有明显差异。一部分是和温度无关的非绝热加热，其或多或少与短波辐射加热有关；另一部分非绝热加热强烈地依赖于温度，与净辐射加热率的性质有关，与长波辐射加热相联系。

质量连续方程为

$$\frac{1}{a\cos\varphi} \frac{\partial}{\partial \varphi} \left(\overline{v}^* \cos\varphi \right) + \frac{1}{\rho_0} \frac{\partial}{\partial z} (\rho_0 \overline{w}^*) = 0 \tag{8.4}$$

该式将纬度—高度平面中风速的经向分量和垂直分量联系起来。风速的经向分量和垂直分量通常被当作经圈环流。

在上面的这些公式中，φ 是纬度，z 是高度，Ω 是地球自转角速度，R 是干空气气体常数，H 是对数压力坐标系下的标高，a 是地球平均半径，ρ_0 是标准状态下的密度，其正比于 $\mathrm{e}^{-z/H}$，$\overline{Q}_s$ 与 $\overline{Q}_t(\overline{T})$ 是短波与长波辐射加热率，$\overline{u}$ 是纬向风分量，$\overline{T}$ 是温度，$\overline{v}^*$ 和 $\overline{w}^*$ 分别是经向速度分量和垂直速度分量。波作用力 $\overline{G}$ 可以通过 $\overline{u}$、$\overline{T}$、$\overline{v}^*$ 和 $\overline{w}^*$ 等纬向对称场来描述。该方程应能够描述全球尺度的抽吸过程。

式（8.1）～式（8.4）可以被看作未知量 $\partial \overline{u}/\partial t$、$\partial \overline{T}/\partial t$、$\overline{v}^*$ 和 $\overline{w}^*$ 的预报方程。为了简化计算并关注重要的时间尺度，假设其为谐波变化，频率常数为 σ，则有

$$\overline{G} = \mathrm{Re}(\widehat{G}\mathrm{e}^{\mathrm{i}\sigma t}) \tag{8.5}$$

$$\overline{Q}_s = \mathrm{Re}(\widehat{Q}\mathrm{e}^{\mathrm{i}\sigma t}) \tag{8.6}$$

$$\overline{w}^* = \mathrm{Re}\left[\widehat{w}(\varphi,z)\mathrm{e}^{\mathrm{i}\sigma t} \right] \tag{8.7}$$

式中，$\widehat{G}$、$\widehat{Q}$、$\widehat{w}$ 代表复振幅。

为了参数化非绝热加热的热弛豫，假设 $\overline{Q}_t = \alpha\overline{T}$，其中 α^{-1} 表示固定时间尺度下的牛顿冷却。可以将式（8.1）～式（8.4）整合为一个方程，即

$$\frac{\partial}{\partial z} \left(\frac{1}{\rho} \frac{\partial (\rho_0 \widehat{w})}{\partial z} \right) + \left(\frac{\mathrm{i}\sigma}{\mathrm{i}\sigma + \alpha} \right) \frac{N^2}{4\Omega^2 a^2 \cos\varphi} \frac{\partial}{\partial \varphi} \left(\frac{\cos\varphi}{\sin^2\varphi} \frac{\partial \widehat{w}}{\partial \varphi} \right)$$

$$= \left(\frac{\mathrm{i}\sigma}{\mathrm{i}\sigma + \alpha} \right) \frac{(R/H)}{4\Omega^2 a^2 \cos\varphi} \left[\frac{\partial}{\partial \varphi} \left(\frac{\cos\varphi}{\sin^2\varphi} \frac{\partial \widehat{Q}}{\partial \varphi} \right) \right] + \frac{1}{2\Omega a \cos\varphi} \frac{\partial}{\partial \varphi} \left(\frac{\cos\varphi}{\sin\varphi} \frac{\partial \widehat{G}}{\partial z} \right) \tag{8.8}$$

通过该方程可以研究波作用力和短波加热对经圈环流的非局地控制。波活动可以通过改变位势涡度场对垂直速度产生局地响应和非局地响应。除波强迫作用外，方程等号右侧的短波加热项的作用也很重要。当频率较高时，方程左右两边的 $\mathrm{i}\sigma/(\mathrm{i}\sigma + \alpha)$ 约为1，热弛豫可以被忽略。

思考题

8.1 什么是平流层和对流层交换？BD 环流是如何参与平流层和对流层交换的？

8.2 讨论上对流层和下平流层在平流层和对流层交换中所起的作用。

8.3 讨论穿越热带外对流层顶的交换过程。

8.4 什么是冻干过程？解释发生在热带对流层顶区域附近的交换过程。

8.5 气流穿越对流层顶需要哪些条件？发生在热带和热带外的穿越对流层顶的交换过程有哪些不同特征？

8.6 阻塞高压如何影响平流层和对流层交换？阻塞高压如何减少其上空的臭氧总量？

8.7 对流层顶折叠需要哪些条件？对流层顶折叠在混合平流层的高臭氧浓度空气和和对流层的湿润高密度空气起到了什么作用？

8.8 大气录音机指什么现象？为什么如此命名？我们能从下平流层得到什么信息？

8.9 解释短语"平流层喷泉"和"平流层下水道"。它们是如何影响热带平流层和对流层交换的？

8.10 什么是"热带外抽吸"？从热带外平流层影响热带平流层的角度，讨论"热带外抽吸"与平流层和对流层交换的联系。

参考文献

Mote PW, Rosenlof KH, McIntyre ME, Carr ES, Kinnersley KH, Pumphrey HC, Harwood RS, Holton JR, Russel III JM, Waters JW, Gille JC (1995) An atmospheric tape recorder: the imprint of tropical tropopause temperatures on stratospheric water vapour, J Geophys Res, 100: 8873–8892.

Newell RE, Gould-Steuwart S (1981) A stratospheric fountain? J Atmos Sci, 38: 2789–2796.

Ramaswamy V, Schwarzkopf MD Shine KP (1992), Radiative forcing of climate from halo-carbon induced global stratospheric ozone loss, Nature, 355: 810–812.

Ramaswamy V, Schwarzkopf MD, Randel WJ, Santer BD, Soden BJ, Stenchikov GL (2006), Anthropogenic and natural influences in the evolution of lower stratospheric cooling, Science, 311 (5764): 1138–1141.

Rind D, Lerner J, McLinden C (2001) Changes of tracer distributions in the doubled CO_2 climate, J Geophys Res, 106 (D22): 28061–28080.

Shepherd TG (2002) Issues in stratosphere-troposphere coupling, J. Meteorol. Soc. Japan, 80(4B): 769–792.

Sherwood SC (2000) A stratospheric drain over the maritime continent, Geophys Res. Lett., 27: 677–680.

Sherwood SC, Dessler AE (2001) A model for transport across the tropical tropopause, J Atmos Sci, 58(7): 765–779.

SPARC (Stratospheric Processes And their Role in Climate) (2000), SPARC Assessment of Upper Tropospheric and Stratospheric Water Vapour, D. Kley, J.M. Russell III, and C. Phillips (eds.), World Climate Research Progam Report 113, SPARC Report No. 2, 312, Verrires le Buisson, France.

Toumi R, Bekki S, Law KS (1994) Indirect influence of ozone depletion on climate forcing by clouds, Nature, 372: 348–351.

UGAMP (The UK Universities Global Atmospheric Modelling Program) A new understanding of stratosphere troposphere exchange, NERC. http://www.ugamp.nerc.ac.uk/research/brochure/pictures/wave pump.gif.

WMO (World Meteorological Organization) (2003) Scientific Assessment of Ozone Depletion: 2002, Global Ozone Research and Monitoring Project Report No. 47, Geneva, Switzerland.

WMO (World Meteorological Organization) (2007) Scientific Assessment of Ozone Depletion: 2006, Global Ozone Research and Monitoring Project Report No. 50, Geneva, Switzerland.

第9章

平流层对对流层天气、气候的影响

• • • • • • • •

9.1 引言

　　对流层天气、气候变化可以通过改变辐射、动力、传输过程及化学成分影响富含臭氧的平流层。同样，平流层变化也可以通过辐射过程及其导致的温度梯度变化影响大气动力过程，从而影响气候。因此，对流层天气、气候系统与平流层的热力结构、动力过程和臭氧层的演变耦合在一起。因为许多相互作用是非线性的，所以理解所有的这些相关过程变得更加复杂。

　　越来越多的证据表明，平流层过程是通过各种各样的时间尺度来影响对流层环流的。对流层环流也可能与平流层在较长时间尺度上存在联系。例如，人们发现与臭氧损耗相关的平流层强迫，像火山气溶胶和准两年振荡也在地表气候中有所体现。这种耦合可能对更好地模拟与温室气体长期变化相关的、人为因素导致的气候变化有重要作用。Holton 等（1995）在如图 9.1 所示的系统中讨论了平流层与对流层相互作用中的各种因素。

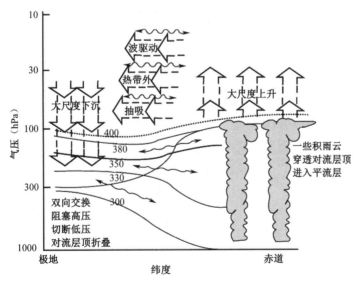

图 9.1　平流层与对流层相互作用和交换的基本动力机制（引自 Holton et al.，1995，American Geophysical Union）

对流层影响平流层主要通过大气波动的垂直传播。平流层将这种从下而来的，混乱变化的波强迫进行调整，并使平流层环流产生长期的变化。这些平流层的长期变化可以通过返回对流层的波动进行反馈，并长时间地作用于对流层天气、气候系统。理解平流层对天气、气候影响的关键是认识到大气的变化通常是非常缓慢的，而平流层的变化影响了地表的天气和气候。

9.2 平流层与对流层相互作用的辐射强迫

对流层通过温室气体（主要为二氧化碳和水汽）吸收地面向外的红外辐射而被加热。由于温室气体的潜热加热和辐射冷却，对流层处于辐射平衡状态。然而，在平流层，增加的温室气体向外辐射的红外辐射比其吸收的要多，因此导致了净的辐射冷却。因为向外的红外辐射随着局地温度升高而增加，所以冷却效应随着高度上升而增强，在平流层温度最高的平流层顶达到最强。

平流层冷却效应受地面辐射吸收和局地辐射释放之间的平衡控制，因此其随纬度变化而变化。由于对流层顶净辐射通量变化可以有效地指示地表温度变化，因此一般用其作为辐射强迫。

要弄清平流层臭氧变化的辐射强迫，就必须分清瞬时的作用和平流层温度调整后的作用。下平流层的臭氧损耗导致了通过对流层顶太阳短波辐射的瞬时增加和长波辐射的瞬时减小，即净瞬时辐射强迫为正。

然而，臭氧减少导致太阳和地面辐射吸收减少，产生局地冷却。在平流层调整后，下平流层的臭氧损耗的总辐射强迫为负；与之相反，中平流层和上平流层的臭氧损耗导致了微量的正辐射强迫。对臭氧变化辐射强迫最敏感的区域在对流层顶附近，温度对臭氧变化的响应也在该区域达到峰值（Forster and Shine，1997）。但是，定量地描述平流层臭氧变化对温度的影响比估计辐射强迫要复杂得多。

图 9.2 显示了 1980—2000 年全球平均温度趋势。该结果是使用观测的臭氧、温室气体变化及理想的水汽趋势强迫模式得到的。观测表明，在过去 20 年里平流层存在冷却（WMO，2007）。卫星和无线电探空资料显示，下平流层全球平均温度在 1979—2005 年总下降趋势约为 0.5 K decade^{-1}，在 20 世纪 90 年代末降温出现减缓。与 1982—1991 年大型的火山爆发事件对应，总温度趋势存在短暂的上升，暂时打断了降温趋势。模式计算表明，在这段时间，观测的臭氧含量减少是降温的最主要原因。下平流层降温在所有的纬度上都很明显，特别是在南极和北极冬春的下平流层，但是降温存在明显的年际变化。

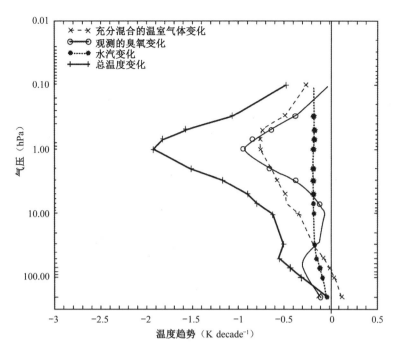

图 9.2　1980—2000 年全球年平均温度趋势（引自 Shine et al.，2003）

9.3　波导致的相互作用

　　虽然平流层和对流层在很多方面存在明显差别，但是大气是连续的，因此在平流层与对流层之间波动的垂直传播和其他的动力过程相互作用。平流层与对流层的动力耦合主要体现在波动的动力作用。各种各样的波发源于对流层，向上传播至平流层甚至更高的地区，接着波破碎耗散，改变了平流层环流的时空结构。传统的观点认为，平流层仅被动地受到对流层的作用，而现在越来越多的研究表明平流层也能影响对流层的演变和发展。当然，平流层的热力结构及其季节变化基本上依赖于对流层产生波动导致的动力过程。

　　在北半球冬季，大地形和海陆热力差异会激发大尺度行星波，并向上传播至平流层，产生折射和反射。在行星波与基本流相互作用过程中，其对动量进行传输。行星波在平流层破碎，使极地涡旋强度产生异常波动。这种时间尺度为几周的异常波动会向下平流层传播，其影响可以在下平流层持续一两个月。10 月—次年 4 月，当平流层的风向为西风时，这种作用才能产生。在夏季，平流层的波活动很弱。

　　热带外平流层的气候状态是由波活动的动力作用和辐射加热的热力作用共同控制的。夏季平流层的东风阻碍了行星波的上传，所以夏季平流层比冬季平流层要稳定、少变。由于海陆分布的不均匀性对行星波的产生起到重要作用，再加上北半球的海陆分布不均匀性要比南半球强，因此北半球冬季平流层的行星波活动比南半球冬季的行星波活动强得多。

9.3.1　行星波

在地球表面的不均匀性和太阳辐射的热力、动力过程的共同作用下，大气行星波在对流层产生，并在一定条件下向中层大气传播，调制平流层环流和臭氧等化学成分的分布。图 9.3 显示了北半球［见图 9.3（a）］和南半球［见图 9.3（b）］月平均 10 hPa 位势高度的行星波振幅的季节变化。为了比较南半球的冬季和北半球的冬季，时间坐标轴进行了调整。

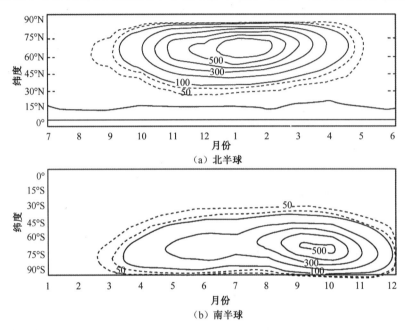

图 9.3　北半球和南半球月平均 10 hPa 位势高度的行星波振幅的季节变化（引自 NASA）

行星波总是很不稳定，与基本流存在相互作用，并相互耦合。在中高纬度地区，行星波向上、向赤道传播，在准两年振荡的东风位相时比在西风位相时明显要强，对应较大的 EP 通量。通过调制行星波的传播，热带准两年振荡对北半球行星波振幅和剩余环流的变率有显著影响。在冬季，行星波振幅在东风位相时比在西风位相时要强。行星波活动对平流层与对流层耦合，如准两年振荡和平流层爆发性增温等现象的作用，会在后面的章节进行介绍。

9.3.2　重力波

重力波对平流层环流起到重要作用。一般认为，中层大气的重力波主要来自对流层，但关于其波源的细节和定量描述仍不清楚。陈泽宇和吕达仁（2001）利用非静力平衡的数值模式，耦合了云微物理参数化方案，模拟了由深对流激发的平流层重力波。模拟结果表明，在穿透对流层顶深对流的作用下，出现了 3 个区域，即波动能量供给区、波动激发区、波动生成区，它们导致了波的产生。

在典型的冬季北半球中纬度条件下，地形重力波的垂直传播频谱是高度和水平尺度的函数，如图 9.4 所示。图中，l^2 表示 Scorer 参数，与静力稳定度、风速和曲率有关；k 是纬向波数。地形重力波有较长的水平波长，因此在较低的层次就能被捕获（Kim et al.，2003）。

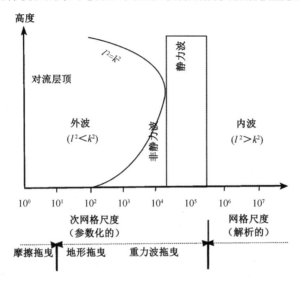

图 9.4　平流层与对流层重力波强迫（引自 Kim et al.，2003，Canadian Meteorological and Oceanographic Society）

重力波在对流层顶引起的动量通量约为 $0.3\ \mathrm{N\ m^{-1}}$，这与冬季地形激发的重力波的强度相当。因为强对流经常发生在东亚夏季中纬度地区，所以在该地区应该存在显著的重力波源。事实上，重力波也可以由平流层过程激发。

根据平流层爆发性增温的观测结果，准定常行星波的向上传播可以导致平流层的非地转运动，从而导致强地转偏差和长时间尺度的强重力波。黄荣辉和陈金中（2002）利用线性正压谱模式模拟了该重力波的激发机制，结果表明平流层地转适应也是中层大气重力激发的一种机制。

岳显昌和易帆（2001）的数值模拟工作显示，经过几个波包周期后，重力波包可以稳定上传，并较好地保持其形状，内点和边界保持稳定，波相关扰动速度及垂直运动的波振幅随波包传播高度的上升而增大。在非线性条件下，重力波包仍然能够保持一些线性传播的特征。

9.4　准两年振荡在耦合过程中的作用

准两年振荡是热带平流层变率的最主要模态，表现为波动驱动的准周期（2～3 年）平均纬向风反转的下传。准两年振荡的周期为 2～3 年，有时为 1 年。观测发现，准两年振荡影响了全球平流层环流，调制了热带和热带外的许多现象，如冬季极涡的强度和稳定性，以及臭氧和其他气体的分布（Baldwin et al.，2001）。

图 9.5 为北半球冬季准两年振荡的动力机制示意（Baldwin et al.，2001）。在热带地区，平流层准两年振荡由向上传播的重力波、重力惯性波、开尔文波和罗斯贝波驱动。在中高纬度地区，平流层准两年振荡由行星波驱动。当准两年振荡为东风位相时，热带地区的风廓线与观测风廓线接近，其范围扩展到了中间层，甚至到达了距地表 80 km 以上。

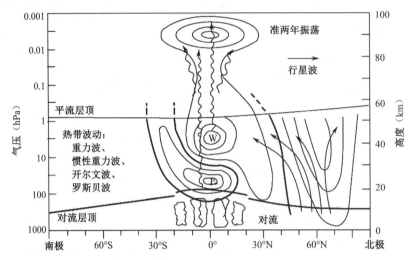

图 9.5　北半球冬季准两年振荡的动力控制示意（引自 Baldwin et al.，2001，American Geophysical Union）

准两年振荡由热带的各种波动驱动，其中重力波主要由热带深对流激发。在北半球隆冬，平流层准两年振荡的影响可延伸至地表。还有观测证据显示，准两年振荡调制了热带和副热带对流层的厚度，从而影响对流、季风环流和飓风。

尽管准两年振荡的振幅在离开赤道后迅速减小，可是观测和理论均显示准两年振荡可影响更广大的区域。通过波动耦合，冬季准两年振荡影响了热带外平流层，尤其在行星波振幅较大的北半球。准两年振荡除影响大气环流外，还影响大气成分，如臭氧。在冬季北半球高纬度地区，准两年振荡对于极涡的调制可能会下传影响对流层。观测显示热带对流层也存在准两年振荡信号，这可能与平流层准两年振荡有关。另外，准两年振荡与上平流层、中间层甚至电离层的变率有关（见图 9.5）。

9.4.1　准两年振荡对平流层和中间层的作用

尽管观测到的准两年振荡局限在 25°S～25°N，可是其影响遍布了整个平流层（Naito and Hirota，1997）。准两年振荡通过调制行星波与热带外平流层进行耦合。冬季，平流层盛行强劲的西风，因此行星波从对流层向上传播，并在平流层向赤道折射。通过调整行星波方向、反射和吸收，冬季准两年振荡影响了高纬度地区，尤其在行星波最强的北半球。观测显示，行星波传播的季节变化和准两年振荡共同调制了大气的动力过程（如温度、风、波振幅、位势涡度），以及大气的化学成分，如臭氧、二氧化氮、气溶胶、水汽和甲烷（Zawodny and McCormick，1991）。在冬季和春季，准两年振荡影响了南北半球副热带的臭氧变率。

平流层准两年振荡强烈影响了平流层顶准半年振荡西风位相的下传。在中间层顶附近，观测显示存在明显的准两年振荡，其可能由下方上传的小尺度重力波驱动。Chen 和 Robinson（1992）指出了准两年振荡与电离层赤道电离异常间的统计联系。其可能机制为：行星波调制了潮汐风，通过发电机效应，使电离层 E 区电场产生变化，该异常能沿着地磁场磁力线传播至电离层 F 区，从而导致赤道电离异常。

9.4.2　准两年振荡对对流层的作用

准两年振荡对对流层的影响很可能是存在的，但是尚不完全清楚。Gray（1984）阐述了准两年振荡与飓风的形成之间存在显著联系。赤道对流层准两年振荡的时间尺度存在变化，其与平流层准两年振荡的直接联系还不清楚。准两年振荡可能通过影响平流层极涡，进而影响北半球高纬度对流层。平流层平均纬向风与对流层中层的北大西洋涛动之间存在很强的耦合，但其成因和影响尚不清楚。其可能原因是准两年振荡导致的高纬度风异常下传，并进入了对流层（Gray，2003；Gray et al.，2004）。

9.4.3　平流层准两年振荡和对流层两年振荡

热带对流层温度存在 20～32 个月的两年振荡（Sathiyamurthy and Mohanakumar，2002）。对流层两年振荡（TBO）的温度位相从地表到对流层顶是一致的，其与季风降水的强度相关。对流层顶温度既表现了平流层准两年振荡信号，又表现了对流层两年振荡信号。图 9.6 显示，平流层准两年振荡与对流层两年振荡的位相在 1971—1981 年不同步，而在 1982—1992 年同步；而纬向风的准两年振荡则不存在年代际变化。

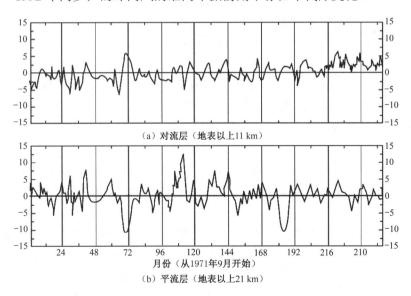

图 9.6　对流层和平流层月平均温度异常的年代际变化（引自 Sathiyamurthy 和 Mohanakumar，2000）

9.5 平流层爆发性增温与平流层和对流层相互作用的联系

行星波从对流层向上传播，其振幅迅速增大，导致了平流层爆发性增温（SSW）。行星波沉积了向西动量，并引发了一个很强的经圈环流。该经圈环流，通过绝热加热导致极地平流层大幅增温。

冬季，对流层行星波沿着西风急流传入平流层。而在北半球冬季，平均纬向风异常缓慢地从副热带平流层传入极地下平流层和对流层。平流层爆发性增温事件的发生与平均纬向风异常的缓慢传播有关，相应地，对流层异常表现出了环状模结构（Kodera et al.，2000）。Baldwin and Dunkerton（1999）也指出，北极涛动从平流层下传到对流层也与平流层爆发性增温有关。

平流层增温和下行控制理论

平流层中大部分变化都与行星波的变化有关，平流层增温也不例外。在对流层，波驱动对西风急流的经向变化也是很重要的，但这种驱动作用是由瞬变斜压波和准定常行星波造成的。虽然平流层环状变化和对流层环状变化有时会相互耦合，但是对流层环状变化有时也会独立于平流层环状变化（Kodera and Kuroda，2000）。低频准正压波可能对对流层环状模的极性变化很重要，而高频斜压波似乎对维持这些异常至关重要（Lorenz and Hartmann，2001，2003）。

Limpasuvan 等（2005）利用美国国家环境预报中心和美国国家大气研究中心的 44 年北半球再分析资料，合成分析了平流层增温事件的相关流场。将 50 hPa 纬向流场第一模态异常作为挑选平流层增温事件的标准，选出的时间与几次强或弱平流层增温事件相符。合成分析显示了北半球冬季平流层增温事件前期和后期通过统计显著性检验的相应结构。

平流层信号下传与向下控制理论密切相关。在向下控制理论中，波驱动作用的影响也可以下传。在平流层强增温事件中，波驱动下传到下平流层，并强迫对流层产生响应。当纬向风异常进入对流层时，其造成的波动传播和斜压不稳定的变化会导致正反馈，并通过天气尺度波动加强初始强迫。

数值模拟结果显示，平流层强迫对对流层气候产生的影响比预计的影响要大（Hartmann et al.，2000；Shindell et al.，2001）。由于平流层增温动力学的非线性，平流层或对流层风的微小变化可以导致平流层强增温事件概率的改变，这对平流层和对流层气候有巨大影响。

南北半球的平流层增温事件均能通过环状模强烈地对平流层和对流层的相互联系产生影响。北半球 44 年资料对平流层增温事件的合成分析表明，天气尺度波动对对流层环流形势的突变极为重要，该作用在平流层主要由行星波的波强迫来驱动。该合成分析还指出，平流层波拖曳和纬向风响应能够使对流层模态自发地发生变化。

9.6 平流层极涡和对流层天气

观测显示，平流层极涡强度可能对对流层环流产生影响。极涡并没有使对流层产生新的变化模态，只是激发了对流层原有的变化模态。

极涡是平流层冬季的一个特征。极地上空空气通常逆时针运动。因为极涡可以与来自对流层的行星波相互作用，所以极涡强度变化的时间尺度很长。当极涡较强时，西风带可以延伸至地表，西风可以从海洋向陆地输送更温暖的空气；当极涡较弱时，往往会发生极端低温事件。这些联系对天气预报是有意义的。

为了解释以上联系，Song 和 Robinson（2004）提出了一个动力机制。他们认为，平流层强迫通过向下控制机制轻微地影响了北极涛动，该影响通过与对流层瞬变涡动的相互作用，增幅了对对流层的强迫。

9.7 平流层与对流层耦合和向下传播

学界对平流层环流异常影响对流层的动力机制知之甚少。当前，大多数天气或气候数值模式都没有很好地描述平流层过程。观测显示，对流层顶的涡旋热通量与中平流层平均纬向风场有很好的相关性，这表明平流层异常可能由对流层的异常波动活动控制（Baldwin et al.，2003a，2003b）。到底是平流层仅响应了从对流层上传的波动通量，还是平流层调制了这些波动通量，相关机制尚不清楚。

低频纬向风变化从上平流层向下对流层的下传，是这种向下影响的一个重要表现。Sigmond 等（2004）利用环流资料，为平流层影响对流层的动力机制提供了证据。欧洲中期天气预报中心的再分析资料显示，冬季北半球热带外经圈环流可以将异常下传。冬季，平流层经向质量通量的变化时间较对流层经向质量通量的变化时间早 1 天左右。通过质量守恒，该延迟与中纬度地表气压经向梯度、中纬度地表纬向风的变化相关。

9.7.1 北极涛动对气候的影响

越来越多的证据表明，北极涛动对北半球有广泛的、独特的影响。有证据显示，与北极涛动相联系的北半球绕极西风加速，可能导致斯堪的那维亚和西伯利亚地区的暖冬和平流层臭氧层变薄；还可能使北极极冰变薄，从而导致地表风场的显著变化。

北极涛动是极地气压与中纬度地区气压在正负位相间波动的跷跷板现象。在负位相时，极地气压较气候平均值偏高，而 45°N 气压偏低；正位相的情况相反。北极涛动使得海洋风暴偏北，阿拉斯加、苏格兰和斯堪的纳维亚更加潮湿，而加州、西班牙和中东则更加干燥。1950—2007 年 3 个月滑动平均的标准化北极涛动指数的时间序列如图 9.7 所示。

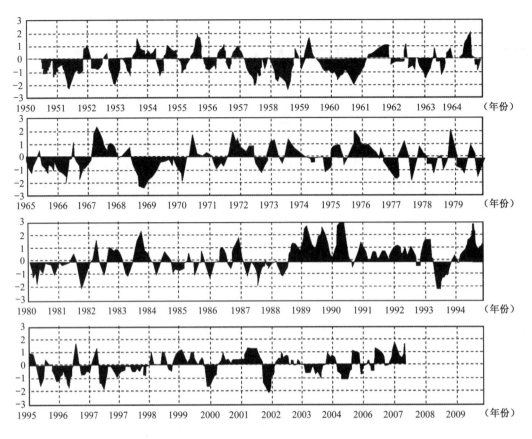

图 9.7　1950—2007 年 3 个月滑动平均的标准化北极涛动指数的时间序列（引自 National Weather Service，NOAA）

　　南半球也存在几乎相同的现象，称为南极涛动。南极涛动对半球绕极西风加速的影响更强，其原因是北半球海陆分布不均较南半球更严重，所以北半球地形对绕极西风加速的阻碍作用较强。

　　冬季，北极涛动延伸至平流层。平流层对北极涛动的影响与其他主要气候系统对平流层的影响差别很大。当北极涛动位相变化时，绕极环流增强或减弱基本上从平流层开始，接着延续到低层大气。赤道太平洋的厄尔尼诺的影响从海洋开始，接着向上影响对流层大气、平流层大气（Baldwin，2000）。

　　北大西洋涛动是北极涛动的一部分，其涉及整个半球的大气环流。北半球绕极环流增强的趋势可能可以被平流层的一些过程触发。通过增大温室气体浓度，气候模式已经可以模拟出北大西洋涛动的变化趋势。

　　对流层的主要环流模态与平流层环流强度之间存在很强的联系。平流层冬季极涡强度与对流层北大西洋上空的环流存在显著的关联（Kodera et al.，1990；Baldwin et al.，1994；Perlwitz and Graf，2001）。一般而言，在北大西洋涛动或北极涛动的正位相，冬季平流层极涡异常偏强，穿越大西洋的西风增强，可能还伴随着行星波垂直传播的异常。

　　平均纬向气流对行星波垂直传播的影响是垂直方向耦合的原因之一。北极涛动可以很好地度量平流层与对流层的环流耦合。图 9.8 所示为 40 年北极涛动 1000 hPa 至 10 hPa 的时间—高度变化。图中垂直方向上有很强的一致性，表明了平流层与对流层环流存在耦合。北极涛动可以独立地存在于平流层，特别是除冬季以外的季节。图 9.8 还显示了平流层巨大的环流异常可以下传至地表，其下传的平均时间约为 3 周。这种下传是存在变化的，在部分冬季并不发生。下传机制可能为波流相互作用，但细节并不清楚。

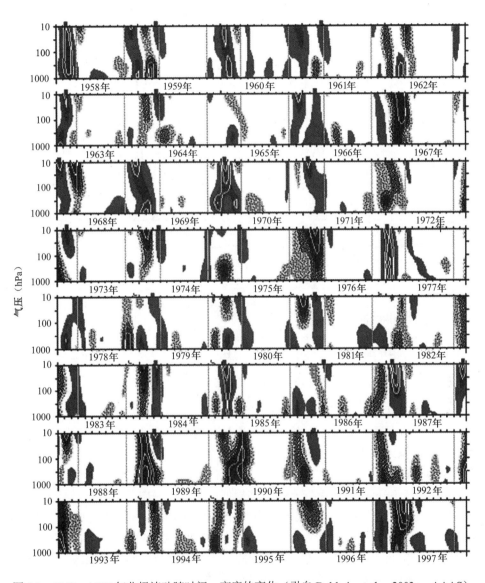

图 9.8　1958—1997 年北极涛动随时间—高度的变化（引自 Baldwin et al., 2003a, AAAS）

　　图 9.9 显示了 75 天低通滤波后北极涛动的特征模态。中平流层北极涛动大约经过 3 周下传至对流层，并在对流层形成相应模态。正负异常均能下传，但是并不是每次异常都会下传。

平流层爆发性增温与北极涛动之间的紧密联系同样能在图 9.9 中体现出来。在平流层增温期间，极涡较弱，对应负的北极涛动指数。在大多数增温事件中，不同层次的北极涛动指数可以作为统计指标，在垂直方向上追踪增温过程。另外，平流层爆发性增温可以下传至地表，这与许多爆发性增温的天气学研究结果相符。例如，Scherhag 等（1970）认为，一些强爆发性增温事件开始于地表以上 60 km，在某些情况下可以下传至地表。

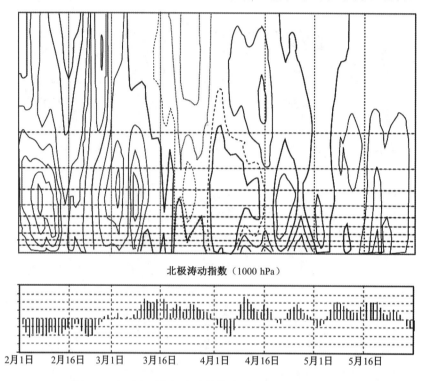

北极涛动指数（1000 hPa）

2月1日　2月16日　3月1日　3月16日　4月1日　4月16日　5月1日　5月16日

图 9.9　中平流层北极涛动的特征模态（引自 NOAA）

赤道平流层准两年振荡强迫可以影响北极涛动。准两年振荡似乎可以影响北极涛动的位相与强度，特别是影响其平流层的部分。这与准两年振荡对极涡强度的影响是一致的。当准两年振荡为东风位相时，北极涛动往往为负位相，对应极涡偏弱。

冬季平流层平均纬向风异常往往向北、向下传播（Kodera et al.，2000）。该结果得到数值试验的证实，在试验中环流异常从中间层低层开始缓慢向北、向下传播，历经 2～3 个月。平均纬向风的经验正交函数分析的前两个空间型可以很好地描述这种传播，尤其是在爆发性增温时期。该过程的天气学解释为，爆发性增温事件的发展，伴随着极涡减弱和增暖下传，有时增暖会下传至地表。该过程的标志性现象是极地急流振荡（Kodera et al.，2000）。而北极涛动与极地急流振荡的联系尚不清楚。

似乎需要通过一种放大效应，平流层才能对海平面气压造成显著影响。天气尺度波动与锋面的联系在上对流层很强。二者的联系可以延伸数千米到达平流层。在该区域，这些波动和平流层风场异常同时存在，而平流层风场异常能影响天气尺度波动，变化后的波动又可以影响对流层环流。该对流层环流的响应与北极涛动相对应。平流层极涡与北极涛动的联系可以很好地应用于气候变化趋势和对流层气候响应的预测。但是，其细节尚不清楚。

9.7.2 环状模

环状模是极地和低纬度地区南北质量交换气候变率的半球空间模态。环状模可以很好地描述平流层气候变率在对流层的特征。在平流层和对流层半球气候变率上，环状模解释的方差比其他任何气候模态都要大。因为在月时间尺度上，对流层环状模和平流层环状模紧密地耦合在一起，所以环状模的时间序列可以在某种程度上描述平流层和对流层的耦合。北半球环状模在接近地表时，对应北极涛动和北大西洋涛动。类似地，南半球环状模在接近地表时，对应南极涛动和高纬度地区气候模态。

对流层环状模是由斜压涡旋和对流层中纬度急流相互作用产生的（Haynes，2005a；Robinson，1991）。平流层环状模是极夜急流受波动强迫而强度发生变化的表现。对流层波动强迫的变化对于波流相互作用也很重要。图 9.10 显示了北半球环状模高指数、低指数期间纬向风与 EP 通量的合成分析结果。其中，EP 通量仅由纬向 1 波、2 波和 3 波计算得到。在高位相，对流层波通量通常指向赤道，并在副热带对流层辐合；在低位相，波通量通常从对流层指向平流层并辐合，这表明在中纬度地区平流层和极地平流层存在一个异常向西的波强迫（Hartmann et al.，2000）。

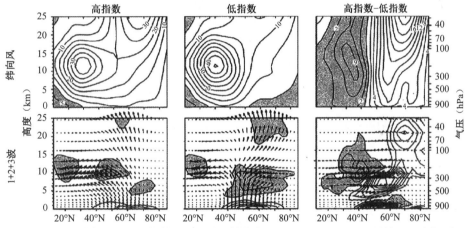

图 9.10　北半球环状模高指数、低指数合成及差异的纬向风场（上图）和 EP 通量场（下图，表示波传播和西风动量输送）、通量散度场（表示向东的波强迫）（引自 Haynes，2005a，SPARC）

对于季节内时间尺度，观测显示北半球冬季平流层极涡异常通常发生于对流层持续性环流变化之前，这与北极涛动下传类似（见图 9.11）。该工作对于提高热带外对流层数周时间尺度的可预测性可能有所帮助。对于更长的时间尺度，对流层环流也可能与平流层相联系。已经有工作显示，与臭氧损耗、平流层增暖、火山气溶胶或准两年振荡相关的平流层强迫，可以影响地表附近的气候。对于更好地模拟与温室气体长期变化有关的人类活动导致的气候变化，这样的耦合关系可能更为重要。

热力强迫造成的平流层温度变化比地表附近的温度变化大，而平流层的温度变化与人类活动导致的臭氧损耗和温室气体的增加有关。这些变化的动力响应非常重要。与直接的辐射强迫相比，其动力响应能使地表附近的气候产生更大的、结构性的变化。臭氧损耗似乎始终使平流层极涡维持并增强，即表现为环状模的正异常。

　　研究指出，环状模反映了中纬度涡旋与平均纬向气流间的反馈作用（Lorenz and Hartmann，2003）。其他研究显示，在任意旋转行星的环流系统中，环状模都应该存在，以使动量守恒、质量守恒，并具有某些平滑特征（Gerber and Vallis，2005）。环状模的关键动力过程仍在研究中。

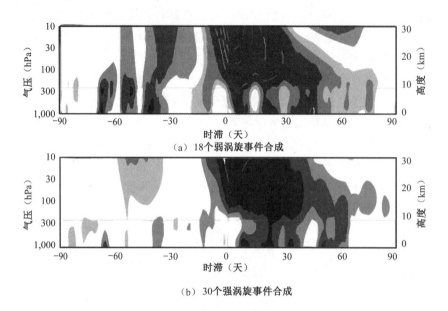

图 9.11　18 个弱涡旋事件和 30 个强涡旋事件合成的、观测的北半球环状模随时间
　　　　　和高度的演变（引自 Baldwin et al.，2003b，AAAS）。

9.8　人类活动的作用

　　人类活动产生的污染物（如氯氟烃）被释放到对流层中，会导致全球范围的平流层臭氧损耗。平流层模拟结果预测，大气中二氧化碳含量增加导致全球对流层增暖和平流层冷却（Brasseur and Hitchmann，1998）。

　　在平流层及以上高度，二氧化碳释放的红外线辐射能够离开地球进入太空，因而大气会产生剧烈降温。对流层气候模式预测，二氧化碳加倍一般会导致对流层 1～4 ℃的增温。对于相同的情景，中层大气模式预测平流层存在 10～20 ℃的降温。

　　这种很强的平流层全球温度变化表明，在对流层变化趋势被观测到之前，平流层中二氧化碳含量的增加造成的气候效应可能已经非常明显。平流层热力结构的巨大改变也可能造成平流层环流和动力过程的显著变化。因为平流层动力过程为对流层天气形势提供了上边界强迫，所以也会影响对流层气候。

　　为了认识人为污染物在平流层中的影响，需要考虑动力过程将痕量气体从对流层向平流层的输送。观测和模拟结果均显示，大部分对流层痕量气体先进入热带对流层顶，接着通过风和各种混合过程输送进入平流层，如图 9.12 所示。

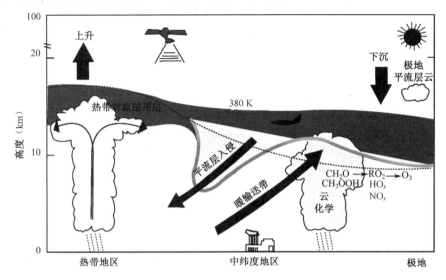

图 9.12　痕量气体在平流层和对流层间的交换（引自 Barbara Summey，NASA）

相对于对流层，温室气体对平流层温度变化的作用尚不完全清楚。极地平流层降温没有热带平流层那样明显（Shindell et al.，2001）。另外，极地地表增暖的放大效应似乎抑制了平流层经向温度梯度的增大。也有人认为，温室气体增加导致的热带上对流层增暖和极地平流层降温，使上对流层和下平流层等压面上温度梯度增大，从而增大中纬度地区的垂直切变和折射率。这些变化是否能够向高纬度地区延伸得足够远，从而使平流层极夜急流产生正反馈还不清楚。另外，对流层还会产生很多变化，如 Gillett 等（2003a，2003b）发现二氧化碳增加可以导致环状模持续处于正位相，但这些变化的量级都不大。

大气中化学反应速率与温度有关，因此臭氧浓度对温度变化是敏感的。上平流层降温使该区域臭氧光解破坏的速率降低，因此降温导致上平流层臭氧含量增加。极地下平流层降温导致气溶胶和极地平流层云中的氯活化增强，增加臭氧催化损耗。因此降温导致春季极地下平流层臭氧浓度减小。

9.9　臭氧变化对地表气候的影响

观测到的最强的平流层臭氧损耗发生在南极春季。因此，如果平流层臭氧损耗对对流层气候有影响的话，那么对该区域的影响应该最大。如图 9.13 所示，观测发现，11 月南极平流层温度和位势高度的变化趋势的最大值与臭氧损耗最强的位置对应，在一两个月后，位势高度显著降低的趋势扩展至对流层（Thompson and Solomon，2002）。

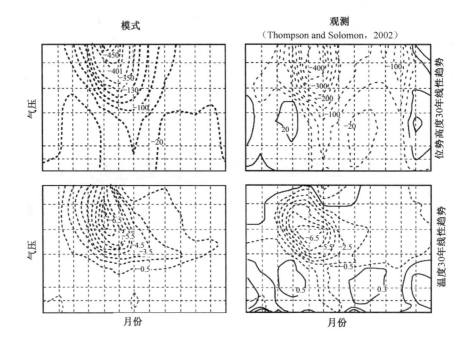

图 9.13　模拟（左图）和观测（右图）的南极平流层位势高度趋势（上图）和温度趋势（下图）对平流层臭氧损耗的响应，阴影部分表示存在显著变化（引自 Gillett and Thompson，2003；WMO，2007）

　　许多模式研究检验了平流层臭氧变化的对流层响应。模拟和观测的位势高度和温度的大小和季节变化都很一致，支持了观测趋势主要由平流层臭氧损耗引起的假设，如图 9.14 所示。另外，平流层损耗导致了南方海洋上空的西风增强（Thompson and Solomon，2002）及风暴路径向极地偏移（Shindell and Schmidt，2004）。

　　平流层臭氧损耗很可能会通过辐射过程和动力过程影响对流层气候。模式的理想试验表明，平流层中的一个非绝热加热扰动可以使海平面气压产生季节内时间尺度的环状模响应（Kushner and Polvani，2004）。对流层对平流层扰动的响应可能是直接由平流层波动驱动和辐射强迫的变化导致的（Thompson et al.，2006）。

　　南极平流层臭氧损耗直接导致地表辐射冷却。早期的研究使用一个辐射对流模式研究了平流层臭氧损耗的响应，结果表明平流层的臭氧损耗导致南极地表冷却（Lal et al.，1987）。

　　平流层臭氧损耗最强的区域在 10 月位于 70 hPa，12 月一次年 1 月下降至对流层顶附近，这是由于臭氧损耗空气向下输送造成的（Solomon et al.，2005）。因为地表温度对于对流层顶附近的臭氧浓度变化特别敏感，所以地表冷却可能是辐射引起的。而平流层和对流层响应的不同步是因为臭氧损耗后的空气被输送到了对流层顶，而不是因为动力过程的作用。

　　大部分研究表明，南极臭氧损耗在当前 10 年可能达到峰值，在接下来的 50 年可能恢复。因此，未来 10 年平流层臭氧增加应该会使南半球环状模指数减小至臭氧损耗前的水平（WMO，2007）。然而，温室气体增加的作用可能相反，其会导致南半球环状模指数增大（Shindell and Schmidt，2004；Arblaster and Meehl，2006）。因此，未来臭氧和温室气体对南半球环状模的影响存在很大的不确定性。

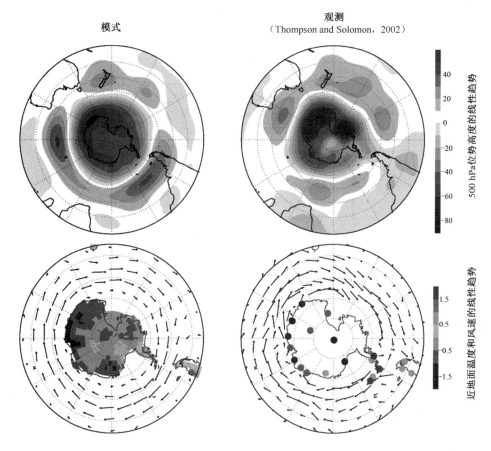

图 9.14　模拟（左图）和观测（右图）的 500 hPa 位势高度（上图，单位：m）和近地面温度
（下图，单位：K）、风速（下图，最长风矢量为 4 m s⁻¹）变化（引自 Gillett and
Thompson，2003；WMO，2007）

图 9.15 显示了平流层臭氧与气候间相互作用的概况。平流层臭氧损耗导致紫外辐射增强，从而影响了对流层的化学过程、生物圈和有机物的生成。紫外辐射增加还导致氢氧自由基的增加，从而缩短了甲烷的寿命，影响了臭氧的化学循环。而甲烷和臭氧都是重要的温室气体。另外，紫外辐射的长期变化不仅受到平流层臭氧的影响，还与云量、气溶胶和地表反照率有关（EUR，2003）。

气候变化将对未来地表紫外辐照度有重要影响。任何平流层臭氧变化都会调制进入对流层的紫外辐射。而且，紫外辐射在对流层传输还会受到其他因素的影响，如云、气溶胶和局地反照率（如冰盖）。紫外辐射变化主要取决于臭氧变化，其次取决于气溶胶和反照率，云的作用最弱。气候变化强烈地影响着这些因素，这些因素对紫外辐射的总影响还不是特别清楚。

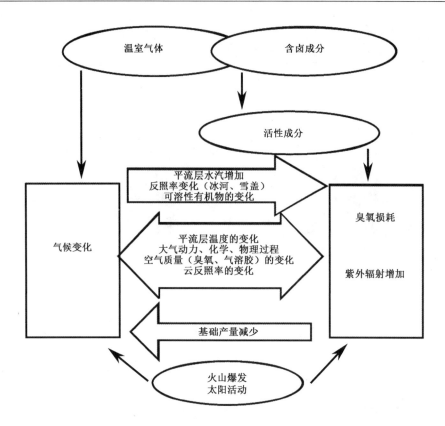

图 9.15　平流层臭氧变化与气候变化间相互作用示意（引自 EUR，2003）

9.10　平流层对自身变率的调制作用

对流层波源的变率可以直接影响平流层变率，而平流层自身配置也在来自对流层的垂直波活动通量中起到重要作用。这个理论如今已被学界广泛接受。

Charney 和 Drazin（1961）指出，行星波只能在盛行西风的气流中垂直传播。这个理论已被推广，用于解释平流层背景场强烈的非均匀性和极涡边缘强烈的位势涡度梯度的作用。给定一个对流层稳定波源，任意平流层环境场中位势涡度梯度的变化都会改变垂直波通量。因此，平流层可能可以对自身变率进行调制。模拟结果显示，在没有对流层变率作用时，平流层变率会增大（Scott and Polvani，2004，2006）。

平流层配置对进入平流层的垂直波通量的调制可能与平流层共振腔的范围有关。而平流层共振腔涉及定常行星波的向下反射。因此，通过这些过程，对流层环流也受平流层配置的影响。当下平流层极涡强度超过临界值时，定常行星波的能量发生反射，从而导致对流层变率的主要模态配置发生结构变化（Walter and Graf，2005）。

9.11　季风对平流层和对流层相互作用的影响

季风是重要的全球大气环流系统。季风涉及的范围大，季风中天气系统的规模大，这均表明季风在调制全球气候中扮演了重要角色。

亚洲夏季风是北半球夏季能量最强的全球性环流。印度次大陆和东南亚可能是季风最显著的区域，季风对这些地区有重要影响。随着学界对季风理解更加深入，季风可以定义为在任意地区暖季中湿度剧烈增加的气候系统。

季风是热带辐合带大范围天气现象的一部分。热带辐合带是东北信风与东南信风的辐合区，其将南北半球的风场环流分隔开来。该区域随着太阳赤纬季节变化而南北移动。由于太阳直射的剧烈加热，该地区充斥着强烈的上升运动和暴雨。加热还导致气流在赤道附近上升，在南北纬 30° 附近下沉，称为哈德莱环流。由于科氏力的作用，赤道地表盛行东风；而印度季风的独特性在于盛行西南风。

印度夏季风强年，欧亚对流层温度和西太平洋海表温度一般存在正异常，而印度洋和东太平洋则存在温度负异常。印度季风、欧亚大陆雪盖和厄尔尼诺、南方涛动之间的若干联系已经确立。基于 100 年的资料，季风雨季的主要干旱事件与赤道东太平洋异常高温相联系，而洪水则与热带东太平洋异常低温相联系。冬季欧亚大陆雪量异常偏高与之后夏季风降水异常偏少相联系。

图 9.16 显示从对流层到下平流层的亚洲夏季风环流的三维示意。印度夏季风降水在 20 世纪比较平稳，没有显著的长期趋势，但是存在较强的年际变率。其年际变率是由很多因素造成的，主要为边界强迫（如海表温度、土壤湿度、雪盖）及上对流层和中对流层的环流特征。在过去的 20 年里，平流层特征与印度季风降水的可能联系被提出（Mukherjee et al.，1985；Kripalani and Kulkarni，1997）。然而，由于平流层资料的缺乏，相关研究受到了限制。

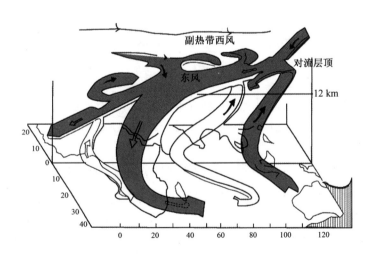

图 9.16　亚洲季风环流三维示意（引自 Subbramayya and Ramanatham，1981，Cambridge University）

平流层准两年振荡和季风

热带平流层风场准两年振荡的发现，激发了人们对平流层与对流层联系研究的兴趣。20 世纪 70 年代后期,科学家提出了一些印度夏季风降水与平流层纬向风之间联系的证据。Thapliyal（1984）指出，1 月 50 hPa 的准两年振荡特征可以指示印度季风的变化。在东风位相时，季风降水是正常的；在西风位相时，季风降水偏少。

准两年振荡的一个重要特征是位相下传。纬向风反转最早出现在距地表 30 km 以上高度，接着以约 1 km mon^{-1} 的速度下传。Bhalme 等（1987）发现 1958—1985 年 Balboa 地区 1 月 10 hPa 纬向风异常与印度夏季风降水的相关系数为 0.52。他们还发现，印度夏季风降水在准两年振荡东风（西风）位相时，往往低于（高于）正常值。印度气象部门在一个长期预报业务（Gowariker et al.，1991）模式中使用了 16 个预报因子，其中 2 个预报因子与平流层有关。一个是冬季 50 hPa 的风场模态，另一个是 1 月 10 hPa 的纬向风场模态。

Mohanakumar（1996）研究了太阳活动与赤道准两年振荡速度、位相共同对印度次大陆季风降雨的影响。冬季（1—2 月）太阳活动与 15～20 hPa 赤道准两年振荡位相对第二年印度次大陆季风降水的作用如图 9.17 所示。太阳活动弱年，在降水偏多时对应准两年振荡的西风位相，在降水偏少时对应准两年振荡的东风位相，在降水正常时，东风位相和西风位相都存在，且两个位相出现的概率基本相等。太阳活动强年，在西风位相时，降水与长期平均值相差不大，无极端降水；在东风位相时，降水偏多、偏少、正常 3 种情况都可能发生，容易产生极端降水。

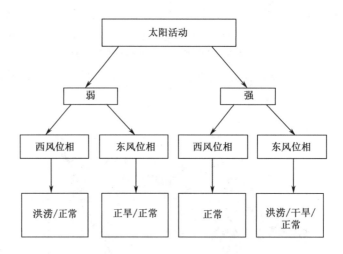

图 9.17　准两年振荡调制了太阳活动对印度次大陆季风降水的影响（引自 Mohanakumar，1995）

平流层准两年振荡由平均纬向气流与赤道波动的相互作用驱动。这些赤道波动有开尔文波、混合罗斯贝波、重力惯性内波。10～20 天的模态源自赤道中太平洋，向西或向西北传播并在西北太平洋增强，调制了海洋和大陆的对流。该模态的地域性很强，与其相关的潜热加热仅影响了越赤道气流（Kodera，2004）。热带西太平洋海表温度的时间变化也存在平流层准两年振荡信号。

在年际时间尺度上,亚洲夏季风存在明显的旱涝交替的两年变化。该两年变化称为对流层两年振荡,其表现在多种参数中,如降水、海表温度、海平面气压和风场。对流层两年振荡是由海气的动力耦合和热带印度洋、太平洋上空对流的季节循环,以及相关的纬向大尺度大气环流决定的(Meehl,1993;Meehl and Arblaster,2001,2002)。Chang 和 Li (2000)、Li 等(2001)指出,对流层两年振荡是季风的内在模态,其源于亚澳季风区及其邻近热带海洋间的相互作用。

因此,对流层两年振荡存在季节和局地强迫信号。亚洲季风区上空的局地哈德莱环流与热带准两年振荡联系密切(Pillai and Mohanakumar,2007)。季风区上空局地哈德莱环流异常上升(下降)的两年振荡与强(弱)季风对应。在正常对流层两年振荡年,赤道地区的哈德莱环流异常与季风区的哈德莱环流异常相反。

与印度夏季风相联系的对流层两年振荡在下对流层和上对流层呈现出偶极子结构,如图 9.18 所示。在印度季风区,平流层准两年振荡向下延伸得很深,可以到达下对流层(Mohanakumar and Pillai,2008)。在两年尺度上,前冬的平流层风场可以作为很好的预报因子预报夏季风降水。在印度夏季风区,平流层和对流层似乎在两年时间尺度上存在紧密的联系。

Meehl 等(2003)指出,海气耦合作用是热带印度洋和太平洋年际变率中两年变化分量的形成机制。在季风区,旱涝年会交替变化,而海洋热容量一年尺度的记忆似乎起到了重要的作用。这种机制是否与平流层准两年振荡有关,还需要进一步研究。

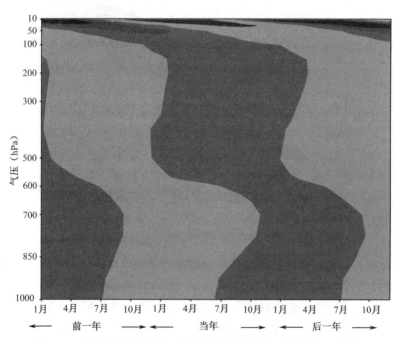

图 9.18 季风区对流层两年振荡与平流层准两年振荡的相互作用

(引自 Mohanakumar and Pillai,2008,Elsevier)

9.12 热带对流和水汽强迫

热带地区平流层与对流层相互作用从大范围的云尺度对流开始。该对流导致空气的局地混合，使水汽穿越等位温（等熵）面。这种混合作用在赤道上非常强。随后，大尺度运动使湿空气穿过热带重新分布，而且大尺度环流中的加热可能使空气螺旋上升至更高的等位温面，甚至到达冷点对流层顶以上。这种大尺度环流本身也受到对流加热分布的强烈影响。

图 9.19 显示了对流层水汽进入平流层的机制。上对流层和下平流层中的水汽对气候系统有显著的影响，并在平流层化学过程中扮演了至关重要的角色（Austin and Li，2006）。这些过程决定了该区域中大气成分的传输与分布，包括水汽的平流层和对流层交换（Gettelman et al.，2002），因此理解这些过程非常重要。

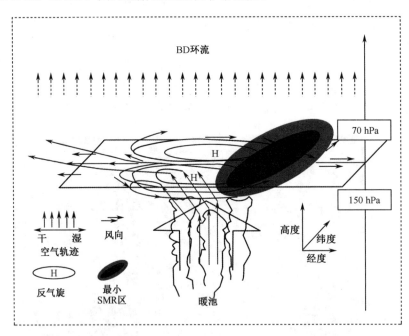

图 9.19 对流层水汽进入平流层的机制（引自 SPARC）

亚洲季风区是对流云到达对流层顶和穿越对流层顶事件发生频率最高的区域。模拟结果表明，一些空气可以到达热带对流层顶上方，并抬升进入平流层，季风气流也可以绕过热带对流层顶，在副热带（北半球夏季 10～30°N）进入平流层。也就说，水汽可以不通过热带对流层顶的冷区进入平流层。这种机制可能对水汽变化趋势有显著影响。22 年的数值模拟显示，季风水汽通量不存在变化趋势，但是存在很强的年际变率。

模拟显示，印度区域（包括西太平洋上空亚洲季风反气旋的向赤道支）占了 7—9 月

95 hPa 净热带水汽向上通量的 3/4，以及 66 hPa 净热带水汽向上通量的 1/2，其对应的向赤道经向通量在对流层顶上下都存在显著的输送。模拟结果显示，向热带的输送似乎绕过了热带冷点对流层顶，这与观测的气候状态相符。

南半球，夏季水汽输入最强。由于南半球夏季没有北半球夏季那样强烈的季风系统，其增湿作用比北半球弱。因此，其可以作为可能机制解释北半球夏季比南半球夏季热带外下平流层更湿润的成因。

水汽从上对流层穿越动力对流层顶进入下平流层的过程，并不仅出现在亚洲季风区附近。该过程也发生在其他经度，主要与沿北太平洋风暴轴发展的热带外气旋有关。该过程中的部分水汽来自季风反气旋并沿着急流输送，急流则位于动力学对流层顶附近。因此，亚洲季风对上对流层和下平流层的增湿作用不仅是局地作用。

如果未来水汽含量增加，则将会造成辐射和化学效应。模式研究表明，水汽含量增加使平流层奇氢增加从而影响臭氧损耗。极地水汽增加会提高形成极地平流层云的温度阈值，从而潜在地增加春季臭氧损耗。

9.13　对流层大气成分

平流层的许多化学成分都来自对流层。对流层化学成分的任何变化都能影响平流层成分。有些平流层化学成分为对流层直接排放物，多位于对流层顶附近；还有一些平流层化学成分为对流层排放物的氧化物。

平流层氢、卤素和非火山硫的主要源气体均为长寿命物质，如水汽、甲烷、一氧化二氮和有机卤素气体（如氯氟烃、哈龙及羰基硫）。短寿命物质（如二氧化硫和二甲基硫醚）的地表排放多来自偶发的大型火山爆发，也是平流层硫的重要来源。一些短寿命物质（如生物烃类）的排放，随着温度升高而增加。

气候变化也能改变平流层和对流层间化学成分交换的其他关键过程。将地表排放物垂直输送到对流层顶主要取决于对流强度。对流层进入平流层的空气通量主要取决于对流层的上升运动强度，这与 BD 环流的强度相联系。

但是，要量化自然源的气候强迫变化非常困难，因为温度并不是唯一的强迫因子。地下水位、土壤湿度、植被覆盖、光合有效辐射、生物产能和大气污染物都能对气候强迫变化产生影响，其影响取决于排放基底和排放物。忽略土地利用的变化，随着地表变暖预计大部分自然排放将增加。

9.14　热带的扩张

热带地区气候与热带外地区气候差异很大。然而，热带地区的边界并不好界定。与热带外地区的气候相比，热带地区温度较高，除季风区外，热带地区季节变化和日变化都较小。

哈德莱环流的表现形式如图 9.20 所示。在赤道附近地区，哈德莱环流上升支把水汽输送到大气并产生降水；而在副热带地区，哈德莱环流下沉支使空气变干。哈德莱环流使低层大气向赤道输送，哈德莱环流外的低层大气则向极地输送。因此，南北半球净通量为零的纬度可以用来描述哈德莱环流的位置和向极程度，也可以用来估计哈德莱环流的宽度（Seidel and Randel，2007）。

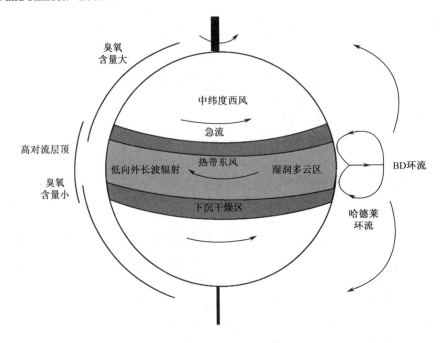

图 9.20　热带扩张示意（引自 Siedel and Randel，2008，Nature Geoscience）

Fu 等（2006）从 1979—2005 年微波探测的平流层和对流层温度中发现了热带扩张的证据。南北纬 15°～45° 对流层变暖和平流层冷却趋势涉及对流层经向温度梯度最大值对应的纬度和急流的向极移动。Qu 和 Fu（2007）根据向外长波辐射资料指出，从 1979 年开始热带哈德莱环流由 2° 延伸至 4.5°。

Fu 等（2006）发现的热带可能存在的经向扩张，与副热带对流层增暖、副热带对流层顶升高及副热带西风急流向极移动相对应（Seidel and Randel，2007）。Seidel 和 Randel（2007）的进一步研究表明，副热带对流层顶在不同高度上的发生频率存在双峰分布。在距地表 15 km 处发生频率最大，该高度为热带对流层顶的特征高度；发生频率的次大值在距地表 13 km 以下，为副热带对流层顶的标准高度。在过去 30 年中，南北半球副热带对流层顶偏高，并且具有热带对流层顶特征的天数在增加，这表明热带正在扩张。

图 9.21 显示了 NCEP/NCAR 再分析资料纬圈平均的对流层顶高度超过地表以上 15 km 的天数的时间序列。由图可知，在南半球 300 d y^{-1} 的等值线向极地移动的趋势是每 10 年 1.6°，在北半球为每 10 年 1.5°（Seidel and Randel，2007）。南半球热带扩张的纬向一致

性较北半球强，北半球的西半球扩张受到限制。热带扩张与热带下平流层降温和热带对流层升温有关。基于对流层顶的观测分析显示，自 1979 年以来热带扩张了 5°～8°。

热带扩张可能与热带外地区主要的气候区向极地移动有关。移动由急流、风暴轴的位置及高压系统和低压系统的平均位置的变化造成，其均与季节降水特征相联系。热带扩张可能可以增大热带风暴的影响范围，也可能改变热带气旋发展区域和风暴轴的气候状态。

热带扩张也可能会通过改变重要痕量气体的气候分布，进而影响平流层。由于热带地区 BD 环流的抽吸作用将空气从对流层抽吸到平流层，若热带扩张，则进入平流层的水汽会增多。平流层水汽增多，能够增强温室效应，包括对流层增暖和平流层冷却，也能够使臭氧含量减少（Seidel et al., 2008）。

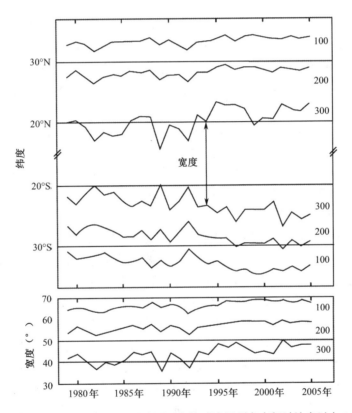

图 9.21 NCEP/NCAR 再分析资料纬圈平均的对流层顶高度超过地表以上 15 km 的天数
（引自 Bill Randel）

9.15 太阳活动对平流层与对流层耦合的强迫

平流层中的许多现象可能与大气的其他部分直接相关。对太阳活动更为敏感的大气上部与存在天气现象的、密度较大的大气下部可能存在联系。因为太阳是驱动全球能量循环的主要能源，所以可以推断太阳活动可以影响对流层天气系统。但是，该影响只有在更高层大气对太阳辐射强度变化进行调制后才能实现。因此，平流层是认识太阳与天气间关系的关键。

太阳紫外辐射强度变化的 11 年循环对中层大气的辐射与臭氧收支有直接的影响。太阳活动强年，太阳紫外辐射增强，从而导致臭氧产量增加，平流层及以上大气增暖。通过改变经向温度梯度，加热异常可以改变驱动全球环流的行星波和较小尺度波动的传播。尽管太阳周期对下平流层的直接辐射强迫较弱，低层大气仍然能通过极夜急流和 BD 环流的调制，产生很强的间接动力响应（Kodera and Kuroda，2002）。因为化学反应速率和化学物质传输与温度有关，因此该动力响应可以对大气的化学收支产生反馈。

太阳总能量的 11 年变化的振幅只占总能量的 1% 左右。但是，太阳紫外辐射与 X 射线部分的 11 年变化振幅超过了总能量的 2%。因为平流层臭氧能够吸收紫外辐射并发生一系列的化学反应，所以紫外辐射强度变化控制了臭氧浓度变化（Haigh，1994）。通过臭氧浓度的正反馈，该幅射光化学机制有效地放大了太阳循环的作用。因此，臭氧变化能够通过辐射影响平流层和对流层，而大量的观测、模拟结果均与理论预期的辐射强迫一致（Matthes et al.，2003）。

观测结果（Dunkerton，2001；Kodera and Kuroda，2002）和模拟结果（Gray，2003）表明，冬季上平流层和中平流层的环流异常向极、向下传播，该传播与波驱动的动量传输相联系。当环流异常向低层高密度区传播时，波强迫异常与平均气流相互作用的动力过程可以维持甚至增强异常的振幅。太阳循环导致的发源自热带上平流层的扰动，可能会通过该动力机制向极、向下传播。

臭氧变化对平流层和对流层存在直接的辐射影响。对流层哈德莱环流的维持机制为对流层的内部过程，包括湿深对流和天气尺度斜压波的动量与热量输送，以及其他因素，如热带臭氧。因为臭氧加热异常很强，所以热带臭氧变化可能对对流层急流有显著影响。通过与天气尺度波动有关的异常通量，该直接影响传播至中纬度地区（Haigh et al.，2005）。在天文时间尺度上，太阳的直接影响更强，可能使热带天气系统产生变化。

中低层大气对太阳 11 年变化潜在的响应如图 9.22 所示。太阳紫外辐射能进入中间层和上平流层光解臭氧分子。臭氧分子的光解速率在太阳 11 年循环中的变化幅度为 15%～20%（Brasseur and Solomon，2006）。臭氧对紫外辐射变化存在反馈（Mohanakumar，1995）。当太阳活动强时，高能粒子对大气的电离增强，并产生了加热及对化学过程的扰动。这些过程可以下传并影响平流层的动力过程和化学过程。平流层结构及其动力过程的变化也能影响对流层环流及其动力过程（Mohanakumar，1985，1988）。

在赤道准两年振荡西风位相时，北极中低平流层往往偏冷且扰动偏少；而在赤道准两年振荡东风位相时，北极中低平流层往往偏暖且扰动偏多（Holton and Tan，1980）。进一步的分析表明，当太阳活动弱时，该关系很强；而当太阳活动强时，该关系不明显（Labitzke，1987；van Loon and Labitzke，1987；Labitzke and van Loon，1988）。在 Labitzke（1987）发现了太阳活动与准两年振荡的联系后，许多研究指出太阳循环与南北半球平流层位势高度、温度间存在很强的联系（Labitzke，2005）。

　　Labitzke 和 van Loon（1999）指出，太阳 11 年变化能够间接地影响对流层天气和气候。有证据表明，高纬度平流层风场对赤道上平流层风场的异常非常敏感，而在赤道上平流层也观测到了臭氧异常。其机制可能是太阳活动引发的冬季热带平流层臭氧加热异常导致了环流异常，接着与行星波相互作用，将异常向极、向下传播。而观测显示，相应的冬季极涡强度变化可以影响对流层环流。

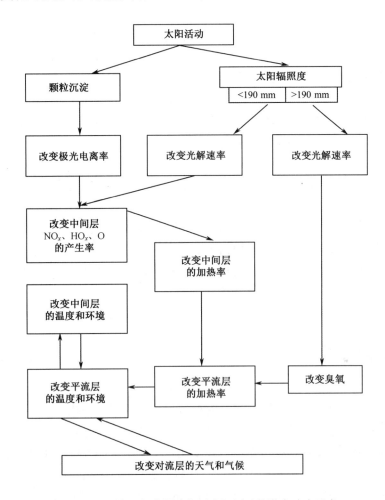

图 9.22　对流层与中层大气对太阳活动的潜在响应示意

9.16　平流层火山气溶胶

　　因为平流层气溶胶反射了更多的短波辐射，所以其直接辐射效应使地表降温。尽管 1970—2004 年平流层气溶胶背景值（不考虑火山气溶胶）没有显著变化（SPARC，2006a），如果未来对流增加，平流层气溶胶背景值还会增加。这是因为对流是将短寿命物质二氧化硫从地表输送至上对流层和下平流层的关键过程。

因为火山气溶胶散射太阳入射辐射，并吸收太阳近红外辐射和地表红外辐射，所以火山爆发对下平流层的热力结构有巨大影响。发生在气溶胶上的非均相化学反应影响了臭氧浓度，从而产生了与大气中氯的浓度有关的间接辐射效应。另外，被调制的平流层经向温度廓线可能会使极涡变得更冷。

某个火山爆发对臭氧的影响，取决于：火山排放物的量，特别是硫的量；这些排放物是否能进入平流层；平流层准两年振荡的位相；火山爆发所在的纬度。排放物能到达的高度取决于火山爆发的强度，与其所在位置无关。热带地区的排放物会被 BD 环流向上、向极输送，因此会广泛地分布在平流层，并且可以在平流层停留很长时间；而在中高纬度地区的排放物会被 BD 环流的下沉支带回对流层，因此停留时间较短。

未来强火山爆发的影响将取决于氯的含量。当氯含量较低时，非均相化学反应导致平流层臭氧含量增加；而当氯含量较高时，就如近年观测到的情况，火山气溶胶会导致额外的臭氧损耗。另外，火山气溶胶还可以通过影响光解速率对臭氧浓度产生影响（Timmreck et al.，2003）。

当平流层卤素含量增加时，若有强火山爆发，臭氧会被暂时性地损耗。强火山爆发能使平流层气溶胶存在时间增加 2～3 年。El Chichon 和 Mt. Pinatubo 火山爆发后，下平流层全球平均温度增加，在 50 hPa 约增加了 1 K，全球平均的臭氧总量显著减小约 2%，在 2～3 年后开始恢复（WMO，2007）。非均相化学反应的臭氧损耗取决于卤素含量，因而强火山爆发的影响将在未来数十年减弱。若卤素含量足够低，强火山爆发会使臭氧含量暂时地增加。因此，火山爆发不会对长期的臭氧恢复造成显著影响。

9.17 未来情景

平流层对对流层天气和气候的影响，对对流层环流的季节变化、年际变率和系统性变化均存在显著的启示意义，暗示了对流层环流中太阳活动、进入平流层的火山灰等显著信号的可能机制，加强了臭氧损耗或温室气体增加及平流层可能气候变化之间的联系。观测结果显示，平流层异常存在下传或对下方存在影响，数值模拟给出的令人信服的证据表明，平流层中的变化有时对对流层有显著影响（Haynes，2005a，2005b）。

Sudo 等（2003）的化学气候模式模拟表明，在模式中考虑全球变暖和不考虑全球变暖，臭氧垂直分布存在巨大差异，全球变暖导致平流层向对流层的臭氧输送增强。这暗示了进入对流层的臭氧增加会进一步加速全球变暖。另外，IPCC 第三次评估报告认为，对流层臭氧是第三重要的温室气体，其与全球变暖或气候变化的联系引起了广泛的关注。

考虑全球变暖的模拟结果表明，中纬度地区和热带地区上对流层臭氧含量显著增加，如图 9.23 所示。其原因是平流层和对流层大气环流增强导致了从平流层侵入对流层的臭氧增多。而臭氧在上对流层具有很强的温室效应，上对流层臭氧增加对地表温度有显著影响（Sudo et al.，2003）。该结果意味着，全球变暖增加了上对流层的臭氧含量，而臭氧含量增加可能会进一步加速全球变暖。

　　研究表明，对流层不是在单独地影响地球上的天气和气候，平流层也不再被认为是被动的区域。新出现的证据表明，平流层不仅能控制自身的变化，而且能调整对流层的环流及动力过程，从而影响对流层的天气和气候。因为平流层的影响变化较缓慢，所以加强对平流层物理机制及其与对流层变化之间关系的理解，对提高对流层天气系统和气候的长期预报有重要意义。

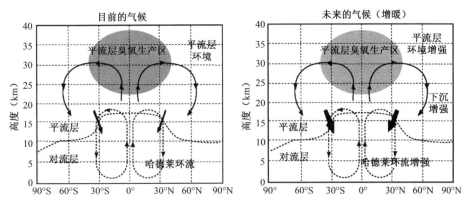

图 9.23　全球变暖及与之相联系的平流层环流和对流层臭氧变化（Sudu et al.，2003，American Geophysical Union）

 **思考题**

9.1　平流层辐射作用是如何调制对流层环流和动力过程，进而影响天气系统的？

9.2　平流层和对流层是如何通过波动动力过程耦合的？解释行星波和重力波在平流层和对流层相互作用中扮演的角色。

9.3　赤道准两年振荡被认为是热带平流层的现象，但是从对流层到中间层，从低纬度到高纬度，均能发现其信号。解释准两年振荡作为全球大气现象在中层大气和低层大气耦合中扮演了什么角色。

9.4　极地对流层变化与平流层爆发性增温事件有何联系？这些变化是否能影响到热带地区？请解释。

9.5　平流层极涡如何影响对流层天气系统？讨论北极涛动对气候的影响。

9.6　讨论对流层中人为污染物和工业化如何导致了全球尺度平流层臭氧损耗？

9.7　臭氧损耗对平流层的影响，以及对地表气候的短期、长期影响是怎样的？

9.8　讨论热带季风环流在平流层和对流层相互作用中的角色。解释平流层准两年振荡对热带季风降水的调制作用。

9.9　水汽是如何到达平流层的？如果进入平流层的水汽增加，会导致什么后果？

9.10 为什么平流层中的温度会降低，而对流层低层的温度会升高？如果现在的趋势持续下去，平流层和对流层的环流配置会有何改变？

9.11 讨论自然强迫（如太阳活动和火山爆发）对平流层和对流层相互作用的影响。

9.12 是否可以将平流层看作天气预报的潜在区域？试述其可能性。

参考文献

Arblaster JM, Meehl GA (2006) Contributions of external forcings to Southern Annular Mode trends, J Clim, 19 (12): 2896–2905, doi: 10.1175/JCL13774.1.

Austin J, Li F (2006) On the relationship between the strength of the Brewer Dobsun circulation and the age of stratospheric air, Geophys Res Lett, 33, doi: 10.1029/2006GL026867.

Baldwin MP, Dunkerton TJ (1999) Propagation of the Arctic Oscillation from the stratosphere to the troposphere, J Geophys Res, 104 (D24): 30937–30946, doi: 10.1029/1999JD900445.

Baldwin MP (2000) The Arctic oscillation and its role in stratosphere-troposphere coupling, SPARC Newsletter 14.

Baldwin MP, Cheng X, Dunkerton TJ (1994) Observed correlations between winter-mean tropospheric and stratospheric circulation anomalies, Geophys Res Lett, 21: 1141–1144.

Baldwin MP, Dunkerton TJ (2001) Stratospheric harbingers of anomalous weather regimes, Science, 244(5542): 581–584.

Baldwin MP, Dunkerton TJ (2005) The solar cycle and stratospheric tropospheric dynamical coupling, J Atmos Solar Terr Phys, 67: 71–82.

Baldwin MP, Gray LJ, Dunkerton TJ, Hamilton K, Haynes PH, Randel WJ, Holton JR, Alexander MJ, Hirota I, Horinouchi T, Jones DBA, Kinnersley JS, Marquardt C, Sato K, Takahashi M (2001) The Quasi-Biennial Oscillation, Rev Geophys, 39(2): 179–229.

Baldwin MP, Stephenson DB, Thompson DWJ, Dunkerton TJ, Charlton AJ, O'Neill A (2003a) Stratospheric memory and skill of extended-range weather forecasts. Science, 301: 636–640.

Baldwin MP, Thompson DWJ, Shuckburgh EF, Norton WA, Gillett NP (2003b) Weather from the stratosphere, Science, 301: 317–319.

Bhalme HN, Rahalkar SS, Sikdar AB (1987) Wind and Indian monsoon rainfall: Implications, J Climatol, 7: 345–353.

Brasseur G, Hitchmann MH (1998) Stratosphere response to trace gas perturbations: Changes in ozone and temperature distribution, Science 240: 634-637.

Brasseur G, Solomon S (2006) Aeronomy of the Middle Atmosphere- second edition, Springer Dordrecht, The Netherlands.

Chang CP, Li T (2000) A theory for the tropical tropospheric biennial oscillation, J Atmos Sci, 57: 2209–2224.

Charney JG, Drazin PG (1961) Propagation of planetary scale disturbances from the lower into the upper atmosphere, J Geophys Res, 66(1): 83–109.

Chen P, Robinson WA (1992) Propagation of planetary waves between the troposphere and stratosphere, J Atmos Sci, 49(24): 2533–2545.

Chen Z, Lu D (2001) Numerical simulation on stratospheric gravity waves above mid-latitude deep convection, Adv Space Res, 27(10): 1659–1666.

Dunkerton TJ (2001) Quasi-biennial and sub-biennial variations of stratospheric trace constituents derived from HALOE observations, J Atmos Sci, 58(1): 7–25.

EUR (European Commission) (2003) Ozone-climate interactions, Air pollution research report No. 81, EUR 20623, Belgium.

Forster PM de F, Shine KP (1997) Radiative forcing and temperature trends from stratospheric ozone changes, J Geophys Res, 102(D9): 10841–10855.

Fu Q, Johanson CM, Wallace JM, Reichler T (2006) Enhanced midlatitude tropospheric warming in satellite measurements, Science, 312, 1179.

Gerber EP, Vallis GK (2005) A stochastic model for the spatial structure of annular patterns of variability and the Northern Atlantic Oscillations, J Clim, 18: 2102–2118.

Gettelman A, Salby ML, Sassi F (2002) Distribution and influence of convection in the tropical tropopause region, J Geophys Res, 107(D10): 4080, doi: 10.1029/2001JD001048.

Gillett NP, Thompson DWJ (2003a) Simulation of recent Southern Hemisphere climate change. Science, 302: 273–275.

Gillett NP, Allen MR, Williams KD (2003b) Modelling the atmospheric response to doubled CO2 and depleted stratospheric ozone using a stratosphere-resolving coupled GCM. Quart J Roy Meteor Soc, 129: 947–966.

Gowariker V, Thapliyal V, Kulshrestha SM, Mandal GS, Sen Roy N, Sikka DR (1991) A power regression model for long range forecast of southwest monsoon rainfall over India, Mausam, 42: 125–130.

Gray WM (1984) Atlantic seasonal hurricane frequency. Part I: El Nino and 30 mb quasi-biennial oscillation influences, Mon Wea Rev, 112: 1649–1668.

Gray LJ (2003) The influence of the equatorial upper stratosphere on stratospheric sudden warmings, Geophys Res Lett, 30 (4): 1166, doi: 10.1029/2002-GL016430.

Gray LJ, Crooks S, Pascoe C, Sparrow S, Palmer M (2004) Solar and QBO influences on the timing of stratospheric sudden warmings, J Atmos Sci, 61(23): 2777–2796.

Haigh JD (1994) The role of stratospheric ozone in modulating the solar radiative forcing of climate, Nature, 370(6490): 544–546.

Haigh JD, Blackburn M, Day R (2005) The response of tropospheric circulation to perturbations in lower stratospheric temperature, J Clim, 18: 3672–3685.

Hartmann DL, Wallace JM, Limpasuvan V, Thompson DWJ, Holton JR (2000) Can ozone depletion and global warming interact to produce rapid climate change? Proc Nat Acad Sci USA, 97: 1412–1417.

Haynes PH (2005a) Stratospheric dynamics, Annu Rev Fluid Mech, 37: 263–293.

Haynes PH (2005b) Stratosphere-troposphere coupling, SPARC Newsletter 25, July 2005.

Holton JR, Tan H-C (1980) The influence of the equatorial quasi-biennial oscillation on the global circulation at 50 mb, J Atmos Sci, 37: 2200–2208.

Holton JR, Haynes PH, McIntyre ME, Douglass AR, Rood RB, Pfister L (1995) Stratosphere troposphere exchange, Rev Geophys, 33: 403–439.

Huang R, Chen J (2002) Geotropic adaptation processes and excitement of inertia-gravity waves in the stratospheric spherical atmosphere, Chinese J Atmos Sci, 26(3): 289–303.

Hu Y, Fu Q (2007) Observed poleward expansion of the Hadley circulation since 1979, Atmos Chem Phys, 7: 5229–5236.

Kim YJ, Eckermann SD, Chun HY (2003) An overview of the past, present and future gravity wave drag parameterization for numerical climate and weather prediction models, Atmosphere Ocean, 41: 65–98.

Kodera K (2004) Solar influence on the Indian Ocean monsoon through dynamical processes, Geophys Res Lett, 31, L24209, doi:10.1029/2004GL020928.

Kodera K, Kuroda Y (2000) Tropospheric and stratospheric aspects of the Arctic Oscillation. Geophy Res Lett, 27: 3349–3352.

Kodera K, Yamazaki K, Chiba M, Shibata K (1990) Downward propagation of upper stratospheric mean zonal wind perturbation to the troposphere, Geophys. Res. Lett., 17: 1263–1266.

Kodera K, Kuroda Y, Pawson S (2000) Stratospheric sudden warming and slowly propagating zonal-mean zonal wind anomalies, J Geophys Res, 105: 12351–12359.

Kodera K, Kuroda Y (2002b) Dynamical response to the solar cycle, J Geophys Res, 107: 4749, doi.10.1029/2001PA000724.

Kripalani RH, Kulkarni A (1997) Possible link between the stratosphere and Indian monsoon, SPARC Newsletter, No. 9, July.

Kushner PJ, Polvani LM (2004) Stratosphere-troposphere coupling in a relatively simple AGCM: The role of eddies, J Clim, 17: 629–639.

Labitzke K (1987) Sunspots, the QBO and the stratospheric temperatures in the north polar region, Geophys Res Lett, 14: 535–537.

Labitzke K (2005) The solar cycle-QBO relationship: A summary, J Atmos Solar Terr Phys, 67: 45–54.

Labitzke K, van Loon H. (1988) Associations between the 11-year solar cycle, the QBO, and the atmosphere, Part I: Troposphere and stratosphere in the Northern Hemisphere in winter, J Atmos Terr Phys, 50: 197–206.

Labitzke K, van Loon H (1999) The Stratosphere; Phenomena, History and Relevance, Springer, Berlin.

Lal M, Jain AK, Sinha MC (1987) Possible climatic implications of depletion of Antarctic ozone, Tellus 39B: 326–328.

Li T, Tham CW, Chang CP (2001) A coupled air-sea-monsoon oscillator for the tropospheric biennial oscillation, J Climate 14: 752–764.

Limpasuvan V, Hartmann DL, Thompson DWJ, Jeev K, Yung YL (2005) Stratosphere-troposphere evolution during polar vortex intensification, J Geophys Res, 110 D24101, doi: 10.1029/2005-JD006302.

Limpasuvan V, Hartmann DL (2000) Wave maintained annular modes of climate variability, J Clim, 13: 4414–4429.

Lorenz DJ, Hartmann DL (2001) Eddy-zonal flow feedback in the Southern Hemisphere, J Atmos Sci, 58: 3312–3327.

Lorenz DJ, Hartmann DL (2003) Eddy-zonal flow feedback in the Northern Hemisphere winter, J Climate 16: 1212–1227.

Matthes K, Kuroda Y, Kodera K, Langematz U (2006) Transfer of solar signal from the stratosphere to the troposphere: Northern winter, J Geophys Res, 111, doi: 10.1029/2005JD006283.

Meehl GA (1993) South Asian summer monsoon variability in a model with doubled carbon dioxide, J Climate, 6: 31–41.

Meehl GA, Arblaster JM (2001) The tropospheric biennial oscillation and Indian monsoon rainfall, Geophys Res Lett, 28: 1731–1734.

Meehl GA, Arblaster JM (2002) The tropospheric biennial oscillation and Asia-Australian monsoon rainfall, J Climate, 15(7): 722–744.

Meehl GA, Washington WM, Wigley TML, Arblaster JM, Dai A (2003) Solar and greenhouse gas forcing and climate response to the twentieth century, J Climate, 16(3): 426–444.

Mohanakumar K (1985) An investigation on the influence of solar cycle on mesospheric temperature, Planet Space Sci, 33, 795–805.

Mohanakumar K (1988) Response of an 11-year solar cycle on middle atmospheric temperature, Phys Sci, 37: 460–465.

Mohanakumar K (1995) Solar activity forcing of the middle atmosphere, Ann Geophys, 13: 879–885.

Mohanakumar K (1996) Effects of solar activity and stratospheric QBO on tropical monsoon rainfall, J Geomag Geoelectr, 48: 343–352.

Mohanakumar K, Pillai PA (2008) Stratosphere troposphere interaction associated with biennial oscillation of Indian summer monsoon, J Atmos Terr Phys, 70(5): 764–773.

Mukherjee BK, Indira K, Reddy SS, Ramana Murthy BhV (1985) Quasi-biennial oscillation in stratospheric zonal wind and Indian summer monsoon rainfall, Mon Wea Rev, 113: 1421–1424.

Naito Y, Hirota I (1997) Interannual variability of the northern winter stratospheric circulation related to the QBO and solar cycle, J Meteorol Soc Japan, 75: 925–937.

Perlwitz J, Graf H-F (2001) Troposphere-stratosphere dynamic coupling under strong and weak polar vortex conditions, Geophys Res Lett, 28(2): 271–274, doi 10.1029/2000GL012405.

Pillai PA, Mohanakumar K (2007) Local Hadley circulation over the Asian monsoon region associated with the Tropospheric Biennial Oscillation, Theo Appl Climatol, doi: 10.1007/s00704-007-0305-5.

Robinson WA (1991) The dynamics of the zonal index in a simple model of the atmosphere, Tellus, 43A: 295–305.

Sathiyamurthy V, Mohanakumar K (2002) Characteristics of tropical biennial oscillation and its possible association with Stratospheric QBO, Geophys Res Lett, 7: 669–672.

Scherhag R, Labitzke K, Finger FG (1970) Developments in stratospheric and mesospheric analyses which dictate the need for additional upper air data, Meteor Monogr, 11: 85–90.

Scott RK, Polvani LM (2004) Stratospheric control of upward wave flux near the tropopause, Geophys Res Lett, 31: L02115, doi 10.1029/2003-GL017965.

Scott RK, Polvani LM (2006) Internal variability of the winter stratosphere, Part I: Time independent forcing, J Atmos Sci, 63 (11): 2758–2776, doi 10.1175/JAS3797.1.

Seidel DJ, Randel WJ (2007) Recent widening of the tropical belt: Evidence from tropopause observations, J Geophys Res, 112, doi 10.1029/2007JD008861.

Seidel DJ, Fu Q, Randel WJ, Reichler TJ (2008) Widening of the tropical belt in a changing climate, Nature Geoscience, 1: 21–24, doi 10.1038/ngeo. 2007.38.

Shindell DT, Schmidt GA (2004) Southern hemisphere climate response to ozone changes and greenhouse gas increases, Geophys Res Lett, 31, L18209, doi:10.1029/2004/GL020724.

Shindell DT, Schmidt GA, Miller RL, Rind D (2001) Northern hemisphere winter climate response to greenhouse gases, ozone, solar and volcanic forcing, J Geophys Res, 106: 7193–7210.

Sigmond M, Siegmund PC, Manzini E, Kelder H (2004) A simulation of the separate climate effects of middle atmospheric and tropospheric CO_2 doubling, J Climate, 17: 2352–2367.

Solomon S, Portmann RW, Sasaki T, Hofmann DJ, Thompson DWJ (2005) Four decades of ozonesonde measurements over Antarctica, J Geophys Res, 110: D21311, doi 10.1029/2005JD005917.

Song Y, Robinson WA (2004) Dynamical mechanisms for stratospheric influences on the troposphere, J Atmos Sci, 61 (14): 1711–1725.

SPARC (Stratospheric Processes And their Role in Climate) (2006) SPARC Assessment of Upper Tropospheric and Stratospheric Water Vapour, D Kley, JM Russell III, and C Phillips,

World Climate Research Progam Report 113, SPARC Report No. 2, 312, Verrires le Buisson, France.

SPARC (Stratospheric Processes And their Role in Climate) (2006) SPARC Assessment of Stratospheric Aerosol Properties (ASAP), L Thomason and Th Peter (eds.), World Climate Research Progam Report 124, SPARC Report No. 4, 346, Verrires le Buisson, France.

Subbaramayya I, Ramanadham R (1981) On the onset of the Indian southwest monsoon and the monsoon general circulation, Monsoon Dynamics, J Lighthill and R. P. Pearce, Eds, Cambridge University Press, 213–220.

Sudo K, Takahashi M, Akimoto H (2003) Future changes in stratosphere-troposphere exchange and their impacts on future tropospheric ozone simulations, Geophys Res Lett, 30: 2256, doi: 10.1029/2003GL018526.

Thompson DWJ, Solomon S (2002) Interpretation of recent Southern Hemisphere climate change. Science, 296: 895–899.

Thompson DWJ, Solomon S (2005) Recent stratospheric climate trends as evidenced in radiosonde data: Global structure and tropospheric linkages, J Clim, 18: 4785–4795.

Thompson DWJ, Furtado JC Shepherd TG (2006) On the tropospheric response to anomalous stratospheric wave drag and radiative heating, J Atmos Sci, 63: 2616–2629.

Timmreck C, Graf H-F, Steil B (2003) Aerosol chemistry interactions after the Mt. Pinatubo eruption, in Volcanism and the Earth's Atmosphere, A Robock and C Oppenheimer (eds.), Geophysical Monograph, 139: 214–225, American Geophysical Union, Washington, D.C.

van Loon H, Labitzke K (1987) The Southern Oscillation, Part V: The anomalies in the lower stratosphere of the Northern Hemisphere in winter and a comparison with the Quasi-Biennial Oscillation, Mon Wea Rev, 115 (2): 357–369.

Walter K, Graf HF (2005) The North Atlantic variability structure, storm tracks, and precipitation depending on the polar vortex strength, Atmos Chem Phys, 5: 239-248.

WMO (World Meteorological Organisation) (2007) Scientific assessment of ozone depletion: 2006, Report No. 50, Geneva, Switzerland.

Yue X, Yi F (2001) A study of non-linear propagation of 3rd gravity wave packets in a compressible atmosphere by using ADI scheme, Chinese J Space Science, 21(2): 148–158.

Zawodny JM, McCormick MP (1991) Stratospheric aerosol and gas experiment II measurements of the quasi-biennial oscillations in ozone and nitrogen dioxide, J Geophys Res, 96: 9371–9377.

附录 A

名词缩写对照

. . . .

APE	有效位能
AO	年振荡、北极涛动
CCN	云凝结核
CFC	氯氟烃
CLAES	低温边界矩阵分光测量仪
CPT	冷点对流层顶
CSRT	晴空辐射对流层顶
DU	多布森单位
ECMWF	欧洲中期天气预报中心
EESC	等效平流层氯
ENSO	厄尔尼诺—南方涛动
EOF	经验正交函数
EOS	地球观测系统
EP	伊莱亚森—帕姆
ExTL	热带外对流层顶
GCM	大气环流模式
GHG	温室气体
GMT	格林威治标准时间
GW	重力波
GWP	全球变暖潜能
HALOE	卤素掩星试验
HCFC	氢氯氟烃

HIRS	高分辨率红外探测仪
ICAO	国际民航组织
IPCC	政府间气候变化专门委员会
IR	红外线
ISMR	印度夏季风降水
ITCZ	热带辐合带
KE	动能
LIMS	平流层临界红外监视器
LRT	递减率对流层顶
LTE	局部热力平衡
MJO	季节内振荡
MLS	微波临边探测器
MRG	混合罗斯贝重力波
MSU	微波探空仪
NAM	北半球环状模
NAO	北大西洋涛动
NAT	硝酸三水合物
NASA	美国国家航空航天局
NCAR	美国国家大气研究中心
NCEP	美国国家环境预测中心
NH	北半球
NOAA	美国国家海洋及大气管理局
ODC	臭氧损耗化学
ODS	臭氧损耗物质
OMD	臭氧质量赤字
PAN	过氧乙酰硝酸酯
PFJ	极锋急流
PJO	极地急流振荡
ppmv	体积百万分之一
PSC	极地平流层云
PV	位势涡度
PVU	位势涡度单位
QBO	准两年振荡
SAGE	平流层气溶胶及气体试验
SAM	南半球环状模
SAO	半年振荡

SBUV	太阳后向散射紫外线辐射仪
SH	南半球
SPARC	平流层过程及其对气候的影响
SST	海表温度
SSU	平流层探测仪
SSW	平流层爆发性增温
STE	平流层与对流层交换
STJ	副热带急流
STT	热带第二对流层顶
TBO	对流层两年振荡
TEJ	热带东风急流
TOMS	臭氧总量测绘仪
TTL	热带过渡层/热带对流层顶层
TTT	热带热力对流层顶
UARS	高层大气研究卫星
UNEP	联合国环境规划署
UT/LS	上对流层/下平流层
UV	紫外线
VMR	体积混合比
VOC	挥发性有机物
WCRP	世界气候研究计划
WMO	世界气象组织

附录B

符号列表

●●●●●●●●

A	振幅
A_n	傅里叶系数
A_z	平均有效位能
B	涡旋热量通量
B_n	傅里叶系数
B_λ	黑体辐射
C	环量
C_p	定压比热容
C_v	定容比热容
D	扩散系数、水平辐散
E	辐照度
E_λ	单色辐照度、入射光谱辐射
F_0	浅水弗劳德数
F	垂直分子通量、EP 通量、净通量
F_r	摩擦力
F_x	拖曳力纬向分量
F_y	拖曳力经向分量
F_z	拖曳力垂直分量、回复力
G	通用气体常数
H	大气标高
HA	时角
I	辐射通量、入射辐射、辐射强度、光谱强度
I_∞	地球大气上的太阳辐射强度
I_λ	实际发射辐射、入射光谱辐射
I_v	单色辐照强度
J	光解速率系数

K_z	纬向平均动能
KE	动能
L	波长
L_x、L_y、L_z	波长在纬向、经向和垂直方向的分量
M	涡旋动量通量
M_x	沿 x 方向质量积累速率
M_y	沿 y 方向质量积累速率
M_z	沿 z 方向质量积累速率
N	分子数密度、布伦特—维塞拉频率、浮力频率
$\dot{Q}$	非绝热加热率
R	通用气体常数
Re	波函数 φ 的实部
R_s	曲率半径
R_T	轨迹曲率半径
S_n	非绝热加热分量
T	黑体的亮度/辐射/绝对/等效温度
$\overline{T}$	某层平均温度
T_s	全球平均温度
T_λ	透射率
U	纬向平均气流
U_c	临界平均风速
V	相对速度、体积
$\vec{V}$	三维速度矢量
V_a	绝对速度
V_{ag}	非地转风
V_G	梯度风
V_g	地转风
$\overrightarrow{V_H}$	水平速度矢量
V_n	y 方向速度扰动振幅
V_T	热成风
W	一个光子的能量
X	平均纬向波拖曳
$[X]$	用数量密度或体积混合比表示的 X 的量
Z	高度
a	地球平均半径
a_λ	某层的吸收率、给定波长的吸收率、单色吸收率
b	韦恩位移常数
c	平均风速、光速
c_1、c_2	经验常数
c_p	比热、比熵
dω	立体角对应弧度的微元
f	科里奥利参数、行星涡度

f_{0v}	小扰动所产生的科氏力
g	重力加速度
g^*	单位质量所受万有引力
h	普朗克常数、高度
h_n	等效深度
$k(\lambda)$	质量吸收或散射系数
k	波尔兹曼常数、纬向波数、一阶速率系数
k^*	二阶速率系数
k_a	吸收系数
$k_{a\lambda}$	质量吸收系数
k_B	波尔兹曼常数
l	经向波数
m	质量、垂直波数
n	分子数密度、分子数、折射率
p	压力
p_0	标准气压（1000 hPa）
p_s	标准参考气压（1000 hPa）
q	准地转位势涡度
q'	涡旋位势涡度
r	单位质量空气中吸收气体的质量、地心距离、能量
$\mathrm{d}l$	位移矢量
r_m	最大能量沉积率
r	反射率
t	时间
t_λ	某层结透射率
z	海拔高度
z_0	海平面高度
z_m	最大沉积速率高度、最大吸收高度
Ψ	流函数
Γ	环境气温递减率
Γ_d	干绝热递减率
Φ	位势
Θ	太阳天顶角
X	位势倾
Ω	地球旋转角速度
$\overrightarrow{\Omega}$	地球角速度
α	比容
α_r	牛顿冷却速率
β	行星涡度梯度
γ	比热比
δ	太阳赤纬角
ε_λ	发射率

η	绝对涡度
θ	天顶角、位温
κ	气体常数与定压比热之比
λ	波长、经度
λ_{max}	峰值波长（米）
μ	动力黏性系数
ν	光频率
ρ	空气密度
ζ	相对涡度
σ	静力稳定参数
σ_a	吸收截面
τ	振荡周期
τ_λ	标准光学深度或光学厚度
τ_a	光学厚度
φ	纬度、辐射通量、波函数
ψ	流函数
ω	垂直速度

附录 C

物理常数表

地球旋转角速度	$7.292 \times 10^{-5} \, \text{s}^{-1}$
天文单位（AU）	$1.496 \times 10^{11} \, \text{m}$
波尔兹曼常数（k）	$1.38054 \times 10^{-23} \, \text{J K}^{-1}$
地球平均半径（a）	$6371 \, \text{km}$
极半径	$6357 \, \text{km}$
赤道半径	$6378 \, \text{km}$
地球质量	$5.973 \times 10^{24} \, \text{kg}$
地球表面积	$5.10 \times 10^{14} \, \text{m}^2$
平均温度	$288 \, \text{K}$
万有引力常数（G）	$6.6720 \times 10^{-11} \, \text{N m}^2 \, \text{kg}^{-2}$
重力加速度（g）	$9.80665 \, \text{m s}^{-2}$
大气质量	$5.136 \times 10^{18} \, \text{kg}$
海洋质量	$1.4 \times 10^{21} \, \text{kg}$
平均海平面气压	$1013.25 \, \text{hPa}$
普朗克常数（h）	$6.6256 \times 10^{-14} \, \text{J s}^{-1}$
太阳常数	$1367 \, \text{W m}^{-2}$
干空气比热	$1.005 \, \text{J g}^{-1} \, \text{K}^{-1}$
水汽比热	$4.1855 \, \text{J g}^{-1} \, \text{K}^{-1}$
真空光速（c）	$2.9979 \times 10^{-8} \, \text{m s}^{-1}$
斯特藩—玻尔兹曼常数（σ）	$5.6697 \times 10^{-8} \, \text{W m}^{-2} \, \text{K}^{-4}$
太阳半径	$6.96 \times 10^{-8} \, \text{m}$
太阳质量	$1.99 \times 10^{30} \, \text{kg}$

太阳表面积	6.087×10^{18} m^2
太阳亮度	3.85×10^{26} W
太阳辐射温度	5783 K
平均的太阳目标对向角	0.532°（31.99′）
日地平均距离	1.496×10^{11} m
通用气体常数（R）	8.31436 J mol^{-1} K^{-1}
韦恩位移	2898×10^3 nm K^{-1}

答案节选

●●●●●●●●

第一章

1.1　985 hPa、28 hPa

1.2　28.97 kg mol^{-1}

1.3　在 8 km 高度处大气气压降至 400 hPa 以下。如果机舱没有加压，充气的气球会膨胀、爆炸。

1.4　973.50 hPa

1.5　2.437 km、39.834 km

1.6　−27.5 ℃

1.7　29 天 6 小时

1.8　2 小时 18 分

1.9　每个纬度 0.165 ℃

1.10　由于准两年振荡位相以 1 km mon^{-1} 的速率下传，2008 年 1 月地表以上 30 km 高度处纬向风为东风，而地表以上 18 km 处纬向风为西风。

第二章

2.1　483 nm；255 K

2.2　14.51×10^6 W m^{-2}

2.3　1372 W m^{-2}

2.4　288 K

2.7　69.28 kg m^{-2}；0.867

2.8　6.7×10^{-3}

2.9　105 m

2.11　海洋的通量密度变化为海冰的 1.2 倍

2.13　0.07

第三章

3.1　$-4.9 \times 10^{-5} \text{ m s}^{-2}$

3.2　0.53 ℃ h^{-1}

3.3　34.3 m s^{-1}

3.4　27.2 m s^{-1}

3.5　$12 \text{ kg m}^3 \text{ s}^{-1}$

3.6　1.64 m s^{-1}

3.7　10 m s^{-1}

3.8　$11.0 \text{ m s}^{-1} \text{ km}^{-1}$

3.9　28.0 m s^{-1} 北风；无纬向热成风

3.10　10^{-1} s^{-1}

3.11　$1.414 \times 10^{-5} \text{ s}^{-1}$；$1.155 \times 10^{-5} \text{ s}^{-1}$；$1.00 \times 10^{-5} \text{ s}^{-1}$

3.12　$6.2 \times 10^{-7} \text{ m}^{-1} \text{ s}^{-1}$

3.13　1.176 PVU

第四章

4.2　306.9 m s^{-1}

4.4　0.14 m s^{-1}

4.5　221.4 m s^{-1}

4.8　周期 2 分钟；花费时间为 8 小时

4.11　28 m s^{-1} 西风

第五章

5.1　考虑两个额外的化学和输送过程：①与包含氯、溴、氮和氢的气体反应造成臭氧损耗；②热带光解源区的臭氧由 BD 环流输送至中高纬度地区。

5.2　氧原子在日落后迅速减少，臭氧含量近似维持在日落时的水平。X 减少，XO 趋于不变。

5.5　$1.81 \times 10^{-14} \text{ cm}^3 \text{ mol}^{-1} \text{ s}^{-1}$；$6.09 \times 10^{-34} \text{ cm}^6 \text{ mol}^{-2} \text{ s}^{-1}$

5.7　一个氧原子的寿命约为 0.002 s，臭氧分子的寿命约为 1000 s。虽然臭氧迅速光解（少于 20 分钟），但氧分子在大气高层也存在光解，其释放的自由氧原子迅速与氧分子反应生成臭氧分子。平均而言，平流层臭氧局地含量变化不大。

5.8　6.9×10^{-4}

5.10　10.2 年